먹고 마시는 것들의 자연사

맛, 요리, 음식, 사피엔스, 그리고 진화

먹고 마시는 것들의 자연사

맛, 요리, 음식, 사피엔스, 그리고 진화

초판 1쇄 발행 2019년 1월 25일
초판 3쇄 발행 2019년 12월 20일

지은이   조너선 실버타운
옮긴이   노승영
펴낸이   이영선

편집   강영선 김선정 김문정 김종훈 이민재 김연수 이현정
디자인   김회량
독자본부   김일신 김진규 정혜영 박정래 손미경 김동욱

펴낸곳 서해문집 | 출판등록 1989년 3월 16일(제406-2005-000047호)
주소 경기도 파주시 광인사길 217 (파주출판도시)
전화 (031)955-7470 | 팩스 (031)955-7469
홈페이지 www.booksea.co.kr | 이메일 shmj21@hanmail.net

ISBN   978-89-7483-973-4 03400

이 도서의 국립중앙도서관 출판예정도서목록(CIP)은 서지정보유통지원시스템
홈페이지(http://seoji.nl.go.kr)와 국가자료공동목록시스템(http://www.nl.go.kr/
kolisnet)에서 이용하실 수 있습니다.(CIP제어번호: CIP2018041821)

Dinner with Darwin:
Food, Drink, and Evolution

먹고 마시는 것들의 자연사

맛, 요리, 음식, 사피엔스, 그리고 진화

조너선 실버타운 지음

노승영 옮김

서해문집

'진화요리학'의
정찬 코스요리

수년 전부터 우리 사회에는 음식 열풍이 거세다. 'TV만 틀면 먹어댄
다'는 비명이 나올 만큼 TV예능은 요리와 맛집 프로그램이 대세가 되
었고, 인터넷에도 음식 관련 콘텐츠가 넘쳐난다. 먹방 유행은 해외까지
전파되어 유튜브에서 'mukbang'을 치면 외국인들이 올린 먹방 콘텐츠
가 좌르르 검색된다. 서점가에도 유명 주방장이나 식도락가, 요리 연구
가가 쓴 책들이 인기다. 뇌과학, 생리학, 영양학, 식품화학에서부터 음
식 문화학, 음식 어원학, 민속학, 인류학에 이르기까지 맛에 대한 담론
이 차고 넘친다. 이 책의 저자가 걱정하듯이, 솔직히 음식에 대해 더 무
슨 말을 할 수 있을까? 더욱이 한국의 독자에게 말이다.

  잠시 주목하시라. 이 책은 서점의 요리 코너에 함께 놓이는 다른 책
들과 근본적으로 다르다. 맛에 대한 현시대의 담론은 마치 주빈을 깜
빡하고 초대하지 않는 바람에 김이 샌 회식 자리와 같다. 우리가 까맣
게 잊었던 주빈, 초대장을 받지 못해서 서운해하는 주빈은 찰스 다윈

이다. 모든 만찬은 다윈과의 만찬이다. 편의점에서 도시락을 혼밥하거나, 레스토랑에서 가족과 오붓하게 외식할 때도 다윈은 늘 우리 곁에 있다.

왜 그럴까? 저자가 역설하듯이, "우리가 먹는 모든 음식에는 진화의 역사가 담겨 있기"(15쪽) 때문이다. 매 끼니 우리의 식탁에는 진화의 산물이 풍성하게 차려진다. 이 책은 열 가지 음식이 차례대로 나오는 '진화요리학(evolutionary gastronomy)'의 정찬 코스요리다. 오늘의 셰프인 진화생태학자 조너선 실버타운은 유인원 조상이 인간으로 진화한 역사는 야생 동식물이 근사한 요리로 진화한 역사와 꽈배기처럼 단단하게 얽혀 있음을 알려준다.

감히 장담하건대, 실버타운이 주최하고 다윈을 상석에 모신 이 마음의 만찬은 독자에게 즐거움과 경이 심지어 황홀감까지 선사할 것이다. 책을 읽고서 나는 하루 세 번 찾아오는 식사 시간이 더는 예전 같지 않았다. 그동안 식탁 위에 납작 엎드려 있던 쌀밥, 찌개, 국, 생선, 고기, 후식들이 일제히 깨어나서 자신이 인간을, 그리고 인간이 자신을 어떻게 바꾸어놓았는지 신이 나서 재잘재잘 떠들어댔다. 진화생물학이 밝혀낸 그 이야기들은 인간의 상상력이 미치는 범위보다 훨씬 더 광대하고 기이하다.

스포일러를 몇 개 방출해보자. 첫째, 조개가 없었다면 약 7만 2000년 전의 인류 조상들은 아프리카 대탈출에 실패했을 것이다. 둘째, 쌀밥은 벼가 자식들을 위해 모아둔 이유식을 우리가 훔쳐 먹는 것이다. 셋째, 생쥐는 이산화탄소 냄새를 맡을 수 있으므로 탄산 광천수에서 우리가 결코 못 느끼는 향미를 맛볼 것이다. 넷째, 촌충의 유충이 파고든 소고기나 돼지고기를 먹으면 인간은 촌충에 감염된다. 약 1만 년 전에 가축이 된 소와 돼지가 인간에게 앙심을 품고(?) 촌충을 감염시켰을 것 같지만, 실은 정반대다. 약 250만 년 전에 영양을 집단으로 사냥해 먹던 인류의 조상이 영양으로부터 촌충에 감염되었는데, 인간은 이 촌충을 고이 보관했다가 오랜 시간이 지난 뒤 소와 돼지에게 감염시킨 것이다. 다섯째, 만병초 같은 식물은 꽃꿀을 포유류 도둑으로부터 지키고자 꽃꿀에 독을 탄다. 지금도 터키에서는 만병초의 꽃꿀을 먹고 중독되는 환자들이 이따금 발생한다.

생화학, 분자유전학, 해부학, 지리학, 기상학, 계통분류학, 식품 과학, 문화인류학, 지질학, 유전체학 등 다양한 분야의 일차 문헌들을 능란하게 요리하여 마침내 열네 편의 흥미진진하고 유쾌한 이야기를 독자에게 대접하는 저자의 솜씨는 그저 입이 딱 벌어질 지경이다. 유려하고 정확한 번역도 이야기의 풍미를 그대로 신선하게 전달해준다. 어서 책장을 넘겨 다윈과의 만찬을 즐기시라. 만찬이 끝나면, 여러분이 앞으로 경험할 모든 식사는 그전과 아주 다를 것이다.

_전중환, 경희대학교 후마니타스 칼리지(국제캠퍼스) 교수

동생 에이드리언에게

차례

I

만찬 초청장

우리가
먹는 모든
음식에는
진화의
역사가 담겨
있다.

음식에 대한 책은 너무 많다. 음식에 대한 책을 쓰는 주제에 이렇게 말하는 건 제 발등을 찍는 격이지만, 솔직히 음식이라는 주제에 대해 더 쓸 게 뭐가 있겠는가? 이 생각이 떠오른 것은 어느 오후였다. 창가 구석 자리에서 피곤함에 찌든 채 꾸벅꾸벅 조는 학생들을 깨우지 않으려고 조심하면서 캘리포니아대학교 데이비스 캠퍼스 중앙도서관의 식품 서가를 뒤지고 있을 때였다. 이곳에서는 아티초크에서 진판델에 이르기까지 온갖 음식과 음료를 섭렵할 수 있다. 책장의 제목을 훑어보기만 해도 공부가 된다. 《천치를 위한 훈제 요리 안내서The Complete Idiot's Guide to Smoking Foods》[1]는 지능이 높지 않은 독자들이 ('smoking' 때문에) 바비큐를 파이프 담배로 혼동하지 않도록 하는 데 한몫했으리라.

벽돌책 《거품 요리법Bubbles in Food》[2]이 나온 뒤에 더 두꺼운 후속작 《거품 요리법 2Bubbles in Food 2》가 또 나올 줄 누가 알았겠는가? 고기와 파이에 대한 책들 사이에 꽂혀 있는 《양胖 식단A Diet of Tripe》[3]

이 소의 위장을 요리하는 법이 아니라 유행을 따르는 식생활, 특히 채식주의에 대한 비판이라고 누가 상상할 수 있으랴? 맞은편 서가에는 전직 카우보이가 쓴 완전채식주의 선언서 《소고기는 이제 그만No More Bull!》[4]이 꽂혀 있다. 두 책의 저자가 맞붙는 자리에는 《한입 파이Handheld Pies》[5]의 저자도 합류해 화력을 보태려나? 더 진지한 분위기를 원한다면 옥스퍼드 식품·요리 심포지엄Oxford Symposium on food and cookery에서 '고대 유대교 소시지' '트란실바니아 숯 빵' '청어 훈제' 'UFO(미확인 발효 물체Unidentified Fermented Objects)' 등을 주제로 발표하는 회지를 참고하시길.[6] 대량 생산에 관심이 있는 요리사를 위해서는 《초고압 이중 스크루 압출을 이용한 식품 가공Food Processing by Ultra High Pressure Twin-Screw Extrusion》[7]이라는 책이 나와 있다.

이런 실정이니 만에 하나 음식에 대한 책이 정말로 너무 많다면 이렇게 생각해달라. 지금 여러분의 손에 들린 것은 책이 아니라 만찬 초청장이라고. 여러분이 나와 같다면 이런 초청장은 언제나 환영일 테니까. 그런데 이 만찬은 여느 만찬과는 다르다. 정신의 만찬이 될 것이기 때문이다. 물론 먹는다는 건 뇌의 일이다. 음식을 먹을 때의 감각을 다름 아닌 뇌에서 처리하고 지각하기 때문이다. 하지만 나의 초청장은 우리가 먹는 음식을 다른 관점에서 생각해보자는 제안이다.

이를테면 달걀, 우유, 밀가루의 공통점은 무엇일까? 요리를 좋아하는 사람이라면 팬케이크의 주재료라는 답이 바로 떠올랐겠지만, 훨씬 흥미로운 답이 하나 더 있다. 달걀, 우유, (밀가루를 만드는) 씨앗은 자식에게 영양을 공급하도록 진화된 산물이다. 이 단순한 사실을 곱씹으면 이 아이디어에 이야기 하나가 통째로 들어 있음을 알 수 있다. 이 책은

그 이야기를 들려줄 것이다. 팬케이크 재료에 대해서뿐 아니라 열네
코스의 정찬에 대해서도.

우리가 먹는 모든 음식에는 진화의 역사가 담겨 있다. 슈퍼마켓의
선반은 진화의 산물로 가득하다. 물론 가금류의 라벨을 봐서는 이것
의 제조일자가 쥐라기임을 떠올릴 수 없고, 농산물 코너의 가격표에서
는 옥수수가 콜럼버스 이전 아메리카인들의 인위적 선택을 6000년간
겪었음을 짐작할 수 없다. 하지만 모든 장보기 목록과 요리법, 메뉴, 재
료에는 진화론의 아버지 찰스 다윈과의 만찬에 참석할 수 있는 무언의
초청장이 들어 있다.

다윈의 《종의 기원On the Origin of Species》이 1859년에 출간되기 전
까지만 해도, 자연에서 명백한 설계의 흔적을 발견할 수 있다는 사실
은 ─ 이를테면 우유가 아기에게 영양학적으로 완벽한 식품이라는
것 ─ 설계자가 존재하며 그 설계자가 곧 신이라는 것이 자명한 증거
로 받아들여졌다. 하지만 다윈은 다른 답을 들고 나왔으니, 그것은 바
로 자연선택이다. 자연 만물은 변이를 일으키며 이 변이는 일정 비율
로 유전된다. 가령 성인은 젖당 내성이 저마다 다른데, 이 내성은 대개
유전으로 결정된다. 자연선택은 유전된 변이를 선별해 유기체의 능력
을 조금씩 각 세대마다 누적적으로 개선한다. 이는 주변 환경에 훌륭
히 적응한 유전적 변이는 번성하고 그러지 못한 유전적 변이는 쇠퇴하
는 과정을 통해 이루어진다. 이 점진적 진화 과정은 맹목적이며 어떤
의도도 계획도 목표도 없다.

자연선택에 의한 진화는 설계자 없는 설계를 낳는다. 모순적으로
들릴지 모르겠지만, 우리가 먹는 음식뿐 아니라 우리 자신도 이 과정

의 산물이다. 우리와 음식의 관계를 보면 우리 자신과 우리가 먹는 음식에서 모두 진화가 일어났음을 알 수 있다. 이 관계에 대해 알면 위장과 더불어 정신에도 영양을 공급할 수 있다. 전문 용어를 좋아하는 사람이라면 '진화요리학evolutionary gastronomy'이라고 불러도 무방할 테지만, 우리가 지금부터 진화를 요리할 거라고 말해도 좋다.

《종의 기원》1장이 동식물 길들이기를 다루는 이유는 육종가가 신품종을 만드는 인위적 선택 과정이 자연선택과 비슷하다는 사실을 다윈이 깨달았기 때문이다. 육종가가 이뤄낸 거대하고 누적적인 변화를 들여다보면 자연선택의 점진적 과정이 무엇을 이룰 수 있을지도 짐작할 수 있다. 언뜻 보기에 우리의 특수한 필요에 맞게 진화 경로를 비틀 수 있을 만큼 동식물이 말랑말랑하다는 게 의아할지도 모르겠다. 이렇게 할 수 있는 이유는 인위적 선택 자체가 일종의 진화 과정이어서, 진화를 거스르는 것이 아니라 진화와 발맞춰 작용하기 때문이다.

인위적 선택으로 동식물의 진화를 좌우하는 것은 공학자가 운하, 댐, 제방을 건설해 강물의 흐름을 자신이 원하는 대로 (중력을 활용해) 바꾸는 것과 같다. 육종가들은 어떤 개체가 다음 세대를 낳도록 할지 선택함으로써 유전자의 흐름을 바꾸며, 나머지는 유전자가 알아서 한다. 여기에는 두 가지가 필요한데, 육종가가 바꾸고 싶은 형질의 변이가 개체 간에 나타나야 하며 이 변이가 일정 비율로 유전되어야 한다.

달걀, 우유, 씨앗이 팬케이크로 바뀔 수 있는 것은 자연선택에 의한 진화를 통해 그런 특성을 갖게 되었기 때문이다. 이제 이런 일이 어떻게 일어났는지 살펴볼 텐데, 우선 달걀부터 시작하자. 달걀은 처음을 뜻하는 비유로 널리 쓰이며 진화가 우리에게 선사한 최고의 만능 식재료니까. 달걀은 굽거나 삶거나 스크램블드에그로 만들거나 수란을 뜨거나 심지어 간장에 조려도 맛있다. 요리 재료로 쓰일 때는 수플레, 케이크, 키슈, 머랭을 부풀리고 마요네즈와 소스에서 (다른 방법으로는 섞이지 않는) 수성 재료와 유성 재료를 안정시키는 마법 같은 힘을 발휘한다. 달걀에 영양소가 풍부한 것은 병아리가 자라는 데 필요한 모든 영양소가 담겨 있기 때문이다. 달걀을 오랫동안 보관할 수 있는 것은 진화를 통해 설계된 껍데기 덕분에 안쪽의 달걀이 마르거나 세균과 진균 때문에 썩지 않기 때문이다. 달걀의 이토록 요긴한 성질들은 대체 어떻게 진화했을까?

닭은 달걀을 낳고 달걀에서는 닭이 나온다. '닭이 먼저냐 달걀이 먼저냐Chicken-and-Egg'라는 말은 뚜렷한 출발점이 없는 모든 순환적 상황을 닭의 일생에 빗대어 쓸 수 있는 은유적 표현이다. 하지만 진화사적 관점에서는 '닭이 먼저냐 달걀이 먼저냐'의 수수께끼를 쉽게 풀 수 있다. 달걀이 닭보다 먼저 진화했다. 조류는 공룡의 상징인 포식자 티라노사우루스 렉스를 비롯한 파충류 계통의 현생 후손이다. 보존 상태가 훌륭한 화석들이 중국에서 발견되면서 이제 우리는 많은 공룡이 깃털로 덮여 있었음을 안다. 따라서 닭의 깃털은 파충류 조상에게서 물려받은 것이다. 달걀도 마찬가지다. 사실 공룡도 둥지를 지었으며 일부 조류와 마찬가지로 암수가 함께 알을 품은 것으로 추정된다.[8] 새는 어엿한 공룡이다.

다윈이 《종의 기원》을 출간한 바로 그해인 1859년에 (학술적으로 기재된) 최초의 화석 공룡알이 발견되었다. 프랑스 남부 프로방스에서 이 알들을 발견한 사람은 장자크 푀에시Jean-Jacques Pouech 신부다. 그는 가톨릭 사제이자 박물학자로, 공룡이 거대한 새의 일종이라는 그의 믿음은 시대를 뛰어넘은 탁견이었다. 그나저나 우리에게 오믈렛과 수플레를 선사한 나라에서 현생 알의 파충류적 조상이 처음 발견된 것은 기막힌 우연의 일치다. 이젠 전 세계에서 공룡알이 발견되고 있지만 프랑스 남부는 여전히 공룡알 화석의 집산지다.[9]

생명의 진화사에서 보면 무기질 껍데기로 보호받는 알은 파충류의 발명품이었지만, 그 껍데기 밑에는 육상 생물의 판도를 뒤바꾼 훨씬 오래된 무언가가 있었다. 바다에서 육지로 처음 올라온 동물은 양서류였다. 하지만 녀석들의 알은 현생 친척인 도롱뇽과 개구리의 알처럼 젤리 모양으로 생긴 탓에 공기 중에서 마르지 않도록 할 방법이 없었다. 그래서 성체는 마른 땅에서 살아도 물속에 알을 낳아야 했다. 안 그러면 말라비틀어져 죽어버렸다.

결정적 변화는 양막의 진화였다. 양막은 (배아를 둘러싼 액체 주머니인) 양막낭을 이루는 막인데, 양막낭은 진화가 문제를 해결할 때 가장 손쉬운 경로를 택한다는 사실을 잘 보여준다. 마치 3억1000만 년 전 펜실베이니아기의 원시 습지림에서 도롱뇽의 외침이 들리는 듯하다. "배아가 말라버린다고? 이러면 어때? 여기 물주머니에 넣는 거야!" 그건 그렇고 팬케이크에는 생명이 육상 생활에 적응한 비결이 하나 더 들어 있다.

3억6000만 년 전으로 거슬러 올라가는 씨앗의 진화사적 기원은, 달걀에 이르는 필수 단계였던 양막의 기원과 놀랍도록 비슷하다. 육지에서 어떻게 번식할 것인가에 대한 동물의 해결책이 양막낭이었듯, 씨앗은 똑같은 문제에 대한 식물의 해결책이었다. 최초의 육상 식물은 현생 양치식물과 이끼류처럼 축축한 환경의 물속에서만 정자와 난자가 만날 수 있었지만 이로부터 최초의 종자식물이 진화했다. 종자식물과 양치식물의 관계는 양막과 양서류의 관계와 같다. 여기에서 위대한 혁신은 배아를 담을 액체 주머니의 진화와 건조를 방지하고 영양소가 풍부한 싸개의 발달이었다.

이제 팬케이크의 세 번째 재료인 우유의 진화사를 살펴보자. 새끼에게 젖을 먹이는 것은 포유류의 기본적 특징으로, 모든 포유류는 수유에 특화된 샘腺에서 젖을 분비한다. 이름에 단서가 있는데, '포유哺乳'는 새끼에게 젖(乳)을 먹인다(哺)는 뜻이기 때문이다(영어 'mammal'은 '젖샘mammary에서 젖을 분비하는 동물'이라는 뜻이다). 젖은 또 얼마나 많이 나는지! 미국에서 젖소 한 마리가 한 해 평균 생산하는 젖의 양은 9.5톤이나 된다.[10] 포유류 중에서 가장 큰 동물은 대왕고래인데, 몸무게가 100톤인 암컷은 젖을 하루에 200킬로그램 넘게 생산하며 여기에 들어 있는 에너지로 사람 400명이 하루를 날 수 있다.[11]

다윈 시대에는 포유류, 조류, 식물, 그리고 생명 자체의 진화사가 자세히 알려지지 않았지만, 이제는 새로운 사실들이 속속 밝혀지고 있다. 여러 종의 유전체를 쉽게 판독하고 비교할 수 있게 되었기 때문이다. 유전체는 세포라는 기계가 수정란을 닭으로 바꾸고 닭의 세포와 장기가 활동하는 데 필요한—물론 진화와 요리의 관점에서 가장 중요한 활동은 더 많은 닭을 낳는 것이다!—모든 지시 사항이 담긴 요리책이다.

유전체의 글자는 핵산이라는 구성 물질로 이루어진 화학적 알파벳이다. 이 알파벳은 개수가 네 개뿐이지만 이 글자들을 조합해 만든

DNA 염기서열은 매우 길고 복잡한 요리법으로, 세포는 이를 이용해 온갖 종류의 단백질을 만들어낸다. 이 요리법의 정체는 유전자다. 유전자 요리법으로 만든 단백질 중 일부는 식품 분자다(이를테면 노른자). 어떤 유전자는 효소라는 특수 단백질을 만들어 생화학 반응을 촉진한다. 가령 침에는 아밀라아제라는 효소가 들어 있어서 녹말을 단당류로 분해한다. 또 어떤 유전자는 다른 유전자를 켜고 끄는 스위치 역할을 한다. 세포는 수만 가지 요리가 동시에 진행되는 조그만 자동 부엌으로, 요리의 양과 가짓수를 필요에 따라 끊임없이 늘렸다 줄였다 한다.

유전체에는 활동성 유전자뿐 아니라 과거 유전자의 허깨비인 위유전자pseudogene도 있다. 위유전자는 더는 쓰이지 않는데도 자식이 태어날 때마다 복사되어 다음 세대로 전해지는 요리책이다. 기능 유전자functioning gene는 충실하게 복제되고 수정되며 치명적 오류가 생기더라도 자연선택에 의해 제거된다. 기능 유전자에 오류가 생긴 생물은 그 오류를 후손에게 남기지 못하고 죽기 때문이다. 하지만 유전자가 기능을 잃으면 복제 오류가 생겨도 생존이나 번식의 필수 과정에 영향을 미치지 않기 때문에, 오류가 점점 누적될수록 유전자 염기서열이 헛소리로 바뀐다. 기능을 잃은 위유전자와 기능을 간직한 염기서열의 차이는 시간이 지날수록 점점 커진다. "달걀 한 개의 흰자를 젓는다."라는 요리법이 몇백 세대 동안 쓰이지 않으면 "달걀 한 개의 흰자를 먹는다."로 바뀔 수도 있고 몇천 세대 뒤에는 "달걀 흰 개의 한자를 먹는다."로 바뀔지도 모른다.

노른자를 만드는 유전자와 젖을 만드는 유전자의 염기서열이 다른 것은 '알을 낳던 조상'에서 '새끼를 낳아 젖을 먹이는 포유류'로 진화적

이행이 일어났기 때문이다. 포유류 계통에서는 닭의 노른자 유전자가 3000만~7000만 년 전에 위유전자로 바뀌었다.[12] 그런데 젖단백질을 만드는 유전자는 훨씬 전에 생겼으므로 중간 단계의 포유류는 알도 낳고 젖도 먹였다. 닭의 유전체와 (알을 낳는 포유류인) 오리너구리의 유전체를 비교했더니 닭 노른자의 단백질을 만드는 유전자 중 하나가 오리너구리에게서 여전히 활성화되어 있었다. 따라서 오리너구리 유전체에는 젖단백질 유전자와 노른자단백질 유전자가 둘 다 들어 있으며, 이는 오리너구리가 난생 포유류에서 태생 포유류로의 이행 과정에 있던 잔존종(과거에 넓은 지역에 분포하고 있었거나 개체 수가 많았던 생물로, 현재는 한정된 지역 또는 특별한 환경에서만 생존·생육하고 있는 생물_옮긴이)이라는 증거다.

달걀, 씨앗, 우유는 어떤 근본적 질문에 대한 해답이었다. 모든 부모에게 친숙할 그 질문은 '아기를 어떻게 보호하고 먹여야 하나?'다. 너무 거창하게 들릴지도 모르겠지만, 이 팬케이크 재료들의 진화는 지구 생명 진화의 전환점이었다.

물론 팬케이크를 에피타이저로 내는 일은 드물지만, 지금까지의 이야기를 통해 이 책의 성격에 대해 감을 잡았길 바란다. 이제 나머지 메뉴를 살펴볼 차례다. 모든 재료는 신선한 로컬푸드다. 원산지는 책 마지막 부분(참고 문헌)에 소상히 밝혀두었다. 이 책은 내가 구성한 대로 읽어도 좋고, 일품요리를 주문하듯 여러분 나름의 순서대로 읽어도 좋다. 메뉴에 커피, 과일, 견과류가 빠진 이유는 전작《씨앗의 자연사An Orchard Invisible: A Natural History of Seeds》[13]에서 이미 나왔기 때문이다. 같은 요리를 두 번 먹고 싶은 사람은 아무도 없을 테니까!

요리는 사람에게 영양을 공급하는 기본적 방법이며, 2장에서 설명하겠지만 인류 진화의 결정적 계기이기도 했다. 인류의 소규모 집단이 약 7만 년 전에 아프리카에서 전 세계로 이주하면서 조개를 섭취한 것도 매우 중요한 요인이었다(3장). 동식물 길들이기에 기반을 둔 농업은 오늘날 식단의 바탕을 이룬다. 반죽을 꼬아 만드는 할라 빵처럼 4장은 농업 여명기의 작물화 이야기를 빵의 역사와 엮는다.

이어지는 두 장에서는 우리가 어떻게 미각과 후각을 진화시켜 식물을 비롯한 음식의 화학적 성질에 반응하게 되었는지 설명한다. 먹을 수 있는 것과 먹을 수 없는 것을 구분하는 일은 생사를 가르는 문제다. 이 주제는 수프(5장)와 생선(6장)으로 요리했다.

우리는 작물의 진화에 영향을 미쳤지만, 작물 또한 우리에게 섭취되면서 우리의 진화에 영향을 미쳤다. 하지만 책장에 빼곡한 구석기 식단 책들이 뭐라고 말하든 진화는 숙명이 아니다. 구석기 시대에 우리가 어마어마한 양의 고기를 먹도록 진화했더라도 그렇게 먹는 것이 반드시 좋은 것은 아니다(7장). 우리는 잡식동물이며, 매우 뚜렷한 제약이 있긴 하지만 우리가 어떻게 행동해야 하고 무엇을 먹어야 하는지를 진화가 시시콜콜 명령하지는 않는다. 내 경우는 "네 머리보다 큰 것을 결코 먹지 말라."라는 조언이 언제나 효과적이었다. 음식 저술가 마이클 폴란Michael Pollan은 '음식을 먹으라, 주로 채식을 하라, 과식하지 말라'는 세 가지 단순한 규칙을 제시했는데, 이것은 건강과 관련한 최고의 조언이다.

소소한 진화가 어떻게 우리의 식단을 바꾸는가는 우리가 먹는 식물에서 잘 알 수 있다(8장). 우리는 구미가 당기지 않고 독이 든 식물조차도 맛있는 음식으로 탈바꿈시키는 기발한 방법들을 발견했으며 그 덕분에 4000종 이상의 식물을 먹는다. 우리가 먹을 수 있는 식물의 다양성을 상찬하고 싶다면 스코틀랜드 식물학회의 본보기를 따르기 바란다. 2013년에 '가장 많은 식물종을 재료로 쓴 크리스마스 케이크 요리법' 경연 대회가 열렸는데, 우승한 요리법은 54속 127종의 식물을 동원했다. 토핑만 해도 피칸 설탕 조림, 호두, 캐슈, 아몬드, 잣, 참깨, 안젤리카, 코코넛 칩, 초콜릿 입힌 커피콩을 올렸으며, 말려 설탕을 뿌린 제비꽃, 앵초, 라벤더, 로즈메리, 서양지치, 겨울재스민, 데이지, 금잔화꽃으로 장식했다.

식물은 동물과 달리 적으로부터 달아나지 못하기 때문에 방어 전략을 진화시킬 수밖에 없었다. 몸이 허약한 천재 학생처럼 식물은 들에서는 느리고 연약한 대신 화학 실험실에서 두각을 나타낸다. 식물이 달아나지 못한다는 단순한 사실은 요리의 관점에서 중요한 의미가 있다. 9장에서 보듯 양념의 향미, 겨자와 서양고추냉이의 얼얼한 매운맛, 생강과 고추의 불같은 매운맛, 식물의 모든 약용 효과가 여기서 비롯하기 때문이다.

10장에서는 당과 지방에 대한 원시적 욕구를 이용한 후식으로 여러분의 식탐을 달랜다. 11장에 이르면 내가 여러분을 위해 준비한 치즈가 잘 숙성되어 무시할 수 없는 냄새를 풍길 것이다. 여느 음식과 달리 치즈는 자연에서 대응물을 찾아볼 수 없지만, 우유와 미생물의 이 조합은 진화적 발효를 활용했다. 발효 이야기가 나왔으니 말인데, 12장에서 우리는 초파리가 썩은 과일을 찾듯 술을 찾는다. 포도주 애호가와 초파리는 둘 다 알코올에 이끌리는데, 이는 효모가 악마의 음료와 맺은 오랜 진화사적 관계 때문이다.

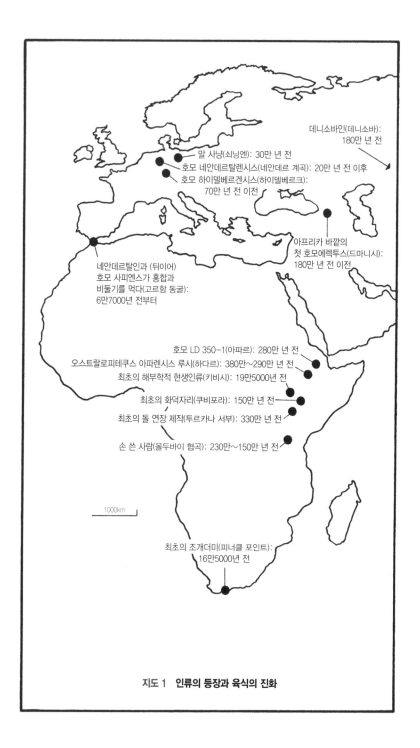

지도 1 인류의 등장과 육식의 진화

13장은 식사의 기본이기에 오히려 당연시되는 질문을 살펴본다. 그것은 "우리는 왜 음식을 나눠 먹는가?"라는 질문이다. 이에 대해 진화론이 내놓는 답은 어떤 식사 자리에서든 훌륭한 대화 소재가 될 것이다. 결론은 레스토랑의 기원조차도 진화에서 찾을 수 있다는 것이다. 마지막으로, 14장에서는 음식의 미래를 살펴보고 진화의 측면에서 유전자 변형의 역할을 놓고 어떤 논란이 있는지 들여다본다. 이제 나를 따라 식탁으로 오시길. 본 아페티Bon appetit!!

2

요리하는 동물

요리는 사람족
진화에서 새로운
가능성의 지평을
열었다.

요리가 우리를 인간이게 한다는 것은 오래된 생각이다. 1785년에 스코틀랜드의 전기 작가이자 일기 작가 제임스 보즈웰James Boswell은 이렇게 썼다. "인간에 대한 나의 정의는 '요리하는 동물'이다. 짐승도 기억력과 판단력, 그리고 우리 정신의 모든 능력과 감정을 어느 정도는 가지고 있지만, 어떤 짐승도 요리사가 아니다." 보즈웰은 다윈 이전의 인물이기에 그의 주장은 진화론과 무관하지만, 요리가 인류에게 본질적이라는 발상에 사람들은 직감적으로 동의했다. 과학에서 직감gut instinct을 증거원으로 삼는 것은 꺼림칙하지만, 소화관gut은 이 문제에서 주요 증인이다. 왜 그런지는 잠시 후에.

보즈웰의 말마따나 어떤 짐승도 요리사가 아닌데 인간은 요리하는 동물이다. 그러므로 당연히 물어야 할 질문은 '이 습성이 언제 어떻게 진화했는가'이다. 우리의 대형 유인원 사촌들은 기본적으로 채식주의자여서 나뭇잎과 열매를 먹고 산다. 고릴라는 식물만 먹는다. 침팬지는 할 수 있을 때는 동물을 잡아서 먹기도 하지만, 이것은 기회주의적 행동이며 평상시에는 열매를 먹는다. 일부의 주장에 따르면 침팬지는 요리에 필요한 지능이 있음에도 요리를 하지 못한다.[2] 침팬지와 인류의 공통 조상은 채식주의자였을 것이기에, 고기를 먹고 요리를 하는 인류는 채식주의자─실은 완전채식주의자(비건)─에서 단계적으로 진화했다.

식단과 요리에서뿐 아니라 지능, 언어, 뇌 크기, 해부학적 성질까지 인류와 그 밖의 동물 사이에 깊은 간극이 있는 것처럼 보이는 것은 우리가 무심코 걸어온 진화 경로의 중간 지점들이 멸종으로 사라졌기 때문이다.[3] 우리가 한때 살던 세상에는 형제라 불러 마땅한 몇몇 종과 조상이나 사촌이라 할 수십 종이 있었으나 이들은 모두 멸종했으며 우리만 살아남았다. 이들을 뭉뚱그려 **사람족**hominin이라 한다.

우리는 아프리카 출신이다. 찰스 다윈은 화석 증거가 하나도 없던 시절에 침팬지와 고릴라 같은 대형 유인원이 아프리카에 산다는 사실만 가지고 이를 추론했다.[4] 요즘은 우리가 아프리카에서 기원했음을 보여주는 화석 증거가 풍부할 뿐 아니라, 우리의 DNA로 재구성해낸 진화사도 이를 뒷받침한다. DNA 염기서열을 비교해 계통수를 재구성할 수 있는 것은 돌연변이, 즉 유전 부호의 작은 변화 덕분이다. 이 과정은 성姓을 이용해 친족 여부를 파악하고 가계도를 그리는 방식과 매우 비슷하다.

나의 성 실버타운을 예로 들어보자. 우리 할아버지는 폴란드에서 실베르스타인Silberstein이라는 성으로 태어났다. 그가 4세 때 가족이 영국으로 이주했는데, 그곳에서 할아버지는 양복점을 열었다. 제1차 세계대전이 발발하자, 성이 독일어처럼 들리면 사업에 불리했으므로 할아버지는 1914년경에 성을 영어식인 '실버타운Silvertown'으로 바꿨다. 이 돌연변이는 국지적 환경에 적응한 것으로, 진화에서는 이런 일이 늘 일어난다. 물론 유전적 돌연변이는 무작위로 일어나는 데 반해 우리 할아버지는 명확한 의도에 따라 행동했다. 할아버지가 당신 양복점 앞 '실버타운'이라고 쓴 간판 아래에서 뿌듯한 표정으로 서 있는 사진이 아직도 남아 있다. 사업은 번창하고 가족은 늘었으며 오늘날 실버타운이라는 성을 쓰는 사람은 (내가 알기로) 모두 우리 할아버지의 후손이다.

실베르스타인에서 영어식으로 개명한 사람들이 또 있는데, 그들이 선택한 성은 '실버스톤Silverstone'이다. 실베르스타인의 두 돌연변이는 전문 용어로 **공유파생형질**shared derived character이다. 공유파생형질을 이용하면 후손의 가계도(또는 계통수)를 재구성할 수 있다. 여러분의 성이 실버타운이라면 이 공유파생형질을 근거로 여러분이 우리 조부모 잭과 제니의 후손임을 알 수 있다. 만일 실버스톤이라면 여러분은 가계도의 또 다른 가지에 속하며 우리의 공통 조상은 좀 더 위로 거슬러 올라간다. 돌연변이는 지금도 일어나고 있다. 사람들은 종종 내 성을 '실버턴Silverton'이라고 잘못 표기하는데, 우리 가족 중 한 명이 이 흐름에 편승해 철자를 단순하게 바꾸면 이 돌연변이는 그 후손을 알아볼 수 있는 새로운 공유파생형질이 된다.

이제 우리 모두가 속한 가문으로 돌아가보자. 다윈이 《인간의 유래와 성선택The Descent of Man》을 출간했을 때 사람족 가족 앨범은 표지 노릇을 할 거울 말고는 아무것도 없는 빈 책이었다.[5] 최초의 네안데르탈인 두개골은 이미 발견되었지만, 이것이 얼마나 오래되고 얼마나 중요한지 밝혀지지 않았기에 당시의 사람족 상봉은 매우 쓸쓸한 정경이었을 것이다. 하지만 오늘날까지 발견된 사람족 화석은 수천 개에 이르며 심지어 더 최근 친척의 유전체 염기서열도 밝혀졌다. 우리의 관심사는 '조상이 무엇을 먹었는가'와 '과연 요리를 했는가'이므로, 그들 모두를 가상의 만찬에 초대하는 것보다 좋은 방법이 어디 있겠는가?

'망자의 날El Dia de los Muertos'은 조상을 기리는 멕시코 축제로, 이날은 공동묘지가 소풍 장소로 바뀐다. 무덤이 꽃으로 장식되며, 사탕으로 만든 두개골과 설탕 뿌린 빵으로 만든 대퇴골을 선물로 주고받는다. 우리의 사람족 상봉은 '망자의 큰날Un Gran Dia de los Muertos'이라고 할 수 있겠다. 이날은 가장 오래된 사람족 조상의 대표들까지 모두 한자리에 모일 것이다. 초청장이 발송되고 고향인 아프리카 전역에 소문이 퍼졌으며 묘지에서 축제가 열린다는 소식이 해 뜨는 곳에서 해 지는 곳까지 전파되었다.

11월 1일 제1회 사람족 대상봉 만찬의 날이 밝았다. 턱에 치아가 있는 사람족 화석은 모두 참석한다. 뼛조각만 남아 참석하지 못하는 이들은 유전체 염기서열을 이메일로 보내왔다. 이제 우리는 오래전 헤어진 친척들을 위해 메뉴를 대령해야 한다. 모든 손님을 제대로 모시기 위해 우리는 모든 참석자에게 다음과 같은 질문을 던지고자 한다. 당신은 누구인가요? 언제 살았나요? 어디 출신인가요? 그리고 빼놓을 수 없는 질문. 무엇을 드시나요? 살아생전에 이 질문을 알아듣거나 대답할 수 있던 손님은 거의 없었을 테고 가장 멀쩡한 두개골조차 어색한 미소로만 답할 수 있을 테지만, 다행히도 도착하는 손님들을 찬찬히 뜯어보기만 해도 많은 것을 알아낼 수 있다. 그렇다고는 해도 똑같은 방법을 집에서 해보진 마시길. 두개 용량, 해부학적 구조, 치아의 미세 구조 같은 내밀한 특징을 알아야 하니까.

맨 처음 도착한 손님은 고고고……고조할머니 루시다. 여느 오래전 친척과 마찬가지로 루시도 동아프리카 출신이다. 놀라울 만큼 온전한 그녀의 골격은 에티오피아 하다르 사막에서 도널드 조핸슨Donald Johanson에게 발견되었다. 그녀는 **오스트랄로피테쿠스 아파렌시스** *Australopithecus afarensis*라는 종으로, 루시라는 이름이 붙은 것은 발굴 당시에 비틀스의 노래 〈루시 인 더 스카이 위드 다이아몬즈Lucy in the Sky with Diamonds〉가 계속 울려 퍼지고 있었기 때문이다. 생전의 루시는 크기가 침팬지만 했으며 유인원을 닮은 작은 뇌는 침팬지보다 별로 크지 않았다. 하지만 그녀가 중요한 이유는 인간처럼 직립보행을 한 최초의 사람족이기 때문이다.

루시가 직립보행을 하기는 했지만, 놀라운 법의학적 추론을 통해 그녀가 나무를 타기도 했다는 사실이 밝혀졌다.[6] 루시의 팔뼈를 분석했더니 높은 데서 떨어져 으스러진 흔적이 발견된 것이다. 그녀는 아마도 이 사고로 목숨을 잃었을 것이다. 이로써 그녀가 나무를 타기는 했지만 조상들만큼 잘 타지는 못했음을 알 수 있다. 그녀의 발은 걷기 위한 발이었다.

루시의 식단은 주로 채식이었지만 침팬지보다는 식물 종류가 많았으며, 오스트랄로피테쿠스종들은 서식 범위가 침팬지보다 넓었던 것 같다.[7] 오스트랄로피테쿠스 아파렌시스는 침팬지보다 어금니가 크고 송곳니가 작고 턱이 강했는데, 이로써 질긴 음식을 많이 씹었음을 알 수 있다.[8] 우리가 속한 **사람속**Homo은 오스트랄로피테쿠스의 한 종, 아마도 380만~295만 년 전에 살았던 오스트랄로피테쿠스 아파렌시스의 후손이라는 것이 학계의 정설이다.

친애하는 루시의 작은 몸을 앉히려면 보조 의자가 필요하다. 물론 그녀의 식탁 예절은 침팬지 수준이어서 포크와 나이프는 줘도 못 쓰지만, 크뤼디테(생채소)와 과일 샐러드는 맛있게 먹을 것이다! 어쩌면 익힌 음식을 옆자리 손님에게서 슬쩍할지도 모른다. 실험에 따르면 대형 유인원은 선택의 기회를 주면 익힌 음식을 날것보다 선호하기 때문이다. 한 주목할 만한 연구에서 심리학자 페니 패터슨Penny Patterson은 코코라는 고릴라를 기르면서 의사소통을 훈련시켰다. 패터슨은 어떤 음식이 좋냐고 코코에게 물었을 때 일어난 일을 영장류학자 리처드 랭엄Richard Wrangham에게 말했다. "나는 비디오 녹화를 하면서 코코에게 채소는 익힌 것(내 왼손을 지정하면서)이 더 좋은지, 아니면 날것/신선한 것(내 오른손을 가리키면서)이 더 좋은지 물었다. 그러자 코코는 내 왼손(익힌 것)을 만졌다. 그래서 나는 한 손은 '맛이 좋아서', 다른 손은 '먹기 쉬워서'로 정하고, 익힌 채소를 좋아하는 이유를 물었다. 그러자 코코는 '맛이 좋아서' 쪽을 가리켰다."[9]

채식 사람족은 자신이 무엇을 먹었는지에 대한 **고古고고학**paleoarchaeology(인공물이 아니라 화석을 다루는 고고학 분야_옮긴이) 기록을 거의 남기지 않았다. 아니, 남긴 것 자체가 거의 없다. 다만 **식물규소체**phytolith(잎 구조의 일부로, 동물이 먹으면 이빨에 낀다)라고 불리는 매우 작은 규소 알갱이의 특징적 형태에서 루시가 어떤 식물을 먹었는지 짐작할 수 있을 뿐이다. 이에 반해 육식 사람족은 친절하게도 자신이 먹은 동물의 뼈를 남겼을 뿐 아니라 — 여기에는 그들이 동물을 푸주할 때 쓴 돌 연장의 특징적 절단 흔적이 남아 있다 — 때로는 푸주용 돌 연장 자체를 남기기도 했다(한국어판에서는 'butcher'를 '푸주庖廚하다'로 번역했다. '도살' '도축'에는 '죽이다'라는 뜻이 있는데 인류의 조상은 동물을 사냥하지 못하면 죽은 동물의 사체를 먹었기 때문이다_옮긴이). 푸주의 증거가 남아 있는 가장 오래된 뼈는 에티오피아에 있는 루시의 구역에서 발견되었다. 이 뼈들은 339만 년도 더 되었으며 뼈에서 살을 발라내고 뼈를 쪼개 골수를 먹었음을 보여준다. 오스트랄로피테쿠스 아파렌시스는 채식만 고집하지 않았으며, 뼈를 발라 먹을 뿐 아니라 고기를 손질할 수도 있었던 듯하다.[10]

최근까지도 돌 연장 제작은 인간 고유의 기술이며 사람속 이전의 모든 사람족은 적당한 돌을 구해서 뼈를 부수거나 살점을 긁어내는 게 고작이었다는 것이 통념이었다. 하지만 2015년 케냐 쿠르카나 서부에서 고古고고학 유적이 발견되었는데, 이곳에서 330만 년 전 돌 연장이 출토되었다. 이때는 최초의 사람속종이 나타나기 (적어도) 50만 년 전이다.[11] 250만 년 전 에티오피아에서 살았던 사람족도 대형 동물을 잡아서 내장을 제거하고 뼈를 발라내고 해체하고 가죽을 벗겼을 것이다.[12] 이런 오래된 푸주 흔적을 종합하면 육식이 등장한 시기는 호모 사피엔스가 등장한 20만 년 전을 훌쩍 뛰어넘으며 심지어 최초의 인간(사람속)종이 오스트랄로피테쿠스에서 진화한 280만 년 전보다 앞설지도 모른다. 따라서 인간은 오래전부터 고기를 먹던 잡식동물이며 최초의 사람속 조상은 여기에 생사가 걸린 듯이 열심히 동물을 푸주했다. 하지만 그들은 대체 누구였을까?

사람족 종친회의 자리 배치를 연장자순으로 한다면 사람속의 첫 번째 종을 위한 의자는 오스트랄로피테쿠스 아파렌시스를 대표하는 루시와 호모 에렉투스라는 명백한 인간종 사이에 두어야 한다. 최초의 인간이 좌우 손님의 중간 단계였다면 그는 오스트랄로피테쿠스보다 덩치가 크고 머리가 좋았을 것이다. 하지만 다른 차이는 무엇이 있었을까? 둘 사이에는 의자를 몇 개나 갖다 놓아야 할까? 공백을 메울 후보 종 여럿이 로비에서 대기하는 동안 고인류학자들은 이들의 순서를 정확히 매기는 일에 골몰했다. 후보 중 하나로 **호모 하빌리스**_Homo habilis_, 즉 **손 쓴 사람**Handy Man이 있다. 이 종의 첫 화석은 1960년대에 돌 연장 옆에서 두개골 조각 두 개와 손뼈 상태로 발견되어 명명되었다. 부엌에서 요리하다 목숨을 잃은 첫 사례였으려나?

맨 처음 발견된 손 쓴 사람 화석은 180만 년밖에 안 됐지만, 최근에 더 오래된 화석이 확인됨으로써 호모 하빌리스의 출현은 230만 년 전으로 앞당겨졌다. 이로써 사람속이 오스트랄로피테쿠스에서 진화한 280만 년 전에 훨씬 가까워졌다.[13] 이 화석을 보면 호모 하빌리스의 턱은 오스트랄로피테쿠스와 더 비슷하고 두개頭蓋 용량은 호모 에렉투스와 더 비슷함을 알 수 있다. 따라서 호모 하빌리스는 둘 사이에 존재했음이 틀림없는 듯하다. 치아만 보면, 손 쓴 사람은 루시만큼 열심히 음식을 씹었지만,[14] 둘 사이에 비집고 들어갈 경쟁자는 또 있다.

2013년 에티오피아의 인류학자 찰라추 세윰Chalachew Seyoum이 발견한 새 턱뼈 화석은 오스트랄로피테쿠스 아파렌시스와 호모 하빌리스 사이에 위치하는 듯하다.[15] 연대는 280만 년 전의 앞뒤로 5000년이라는 놀라운 정확도로 추정되었으며, 치아에 인간의 특징이 일부 있긴 하지만 턱의 형태는 오스트랄로피테쿠스를 닮았다. 이 화석에는 **LD 350-1**이라는 밋밋한 이름이 붙었는데, 자동차 번호판에 더 어울릴 법하지만 오스트랄로피테쿠스 아파렌시스도 호모 하빌리스도 아닌 이 종을 일컫는 다른 이름은 아직 없다. 호모속의 첫 구성원일 가능성이 매우 큰 이 화석이 발견된 곳은 루시가 발견된 하다르에서 고작 30킬로미터 떨어졌으며 가장 오래된 돌 연장의 유적에서는 단 40킬로미터 떨어져 있다.

따라서 아프리카 사람족이 인류가 되고 고기를 푸주해 먹기 시작한 지역은 반경 하루 이틀 거리 이내로 좁아졌다. 최초의 맥도날드 햄버거 매장이 있던 역사적 장소를 찾는 것보다는 조금 더 흥미롭지 않은가? 하지만 지금까지 찾아온 사람족 손님들은 모두 날음식을 먹는다. 가련한 LD 350-1은 쓸쓸한 표정을 지은 채 이름표를 무심히 만지작거리며 유혈이 낭자한 스테이크를 몇 시간째 씹고 있다. 그의 옆자리에 앉은 손 쓴 사람은 며칠 동안 만든 돌칼로 고기를 자른다.

예상대로 **호모 에렉투스***Homo erectus*가 막 도착했다. 키는 130센티미터밖에 안 되지만 신체 비율은 우리와 비슷하다.[16] 돌도끼를 가져왔는데, 뭔가 심상치 않아 보인다. 옆 사람들이 먹고 있는 것과 똑같은 날고기를 주면 불쾌해하려나? 다짜고짜 가구를 부수고 불을 피워 고기를 구우려나? 그의 치아를 슬쩍 보면 실마리를 얻을 수 있을지도 모르겠다. 가장 오래된 호모 에렉투스는 어금니가 호모 하빌리스와 오스트랄로피테쿠스 아파렌시스만큼 컸지만, 후대의 호모 에렉투스 화석을 보면 시간이 지나면서 어금니가 점점 작아진 것을 알 수 있다. 연한 음식을 먹으면서 씹기의 필요성이 절반으로 줄었기 때문이다.[17] 그리하여 호모 에렉투스는 음식을 손질하는 데 능숙해졌으며 어쩌면 요리사가 되었는지도 모른다.

195만 년 전 무렵, 케냐 북부 투르카나 분지에 살던 사람족―아마도 호모 에렉투스였을 것이다―은 하마, 코뿔소, 악어 같은 까다로운 동물을 푸주했으며 생선과 거북도 먹었다.[18] 하지만 호모 에렉투스와 그의 육식 조상들이 고기만 먹었을 리는 없다. 건강한 식단은 단백질과 더불어 에너지를 공급해야 하는데, 살코기는 단백질은 많지만 열량 공급원으로는 미흡하다. 단백질을 소화해 그중 일부를 포도당으로 만드는 데 에너지가 소모되며 포도당 생산량도 미미하기 때문이다. 열량의 3분의 1 이상을 살코기에서 얻는 사람은 금방 **토끼 기아**rabbit starvation를 겪는다. 이것은 초기 미국의 탐사가들이 유일한 사냥감인 소형 동물로 연명하다 겪은 증상에서 유래했다.[19] 살코기만 먹으면 열량이 부족해 더 많은 고기를 먹게 되는데 이런 식으로는 굶주림을 해소할 수 없으며 결국 고기의 독성 때문에 몸이 상한다.

육류를 지나치게 섭취했을 때 독성이 생기는 이유는 단백질이 소화되는 과정에서 여분의 아미노산을 간이 미처 다 처리하지 못하기 때문이다. 간은 남는 아미노산을 요소로 바꿔 혈액으로 내보내어 신장에서 이를 처리하는데, 신장 또한 여분의 요소 때문에 과부하가 걸린다. 이 문제를 해결하는 방법은 식단에서 지방의 비중을 넉넉히 늘리는 것이다. 그러면 모자란 열량을 공급해 포도당 수요를 보충함으로써 고기를 너무 많이 먹지 않고도 허기를 달랠 수 있다. 이누이트족 성인이 동물만 먹고 살아갈 수 있는 이유는 이들이 먹는 북극의 포유류에 지방이 많이 들어 있기 때문이다. 하지만 아이들은 식물도 먹어야 한다. 문제는 사람속이 진화한 아프리카 사바나의 야생 동물은 지방이 거의 없고 살코기가 대부분이었다는 것이다. 이 때문에 대체로 채식주의자이던 조상에서 진화한 초기 사람속은 고양이처럼 육식에 적응한 진짜 육식 동물과 달리 무제한의 육류 섭취를 감당할 수 없었다.

초기 사람속의 주에너지원은 그들의 조상과 마찬가지로 식물의 탄수화물이었을 가능성이 크다. 심지어 오늘날에도 우리가 먹는 탄수화물은 대부분 식물(밀, 옥수수, 벼, 마, 감자 같은 작물)에서 온다. 오래전 조상들과 비슷한 생활 양식을 간직한 아프리카의 수렵채집인은 1일 에너지 요구량의 3분의 1 이상을 덩이줄기, 비늘줄기, 씨앗, 견과, 열매 등의 야생 식물에서 얻었다.[20] 이것들은 200만~300만 년 전 아프리카에서 구할 수 있던 에너지 공급원과 같다.

초기 사람족이 먹은 식물의 직접적 화석 증거는 남아 있지 않지만, 식물의 땅속 저장 부위에서 탄수화물을 얻었으리라는 정황 증거가 있다. 이를테면 (오스트랄로피테쿠스 아파렌시스가 동아프리카에 살 때 중앙아프리카의 차드 호수 유역에 살던) **오스트랄로피테쿠스 바렐그하자리** *Australopithecus babrelghazali*의 치아 법랑질을 분석했더니 열량의 최대 85퍼센트를 열대 풀에서 얻었다는 화학적 증거가 발견되었다.[21] 이런 식물의 잎은 질기고 영양가가 낮기 때문에 오스트랄로피테쿠스 바렐그하자리는 다육성 줄기와 녹말이 풍부한 땅속 부위를 먹었을 것이다. 실제로 오늘날의 인간과 개코원숭이도 기름골 *Cyperus esculentus* 같은 풀의 덩이줄기를 먹는다. 이 식물은 고대 이집트에서 널리 재배되었는데, 맛있고 영양 많은 덩이줄기는 기름과 녹말이 풍부하며 생으로 먹어도 되고 익혀 먹어도 된다.[22] 기름골은 스페인에서 작물로 재배되지만, 번식력이 왕성하고 목숨이 끈질겨서 다른 곳에서는 최악의 잡초로 손꼽힌다. 미네소타에서 덩이줄기 하나를 심는 실험을 했더니 고작 열두 달 만에 1900포기에 덩이줄기가 7000가닥 가까이 달렸다![23]

기름골의 덩이줄기는 껍질이 질긴데, 치아가 여기에 알맞게 발달하지 않은 사람족은 이 때문에 애를 먹었을 것이다. 초기 사람족 유적에서 대량으로 출토된 격지석기(몸돌에서 떼어낸 돌 조각_옮긴이)의 쓰임새는 덩이줄기 껍질을 벗기는 것이었을까? 이를 확인하기 위해 200만 년 된 석영 격지석기를 케냐 남부의 똑같은 석영으로 만든 현대판 격지석기와 비교했다. 원래의 격지석기는 사용하면서 생긴 긁힌 자국과 흔적이 날카로운 모서리에 나 있었는데, 이를 재현하기 위해 현대판 격지석기로 여러 동식물을 가공하면서 절단면에 각 동식물 특유의 손상 패턴이 나타나도록 했다.[24]

그랬더니 땅에서 갓 파낸 흙투성이 식물의 땅속 저장 부위를 현대판 격지석기로 벗겨내면서 생긴 손상 패턴이 원래 격지석기의 흔적 일부와 맞아떨어졌다. 이는 옛 격지석기가 바로 그 용도로 쓰였음을 시사한다. 이것이 고전적 탐정 소설이라면, 200만 년 전(또는 그 이전)에 살았던 사람족에게는 식물의 땅속 저장 부위를 식단에 중요하게 포함할 동기와 수단과 기회가 있었다고 결론 내릴 수 있을 것이다. 동기는 탄수화물 공급원이 필요하다는 것이었고, 수단은 돌 연장 기술이었으며―이가 없으면 잇몸으로!―기회는 서식지에 덩이줄기 식물이 풍부하다는 것이었다.

호모 에렉투스 손님을 어떻게 대접해야 할지 계속 궁리하다 보면 그가 사람족 중에서 가장 여행을 많이 다닌 편이라는 사실을 알게 된다. 호모 에렉투스는 호모 사피엔스와 마찬가지로, 아프리카 밖으로 이주했지만 최소 170만 년 먼저 이주했다. 아프리카 바깥에서 발견된 최초의 인류 화석은 호모 에렉투스로, 아시아 서부 캅카스 산맥에 있는 드마니시에서 발견되었다. 드마니시 화석은 아프리카의 초기 호모 에렉투스를 닮았으며 초기 인류의 가장 완전한 두개골을 포함하고 있다.[25] 이 화석들의 연대는 약 180만 년 전으로, 이에 따르면 호모 에렉투스는 아프리카에서 진화한 직후에 유라시아에 발을 디뎠을 것이다. 호모 에렉투스는 서쪽으로, 지중해 연안에서 동쪽으로 중국까지 금세 영역을 넓혔다.

호모 에렉투스가 동물과 식물을 둘 다 먹는 잡식성인 것은 분명하지만, 이들의 화석 유해가 코끼리 유해와 함께 발견되는 경우가 많은 것을 보면 코끼리를 주식으로 삼았을지도 모른다. 코끼리는 먹잇감으로 사냥되었고 거대한 사체에서 얻은 살코기와 지방은 중요한 영양 공급원이었을 것이다.[26] 뼈와 상아는 연장을 만드는 데 쓰였으며, 호모 에렉투스가 있던 곳에서는 어디서나 이 거대한 초식동물이 안정적 식량 공급원 역할을 했다. 40만 년 전 지중해 연안 동부에서 코끼리가 사라지자 호모 에렉투스도 자취를 감췄다. 사실 지난 100만 년간 지도상에서 인간종이 출현한 곳에서는 거의 어김없이 현지의 코끼리종이 멸종했다.[27]

그러니 어금니가 작고 뇌가 큰 후기 사람족인 호모 에렉투스에게는 코끼리 스테이크에다 껍질 벗긴 기름골을 곁들여 대접하면 무난하겠다. 그런데 음식을 익혀달라며 주방으로 돌려보내지는 않을까? 그렇게 생각할 이유는 충분하지만, 호모 에렉투스가 익힌 음식을 먹었다는 직접 증거는 거의 없다. 화덕 자리(불 피운 자리), 푸주, 돌 연장, 인간 화석은 요리의 정황 증거일 뿐이다. 동굴에서 오래전 불타고 남은 재를 발견할 수도 있겠지만 이것이 일부러 낸 불인지 자연 발화된 것인지 어떻게 알 수 있겠는가? 화덕 자리에 동물 뼈가 있다손 치더라도 거기 붙어 있던 살점을 익혀서 먹었는지 그냥 먹었는지 어떻게 알 수 있겠는가? 하지만 여러분이 지독한 회의론자가 아니라면, 아프리카의 화덕 자리에 동물 뼈가 있고 일부는 푸주 흔적까지 있는 것으로 보아 최초의 요리 행위가 150만 년 전으로 거슬러 올라간다고 보아도 무방하다.[28]

다행히도 먹는 행위는 인간의 진화에 결정적 영향을 미쳤기 때문에, 고古고고학적 증거뿐 아니라 생물학적 증거도 이를 뒷받침한다.[29] 하버드대학교의 영장류학자 리처드 랭엄은 《요리 본능》[30]에서 이 증거들을 조합해 호모 에렉투스 뇌의 대형화에 요리가 결정적 역할을 했음을 설득력 있게 논증한다. 그는 150만 년 전의 호모 에렉투스가 인류 최초의 요리사라고 믿는다. 그 근거는 호모 에렉투스와 우리를 비롯한 사람속이 침팬지에 비해 입이 작고 턱이 약하고 치아가 작고 위장이 작고 결장이 짧고 소화관이 전체적으로 작다는 것이다. 머리와 배의 이 모든 특징은 에너지가 농축되어 있고 조직이 연한 익힌 음식에 적응한 결과다.

물론 호모 에렉투스의 소화관에 대한 직접 증거는 없지만, 흉곽의 크기와 형태로 보건대 생식 초식동물의 커다란 소화관은 배 속에 들어가지 못했을 것이다. 오스트랄로피테쿠스 루시는 여느 영장류처럼 생채식주의자였지만, 인간은 양이 많고 섬유질이 풍부하고 에너지가 부실한 음식을 대량으로 처리할 능력이 없다. 우리의 식단이 진화 과정에서 바뀌지 않았다면, 몸집이 우리만 한 영장류가 식물을 날로 먹기 위해서는 결장이 지금의 인간보다 40퍼센트 이상 커야 한다. 생채식을 하면 몸무게가 걷잡을 수 없이 빠진다. 식물을 날것으로만 먹으면서 생존하는 것은 여느 영장류와 마찬가지로 우리에게도 불가능하다.

사람족 잔치에 모인 손님들을 둘러보니 한쪽에는 요리하는 동물의 조상들이 있고 다른 쪽에는 진화의 산물들이 있다. 하지만 요리로 인한 거대한 식단 변화가 정확히 언제 왜 일어났는지는 여전히 수수께끼다. 해부학적 근거에 따르면 최초의 요리사는 호모 에렉투스였을 가능성이 매우 크지만, 그 기나긴 역사에서 요리가 시작된 것은 언제일까?

여기에 실마리를 던지는 유전학적 증거가 하나 있는데, 이에 따르면 인간 아닌 영장류의 턱 근육을 강화하는 *MHY16*이라는 유전자가 200만 년 전 이전에 인류 계통에서 사라졌다.[31] 아마도 최초의 호모 에렉투스는 그 시기에 이미 요리를 하고 있었을 것이다. 강한 턱 근육은 필요가 없어졌거나, 점점 작아지는 이빨이 부서질 위험만 가중시켰을 것이다. 화석과 고곰고고학적 증거가 계속 발견되고 있으니 정확히 언제 요리가 시작되었는가에 대한 답은 더 분명해질 것이다. 요리가 **언제** 시작되었는가의 수수께끼와 비교하면 **왜**라는 질문의 답은 훨씬 분명하다. 음식을 요리하면 소화하기가 쉬워지고 더 많은 에너지를 끄집어 낼 수 있으며 많은 독성이 중화된다. 그리하여 요리는 사람족 진화에서 새로운 가능성의 지평을 열었다.[32]

감자나 기름골의 덩이줄기는 튼튼한 금고다. 식물은 훗날 생장과 번식에 쓸 에너지를 그곳에 숨겨둔다. 충분히 예상할 수 있듯, 이 귀한 에너지 저장고를 외부의 공격으로부터 보호하기 위해 식물은 단단한 방어 체계를 갖췄다. 첫째, 덩이줄기는 땅속에 파묻혀 있어 보이지 않기에 발견해서 파내야 한다. 둘째, 기름골처럼 껍질이 질기거나 마니옥(카사바)처럼 독성이 있어서 가공하지 않고는 먹을 수 없는 경우가 있다. 덩이줄기의 녹말은 단단히 감싸여 있기 때문에 장의 소화 효소가 접근하지 못한다. 제대로 익히지 않은 감자를 아이들이 먹으면 하나도 소화되지 않은 채 똥으로 나오기도 한다. 마지막으로, 녹말 분자는 작은 입자 안에 결정 덩어리 형태로 갇혀 있는데 이 입자는 하도 작아서 이빨로, 심지어 돌로 갈아도 쪼갤 수 없다. 하지만 덩이줄기를 익히면 방어 수단을 대부분 무력화할 수 있다. 독성과 효소를 파괴하고 조직을 연하게 하고 녹말 입자를 쪼개어 열면 녹말은 단단한 결정에서 소화 효소가 쉽게 분해할 수 있는 말랑말랑한 젤리 형태로 바뀐다. 고기와 비계도 익히면 영양소와 에너지가 부쩍 많아지고 향미가 좋아진다. 날것으로 먹어서 같은 효과를 얻으려면 사자의 위장을 가져야 할 것이다.[33]

랭엄의 주장에 따르면 요리가 우리를 인간으로 만들 수 있었던 것은 더 커진 뇌를 가동하는 데 필요한 에너지를 공급했기 때문이다. 인류 진화에서 가장 중요한 추세를 하나만 들라면 그것은 최근 200만 년에 걸쳐 뇌 크기가 꾸준히 증가했다는 것이다. 현재 우리의 뇌는 어떤 영장류와 비교해도 세 배 이상 크다. 물론 절대적 크기가 모든 것을 좌우하지는 않는다.[34] 소는 뇌가 크지만 그만큼 똑똑하지는 않다. 하지만 크고 똑똑한 뇌 덕분에 복잡한 언어, 추상적 사고, 그리고 이로 인한 인간 고유의 온갖 지적 능력이 탄생할 가능성이 열렸다. 뇌는 에너지에 굶주린 장기다. 인간의 뇌는 몸무게의 약 2퍼센트밖에 되지 않지만 휴지기 에너지 소비량은 전체의 20퍼센트를 차지한다. 이 에너지는 대부분 시냅스라는 전기적 연결부에서 쓰이는데, 시냅스는 신경 세포와 신경 세포를 연결하며 뇌 기능의 주춧돌 역할을 한다.[35]

단위 무게로 따지면 소화관도 뇌만큼 에너지에 굶주렸지만, 우리의 뇌는 비슷한 크기의 영장류보다 훨씬 큰 데 반해 우리의 소화관은 훨씬 작다. 진화는 소화관의 효율을 높여 절약한 에너지를 더 커진 뇌에 쏟아부었다.[36] 랭엄의 가설은 요리로 음식의 에너지 값을 증가시킨 덕에 뇌 진화로 인한 에너지 수요 급증을 작은 소화관으로도 충당할 수 있게 되었다는 것이다. 소화관이 연료 탱크라면 요리는 연료의 옥탄값을 높이는 셈이다. 하지만 이와 더불어 엔진의 회전수를 높이는 것도 도움이 된다. 최근에 대형 유인원의 대사율과 인간의 대사율을 비교했더니 인간의 대사율이 침팬지보다 27퍼센트 높았다.[37] 따라서 우리는 고옥탄 연료를 쓸 뿐 아니라 이 연료를 더 빨리 태운다. 몸무게로 따졌을 때 인간의 에너지 수지는 침팬지보다 크다. 그렇다면 남는 에너지를 어디에 쓸까? 오로지 생각하는 데 쓴다!

우리가 정말로 요리하는 동물이라는 가장 확고한 증거는 뇌의 성장과 요리가 불가분의 관계라는 것이다. 인류의 진화 과정에서 소화관이 줄어든 시기는 뇌가 커진 시기와 얼추 맞아떨어진다.[38] 호모 에렉투스가 산증인이다. 랭엄의 말이 옳다면 지금쯤 우리의 손님은 식탁을 두드리며 익힌 음식을 내오라고 고래고래 소리를 지르고 있을 것이다. 망자가 이토록 소란을 피운 적은 일찍이 없었다.

우리의 굶주린 조상 호모 에렉투스의 시끄러운 입을 익힌 음식으로 막아 문제를 해결했으니 이제 다음 손님을 맞을 차례다. 키가 크고 몸집이 다부진 사람족이 가느다란 나무창을 들고 성큼성큼 방으로 들어온다. 창의 길이는 2미터가 넘고 촉은 돌을 정교하게 깎아 만들었다. 이 사람은 **호모 하이델베르겐시스**_Homo heidelbergensis_다. 호모 에렉투스 아프리카 지부의 후손이기는 하지만 외모가 더 현대적이고 뇌가 30퍼센트 더 크다. 이마가 높고 얼굴이 밋밋해지긴 했지만, 여전히 안와상융기가 튀어나왔고 턱이 덜 발달했다. 호모 하이델베르겐시스는 70만 년 전 이전에 등장했는데, 이는 뇌 대형화를 100만 년 이상 겪은 결과라는 뜻이다.[39] 학명에서 보듯 최초의 호모 하이델베르겐시스 화석은 독일의 도시 하이델베르크에서 발견되었으나, 나중에 그리스, 에티오피아, 잠비아에서도 화석이 발견되었다. 인도와 중국에도 호모 하이델베르겐시스로 추정되는 화석이 있다.

호모 하이델베르겐시스는 불이 필요할 때 피울 수 있었다고 합리적으로 확신할 수 있는 최초의 인류 조상이기도 하다.[40] 우리의 손님이 든 창은 가문비나무로 만들었으며, 독일 쇠닝엔에서 진흙 속에 파묻힌 채 발견된 여러 자루 중 하나다.[41] 쇠닝엔 창의 제작 연대는 약 30만 년 전인데, 그때는 이 지역이 호숫가여서 사냥감이 풍부했다. 드물긴 하지만 코끼리도 있었는데, 대개는 말을 사냥해 푸주했다. 유적에는 말의 사체를 절단한 유해가 많이 남아 있다.[42] 말 한 마리를 죽이면 20~30명의 무리가 2주간 먹을 수 있었으며, 여기에 개암, 도토리, 라즈베리 같은 현지 야생 식물을 곁들였을 것이다.[43] 이 특별한 친척을 위해서는 미디엄레어 말고기 스테이크에 구운 도토리를 내고 잘 익은 개암을 라즈베리 쿨리 소스에 으깨 넣고 야생 꿀로 단맛을 더하면 좋을 것 같은데, 여러분 생각은 어떤지?

호모 하이델베르겐시스가 만족한 표정으로 자리에 앉고 그의 무시무시한 창은 안전한 곳에 치웠으니 이제 이 사람족의 후손이자 우리의 마지막 만찬 손님을 모시도록 하자. 이 후손의 두 갈래는 가문의 전통을 거슬러 아프리카 바깥에서 진화했다. 이들은 호모 하이델베르겐시스 이민자의 후손이다. 둘 중에서 잘 알려진 쪽은 (19세기에 이들의 화석이 처음 발견되었을 때로 치자면) 약 200년 전에 가족 앨범에 들어올 수 있었는데, 이들이 바로 **호모 네안데르탈렌시스**Homo neanderthalensis라고 하는 네안데르탈인이다.

나머지 하나는 2010년까지는 알려지지도 않았던 멸종한 사촌인데, 시베리아 동굴에서 발견된 손가락뼈의 DNA를 분석했더니 그의 염기서열은 네안데르탈인과도 우리와도 달랐다.[44] 어린 소녀의 것으로 밝혀진 이 DNA 염기서열이 기존의 사람족과 뚜렷이 달랐기에 인류학자들은 이 사람족을 손가락뼈가 발견된 데니소바 지역의 명칭을 따서 **데니소바인**Denisovan이라는 별개의 종으로 명명했다. 데니소바인은 신체 증거가 거의 남아 있지 않기 때문에, 망자의 축제에서 '가장 유령 같은 손님' 상은 떼놓은 당상이다. 유전체 염기서열을 분석했더니 우리 인류의 현대적 인구 집단 일부에서 데니소바인 유전자가 발견되었다. 이것은 5만 년 전 이전 우리가 멜라네시아와 오스트레일리아를 정복하러 가는 길에 데니소바인을 맞닥뜨렸음을 암시한다. 오늘날 이곳 사람들의 DNA에는 이 만남의 작은 흔적이 남아 있다.[45]

우리는 식탁에서 데니소바인의 자리를 비워둔 채 데니소바 동굴에서 발견된 여우와 들소와 사슴의 이빨로 만든 장신구로 표시할 것이다. 이 장신구는 그곳에서 죽은 어린 소녀의 것이었을지도 모른다. 머지않아 데니소바인 화석이 더 발견될 것이다. 이때 우람한 사람족 발이 계단을 쿵쿵 올라오는 소리가 들린다. 마지막 손님 호모 네안데르탈렌시스 나가신다. 길을 비켜라!

남자와 여자가 안으로 들어선다. 여자는 아기를 품에 안았다. 언뜻 보면 영락없는 현대인이다. 머리를 손질하고 옷을 차려입히면 길에서 만나도 예사롭게 지나칠 정도다. 근육질에 코가 유난히 크고 턱이 덜 발달했다는 것만 빼면. 네안데르탈인은 우리 같은 아프리카 출신이 아니라 북반구 태생으로, 캄캄한 겨울의 추운 기후에 적응했다. 최초의 네안데르탈인 중 한 명의 유전체를 분석했더니, 빨간 머리로 드러났다.[46] 우리 둘 다 호모 하이델베르겐시스의 후손이지만 네안데르탈인은 유라시아 갈래에서 진화했고 우리는 아프리카 갈래에서 진화했다. 두 종의 유전체를 비교했더니 공통 조상은 5만 년 전 이전으로 거슬러 올라갔다.[47] 네안데르탈인은 4만 년 전까지도 유럽에 머물다가 흔적 없이 멸종했다.[48] 아프리카 바깥의 모든 인구 집단에는 네안데르탈인 유전자가 남아 있다. 네안데르탈인이 무엇을 먹었는가도 잘 알려져 있다.

네안데르탈인 식단에 대한 주요 정보 출처는 세 가지다. 치석에 들어 있는 물질은 무엇이 입안으로 들어갔는지 알려주고, 화석화된 똥은 무엇이 몸 밖으로 나왔는지 알려주며, 먹다 남은 부스러기는 뼈와 쓰레기로 남았다. 네안데르탈인이 살았던 동굴에 동물 잔해가 잔뜩 널브러져 있는 것을 보면 이들은 주로 대형 동물을 사냥해 고기를 먹고 산 것이 분명하다. 하지만 풍부한 지방이 함유되지 않은 고단백 식단으로는 에너지 요구량을 충족할 수 없었을 것이다. 게다가 그들은 우리보다 근육질이고 뇌도 좀 더 컸기 때문에 에너지 요구량도 더 컸을 것이다.[49] 5만 년 된 네안데르탈인 똥의 화학 성분을 분석했더니 그들은 고기를 많이 먹기는 했지만 식물도 마다하지는 않았다.[50] 다른 증거도 이 결론을 뒷받침한다.

치석은 평생에 걸쳐 쌓인 입안의 내용물 표본이 담긴 일종의 화석이다. 처음에는 치아에 세균성 치태가 낀다. 시간이 지나면서 타액의 과포화 인산칼슘이 침착하면서 치태가 무기질화된다. 침 속 인산칼슘의 생물학적 기능은 치아 법랑질을 보수하는 것이지만, 치태를 무기질화해 음식 입자를 결정체 안에 가둠으로써 오랫동안 보존하는 부수 작용을 한다.

네안데르탈인의 치석에서는 대추야자, 식물의 땅속 저장 부위, 풀씨 등 다양한 식물에서 형성된 식물규소체가 발견되었으며 익힌 녹말립(식물 세포 속에 있는 알맹이 모양의 녹말_옮긴이), 심지어 연기 입자도 있었다.[51] 석기 시대 요리책을 찾지는 못했지만, 이만하면 네안데르탈인이 정말로 식물을 요리해 먹었다는 확고한 증거다. 식물 잔해는 썩기가 매우 쉽지만, 불에 타서 숯이 되면 오래 보존되기 때문에 또 다른 증거원이 된다. 이스라엘 카르멜산의 동굴에서 식물의 불탄 잔해가 발견되었는데, 이에 따르면 네안데르탈인은 아몬드, 피스타치오, 도토리, 야생 렌즈콩, 야생 풀씨, 여러 완두속 식물을 채집했다.[52] 닭백숙이나 팔라펠은 아직 등장하지 않았다.

최신 증거에 따르면 네안데르탈인 식단의 범위는 비슷한 시기 현생 인류와 별반 다르지 않았다.[53] 네안데르탈인은 중요한 영양 공급원인 대형 동물을 잡아먹었을 뿐 아니라 조개를 익혀 먹었으며 토끼, 거북, 새 같은 소형 동물도 사냥했다.[54] 지중해 들목을 내려다보는 이베리 아반도 남단 바위 곶인 지브롤터 고르함 동굴은 네안데르탈인이 마지 막으로 살았던 장소 중 하나다(어쩌면 최후의 근거지였을지도 모른다). 동굴 주위 절벽에는 오늘날까지도 비둘기 둥지가 있는데, 네안데르탈인은 6만7000년 전부터 비둘기를 뻔질나게 잡아 요리했다. 하지만 그들이 사라졌어도 비둘기는 여전히 남아 있다.[55] 그 뒤에 인류가 동굴을 차지 해 이후 수천 년간 그곳의 비둘기를 잡아먹었다.

사람족 상봉에 참석한 각각의 손님에게 우리가 알 수 있는 가장 적 당한 음식을 대접하니 모든 두개골이 흡족한 미소를 띠며 요란하게 트 림을 한다. 우리 조상들은 500만 년 전까지만 해도 주로 채식을 한 것 으로 추정되나, 330만 년 전이 되자 돌 연장을 만들고 고기를 먹었으 며, 100만 년 전에는―그 이전일 수도 있지만―음식을 요리했다. 이 역사에서 보듯 진화적 변화는 점진적이며, 연장 제작이나 요리처럼 인 류 고유의 참신한 풍습으로 여겨지는 것들은 사람족 계통에서 오랜 뿌 리가 있다. 인류는 최근에 나타났지만 우리의 족보는 아주 오래전으로 거슬러 올라간다.

이제 벼락출세한 우리 종이 잔치에 낄 준비가 끝났다. **호모 사피엔 스**_Homo sapiens_의 발원지인 아프리카 대륙은 네안데르탈인이 최후의 비둘기 만찬을 먹은 고르함 동굴로부터 지브롤터 해협을 사이에 두고 불과 15킬로미터 떨어져 있지만, 우리는 아프리카를 떠나면서 해협을 건너지도 비둘기로 배를 채우지도 않았다. 우리는 전혀 다른 경로를 따라 아프리카에서 퍼져 나갔으며 전혀 다른 음식을 먹었다.

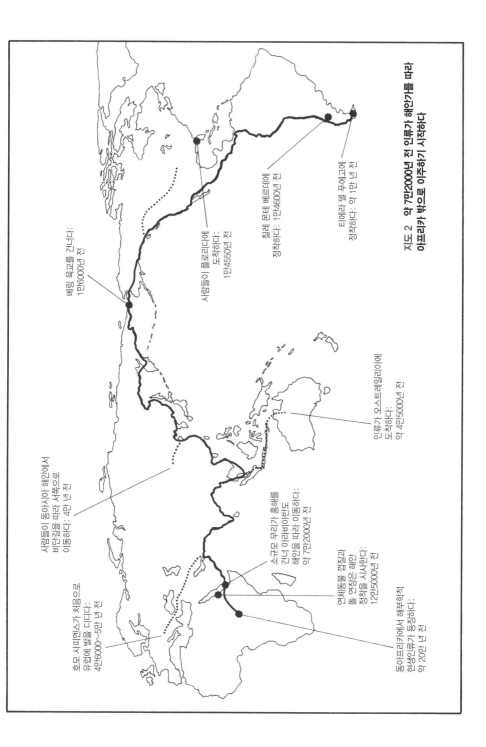

사람들이 동아시아 해안에서
바닷길을 따라 서쪽으로
이동하다: 4만 년 전

호모 사피엔스가 처음으로
유럽에 발을 디디다:
4만6000~5만 년 전

베링 육교를 건너다:
1만6000년 전

사람들이 플로리다에
도착하다: 1만4550년 전

칠레 몬테 베르데에
정착하다: 1만4600년 전

티에라 델 푸에고에
정착하다: 약 1만 년 전

인류가 오스트레일리아에
도착하다:
약 4만5000년 전

소규모 무리가 홍해를
건너 아라비아반도
해안을 따라 이동하다:
약 7만2000년 전

연체동물 껍질과
돌 연장은 해안
정착을 시사한다:
12만5000년 전

동아프리카에서 해부학적
현생인류가 등장하다:
약 20만 년 전

지도 2 약 7만2000년 전 인류가 해안가를 따라
아프리카 밖으로 이주하기 시작하다

3

조개 · 해변의 채집

우리가
아프리카에서
힘든 시기를
넘길 수
있었던 것은
조개 덕분이다

1440년에 익명의 저자가 《요리의 서Boke of Kokery》에 홍합 요리법을 기록했다. 중세 영어로 써서 철자가 낯설긴 하지만, 단어의 소리와 의미는 600년이 지난 지금도 여전히 짐작할 수 있다. 수도승인 저자가 말한다. "홍합을 필요한 양만큼 준비한 뒤 솥에 넣고 잘게 썬 양파를 넣어 끓인다. 후추와 포도주를 적절하게 넣는다. 그리고 식초를 조금 넣는다. 홍합이 벌어지기 시작하면 솥을 불에서 내려놓는다. 따뜻하게 데운 접시 위에 홍합을 놓고 빵과 함께 먹는다."[1] 기본 재료가 깨끗한 홍합, 다진 양파, 후추, 포도주, 식초 약간인 것은 오늘날도 마찬가지다.

홍합은 모유 못지않게 유서 깊은 음식이다. 최소 16만 5000년간, 아마도 그 이상 사람들은 홍합을 익히거나 날로 먹었다. 우리의 형제 네안데르탈인도 홍합을 먹은 것을 보면 아마 50만 년 전 이전의 공통 조상도 먹었을 것이다. 사람족은 100만 년 넘도록 조개를 먹어왔는지도 모른다. 이것은 낮잡은 수치다. 많은 원숭이와 유인원도 물고기와 조개

를 잡을 수 있으면 잡아먹었다는 것이 관찰되었기 때문이다.[2]

우리 종이 해안선을 따라 이동한 역사적 경로에는 먹다 버린 조개 껍데기가 군데군데 쌓여 있다.[3] 북쪽의 북극에서 남쪽의 아프리카 남해안과 남아메리카 남단에 이르기까지, 썰물 때 홍합을 채집한 사람들이 버린 껍데기는 그들이 여러 세대에 걸쳐 무엇을 먹었는지 잘 보여 준다. 해산물은 뇌 발달에 중요한 오메가-3 지방산이 풍부하기에 인류 진화에 영양 측면에서 필수적이었을지도 모른다.[4] 필수 영양소는 아미노산처럼 꼭 필요한 성분인데 우리 세포가 스스로 만들지 못하므로 음식에서 얻어야 한다.

가장 오래된 조개더미는 16만5000년 전 중석기Middle Stone Age 아프리카 유적에서 발견되었는데, 인도양이 멀리 내다보이는 이 동굴에 최초의 현생인류가 살았다. 조개더미로 보건대 이들은 (오늘날에도 서식하는) 조개를 먹은 수렵채집인이었다.[5] 이들이 먹은 음식 중에는 여러 종의 홍합, 다양한 삿갓조개limpet, 커다란 고둥sea snail이 있었는데, 이 고둥은 터번처럼 돌돌 말린 두꺼운 껍데기로 덮여 있어서 아프리칸스어 (네덜란드어에서 발달한 언어로 남아프리카공화국에서 사용됨_옮긴이)로 '알리크루켈Alikreukel'이라 하며 대여섯 개만 먹으면 배가 든든하다.

이 인상적인 동굴은 남아프리카 곶 피너클포인트에 있으며 애리조나 주립대학교의 인류학자 커티스 머리언Curtis Marean이 발견했다. 머리언은 동굴을 우연히 발견한 것이 아니라고 한다. 약 19만5000년 전 아프리카에서 우리 종이 탄생한 지 수만 년 이내에 기후가 한랭건조해지면서, 아프리카 대부분이 인류가 살기에 부적합한 곳으로 바뀌었다는 사실에 착안해 이곳을 살펴보았다는 것이다.[6]

현대인의 유전체에는 이 빙하기에 인구가 급감하면서 일어난 유전적 영향이 여전히 새겨져 있는데, 이에 따르면 생식 가능 인구는 1만 명에서 수백 명으로 감소한 것으로 추정된다. 머리언은 우리 모두의 조상인 이 생존자들이 남아프리카 곶을 피난처로 삼았을지도 모른다고 추론했다. 주변 바다 덕분에 기후가 온난했기 때문이다. 수렵채집인이 식량으로 삼던 사냥감이 한랭건조한 기후 때문에 감소했으나 곶에는 두 가지 식량 공급원이 있었다. 하나는 해산물이었고 다른 하나는 곶의 독특한 식물군에서 자라는 식물들의 풍부한 알뿌리였다. 오늘날 홍합을 요리할 때 양파를 넣듯 중석기 시대에는 이 알뿌리를 넣었을 것이다.

지금은 상당량의 뭍물(陸水)이 얼음에 갇혀 있던 16만5000년 전보다 해수면이 훨씬 높아졌기 때문에, 당시 해안선 가까이에 있던 동굴들은 물에 잠기거나 고고학 유적들이 파도에 휩쓸려 사라졌을 것이다. 피너클포인트 동굴의 인간 거주 흔적이 살아남은 것은 내륙 안쪽의 절벽 높은 곳에 있었기 때문이다. 그곳에서 발견된 고고학 유적으로 보건대, 해수면이 높아져 조개를 쉽게 잡을 수 있을 만큼 해안선이 접근했을 때만 간헐적으로 동굴에 사람이 살았을 것이다.

머리언은 이 지역의 고고학적 증거가 대부분 앞바다 퇴적층에 묻혀 있을 것이라고 주장했다. 그러다 훨씬 북쪽인 홍해의 에리트레아 연안 얕은 물에서 후대의 증거가 발견되었다.[7] 해수면이 상승하면서 그 위로 산호가 자랐는데, 산호초를 파헤치자 그 속에 묻혀 있던 돌 연장 수백 개가 드러난 것이다. 이 유물은 12만5000년 전으로 거슬러 올라가며 그 곁에는 굴과 대량의 홍합을 비롯한 31종의 식용 연체동물 잔해가 남아 있었다. 식용 게 두 종 옆에도 돌 연장이 있었는데, 아마도 맛있는 살을 파내는 데 썼을 것이다.

홍해 연안은 인류가 아프리카를 떠나기 전에 머무는 대합실이었다. 이곳에서 출발했으나 무위로 끝난 이주가 얼마나 되는지는 알 수 없다. 아마도 많았을 것이다. 하지만 이 이주민 집단 중 일부 후손들이 중국까지 진출했음이 알려졌다. 해부학적으로 10만 년 전 현생인류의 치아가 발견되었기 때문이다.[8] 하지만 이 개척자들은 사멸한 것으로 보인다. 아프리카 바깥 현대인들의 유전자를 분석했더니 모두가 그 이후 이주민의 후손이었기 때문이다.

우리 종(호모 사피엔스)은 피너클포인트의 첫 거주민이 조개를 먹은 지 5만~6만 년이 지나도록 아프리카 대륙에 갇혀 있었다. 그러나 추운 기후에 우리보다 더 잘 적응한 것으로 보이는 네안데르탈인(호모 네안데르탈렌시스)은 비슷한 시기에 이미 유럽 전역에 퍼졌으며 스페인 남해안에서까지 살고 있었다. 네안데르탈인 동굴에서 발견된 홍합 껍데기의 상당수는 겉면이 그을려 있었는데, 이는 홍합을 불에 구웠음을 시사한다.[9]

해산물 요리 솜씨는 우리보다 네안데르탈인이 더 뛰어났으려나? 하지만 두 종 사이에 석기 시대 요리 경연 대회가 열리려면 10만 년은 더 기다려야 할 것이다. 호모 사피엔스가 북아프리카에서 지중해 남해안을 따라 동쪽으로 이동해 지금의 이스라엘에 도달한 것이 그즈음이기 때문이다. 훨씬 뒤에 농업의 발상지가 된 서남아시아는 이미 네안데르탈인의 보금자리였는데, 식량 경쟁에서 뒤처졌는지 그들의 먹잇감이 되었는지는 모르겠지만 호모 사피엔스는 살아남지 못했다.[10]

우리가 아프리카 탈출에 처음으로 성공한 것은 약 3만 년 뒤인 7만 2000년 전이다. 연안 이주민의 식량은 역시나 해산물이었지만, 이번에는 남쪽으로 홍해 어귀를 가로지른 뒤에 아라비아반도 해안을 따라 인도로 향하는 경로였다(지도2). 사람들이 홍해의 풍부한 식량을 두고 아프리카를 벗어난 이유는 무엇일까? 확실하진 않지만, 인구가 증가해 연안 식량 자원이 부족해졌기 때문이 아닐까.[11] 하지만 분명한 사실은 이 이주야말로 우리 종이 전 세계에 퍼지게 된 유일무이한 출발점이었다는 것이다.

이 사건은 대단할 뿐 아니라 독특했다. 아프리카 바깥에 사는 60억 인구는 모두 약 7만 2000년 전 어느 화창한 날 아프리카의 뿔(에티오피아, 소말리아, 지부티가 자리 잡고 있는 아프리카 북동부_옮긴이)에서 홍해를 가로질러 아라비아반도로 건너간 소규모 무리의 후손이다. 이 사실을 아는 것은 우리의 유전자에 기록되어 있기 때문이다.[12] 아프리카의 인구는 유전적으로 매우 다양하며 민족 간에 다른 점이 많다.[13] 이에 비해 나머지 인구는 유전적으로 획일적이어서, 아프리카 인구의 다양한 유전자 중에서 대탈주를 감행한 (아마도) 수백 명의 유전자만을 모두가 공유한다. 아프리카에서 멀수록 타고난 유전적 다양성은 감소한다.[14] 이것을 보면 이주의 단계마다 소규모 무리가 떨어져 나와 이동하고 보금자리를 마련하고 정착지를 건설하고 정착민 수가 많아지면 다시 일부가 떨어져 나왔음을 알 수 있다.

약 7만 2000년 전에 아프리카를 떠나면서 시작된 여정은 주로 해안선을 따라 이루어졌는데, 그 덕에 아프리카 해안에서 먹던 것과 같은 해산물을 계속 공급받을 수 있었다. 우리는 인도 해안을 따라 여행해 약 4만 5000년 전에 오스트레일리아 대륙에 이르렀는데, 친숙한 조개 더미가 이들의 도착 시점을 알려준다.[15]

유전적 증거에 따르면 해안선 경로를 따라 이동하던 중에 이따금 일부 무리가 이탈해 내륙으로 진출했다. 그중 한 무리의 후손이 4만 5000~5만 년 전에 처음으로 유럽에 발을 디뎠다. 아시아 내륙은 4만 년 전에 이탈한 후발대가 차지했는데, 이들은 동아시아 해안에서 내륙 으로 들어갔다가 서쪽으로 방향을 틀어 중국과 유럽을 잇는 유명한 비 단길을 처음으로 주파했다.

약 1만 6000년 전이 되었을 때는 태평양을 에두르는 해안선 이주의 행렬이 북쪽 시베리아에 이르렀다. 이 대륙은 여전히 얼음으로 덮여 있었지만, 얼지 않은 해안을 따라 북아메리카 북서부로 가는 길이 열 려 있었다.[16] 알래스카에서 칠레에 이르는 모든 아메리카 원주민은 아 시아에서 온 이 첫 식민지 개척자들의 후손이다.[17] 그들은 이 지점에서 퍼져 나가 여러 경로를 따라 북아메리카에 진출한 듯하다. 우리는 1만 4550년 전에도 플로리다에 사람이 살았다는 것을 안다. 이 시대에 푸 주된 마스토돈 뼈가 발견되었기 때문이다.[18] 또 다른 무리는 태평양 해 안을 따라 이동해[19] 1만 4600년 전 이전에 남아메리카 칠레에 도달했 다.[20] 해안선 길이가 6400킬로미터를 넘는 칠레는 오늘날까지도 조개 요리의 수도로, 이곳의 전복은 소고기처럼 잘라 구워 먹을 수 있을 정 도로 크다.

태평양 해안 이주의 종착지는 약 1만 년 전 남아메리카 대륙의 남 단 티에라 델 푸에고였다.[21] 첫 푸에고인의 물리적 흔적은 바다의 활동 과 7750년 전(BP)에 일어난 화산 분화로 모두 지워졌지만, 이곳의 삶에 대해 생생한 관찰 기록을 남긴 사람이 있다('BP'는 '현재 이전Before Present' 이라는 뜻으로, 방사성 탄소 연대 측정법으로 추정한 연도이며 1950년을 기준으로 삼는 다_옮긴이). 찰스 다윈은 비글호를 타고 항해하다가 티에라 델 푸에고를 방문했는데, 1832년 크리스마스에 이렇게 일기를 썼다.

주로 조개를 먹고 사는 원주민들은 끊임없이 사는 곳을 옮겨 다닌다. 그러나 일정한 간격을 두고 같은 곳으로 다시 돌아온다. 몇 톤이나 쌓여 있는 조개껍데기를 보면 그런 것을 알 수 있다. 이 조개껍데기 위에는 연두색 식물이 자라고 있다. 그 색 때문에 멀리서도 그 자리를 알아볼 수 있다.[22]

다윈은 푸에고인들이 물개 가죽을 걸치거나 아예 벌거벗은 채 비바람을 맞고 0도 가까운 기온에 축축한 땅바닥에서 자는 것을 보고 연민을 느꼈다. "물이 빠지면 겨울이든 여름이든, 밤이든 낮이든 조개를 잡으러 나간다."

비글호에서 이름을 딴 비글 해협을 최근 탐사했더니 어디나 조개더미가 쌓여 있었다. 심지어 카누로 접근할 수 있는 곳이면 손바닥만 한 땅 위에도 있었다. 조개더미는 대부분 여러 종의 홍합으로 이뤄졌는데, 가장 큰 것은 높이 3미터, 너비 50미터에 이르렀다. 이는 아주 오랫동안 홍합을 엄청나게 먹어댔다는 뜻이다. 고고학 발굴에 따르면 이곳에서는 6000년 넘게 조개를 먹었다.[23]

무엇을 얼마나 언제 먹을지 선택할 여유가 있는 우리에게는 해변에서 조개 줍는 일이 심심풀이에 불과하지만, 푸에고인들은 악천후로 조개를 채집하거나 카누로 물범을 잡지 못하면 배를 곯아야 했다. 인류사에서 이때는 해변 채집인들에게 종종 고난의 시기였다. 당시 조개는 구황 식량이었으며, 값비싼 별미가 된 것은 최근 들어서다. 우리가 아프리카에서 힘든 시기를 넘길 수 있었던 것은 조개 덕분이다. 농업이 탄생하기까지 6만 년 동안 조개는 인류의 해안선 여행에 함께한 식량이었다. 하지만 농업과 더불어 동식물 길들이기라는 신기술이 등장하면서 식단에 혁명이 일어났다. 이것은 초식에서 잡식으로의 전환과 요리의 발명 못지않은 중대한 변화였다.

4

빵 · 작물화

빵은 우리를
길들였으며,
이제 지구
길들이기는
막바지에
이르렀다.

빵의 탄생은 전대미문의 사건이었다. 가공식품이 등장한 것이다. 들판의 야생 풀은 홍합, 알뿌리, 열매, 야생 동물만 한 식량이 되지 못한다. 곡식의 씨앗은 수확하고 탈곡하고 까불러 알곡과 겨를 분리하고 빻아 가루로 만들고 물을 섞어 반죽하고 발효하고 구운 뒤에야 먹을 수 있다. 하지만 이 모든 수고에 값하는 향미와 영양을 얻을 수 있기에 빵은 음식의 동의어가 되었다.

로마 시대 이전 수천 년 동안 유럽과 서남아시아에서는 밀과 보리가 주식이었다. 고대 로마와 그리스의 도시, 이집트의 피라미드는 돌과 빵으로 지었다고 해도 과언이 아니다. 고고학 덕에 우리는 그 빵이 어땠는지, 심지어 어떻게 만들어졌는지도 안다.

음식 같은 유기물은 건조하면 보존성이 부쩍 좋아진다. 습기가 없으면 부패균이 살지 못하기 때문이다. 이집트 사막은 기후가 건조하기 때문에, 3000~4000년 전에 왕족의 무덤에 껴묻은 빵 수백 덩이가 보존되었다. 이 빵은 주로 에머밀emmer이라는 품종으로 만들었으며 이 따금 과일을 곁들였다. 에머밀은 더는 재배되지 않지만, 오늘날의 대표적인 밀 품종인 듀럼밀durum wheat과 빵밀bread wheat의 조상이다. 듀럼밀은 파스타에 제격이며 빵밀은 작물화된 에머밀과 야생종 염소풀goatgrass의 교배종에서 진화했다.[1]

피라미드 건설 노동자들이 살았던 마을이 고고학 발굴로 드러나면서 왕실뿐 아니라 노동자들도 밀빵을 먹었음이 밝혀졌다.[2] 북적거리는 마을의 모든 숙소에는 에머밀을 빻고 빵을 굽는 시설이 갖춰져 있었다. 고대 이집트의 경제는 물물교환을 토대로 돌아갔는데, 곡물의 양 또는 곡물로 만들 수 있는 빵과 맥주의 양을 가치의 기준으로 삼았다. 노동자들은 근근이 먹고살 만큼의 곡물을 임금으로 받았지만 고위 관료들은 주체 못 할 만큼 많은 곡물을 받았다.

왕은 살아서나 죽어서나 자기가 먹을 빵을 굽지 않으므로 국왕 멘투호테프 2세(기원전 2004년에 사망)의 무덤을 채비한 사제들은 내세에서 빵이 바닥날 때를 대비해 거대한 제빵 시설의 축소판을 만들었다.[3] 런던 대영박물관에 소장된 이 축소판에는 열세 명의 인물상이 안장 모양 맷돌 앞에 무릎을 꿇은 채 두 손으로 돌을 쥐고서 밀을 갈고 있다. 거친 화강암 숫돌로 밀을 가느라 돌가루가 섞여 들어가는 바람에 빵에서 돌이 씹혔는데, 이 때문에 이집트 미라들에서는 치아가 심하게 마모된 것을 볼 수 있다.[4] 미라의 주인공이 고대 이집트의 빵을 먹으며 영생하려면 틀니가 아주 많이 필요할 것이다.

밀을 가는 열세 명 앞에서는 또 여러 명이 줄지어 무릎을 꿇은 채 반죽을 개고 있으며, 그 뒤로는 제빵공 세 명이 원통형 오븐을 하나씩 맡고 있다. 또 다른 이집트 중왕국 무덤에 설치된 프리즈(건축물의 내외부에 붙인 띠 모양의 장식물_옮긴이) 덕에 우리는 그런 제빵 시설에서 오갔을 법한 대화를 엿들을 수 있다. 이곳은 제빵 시설 축소판과 함께 묻힌 멘투호테프 2세의 후대 왕을 모시던 최고 궁정 관료의 여성 친척인 세네트의 무덤이다. 여성이 무덤에 매장되는 일은 드물었지만, 룩소르에 있는 세네트의 무덤 내부는 나일강에서 낚시하고 사냥개를 풀어 사냥하고 고기를 푸주·손질하고 빵과 맥주를 빚는 장면으로 정교하게 장식되어 있다. 제빵공들이 나누는 대화가 상형문자로 기록되어 있는데, 해독하면 만화책의 대화 못지않게 웃기다.[5] 맷돌 앞에서 곡물을 가는 여인이 경건하게 말한다. "이 나라의 모든 신께서 강하신 우리 주인님께 건강을 주시길!" 동료의 말은 세월의 풍파로 지워지긴 했지만 이렇게 끝난다. "…… 이건 음식을 위한 거야." 아마도 그녀는 자신이 반죽한 밀가루가 맥주용으로 쓰이지 않도록 명토 박고 싶은가 보다. 당시에는 밀과 보리 둘 다 맥주의 원료였으니까. 제빵소에서 일하는 남자들이 불평한다. "…… 일이 힘들어." "아무도 짬을 허락지 않는군." "이 땔나무는 덜 말랐어. ……" 남자는 연기와 열기를 막으려고 손으로 얼굴을 가리고 있다.

시대를 초월한 이 정경을 보면 빵과 농업이 늘 인류를 먹여 살린 것처럼 보이지만, 실은 그렇지 않다. 농업은 1만~1만2000년 전에 서남아시아에서 시작되었다. 이 지역에서 농업을 했다는 가장 오래된 증거는 터키 남동부 아나톨리아에서 발견되었는데, 머지않아 **비옥한 초승달 지대**라 불리는 서남아시아 전역으로 전파되었다(지도3). 비옥한 초승달 지대는 아나톨리아에서 남쪽으로 호를 그리며 오늘날의 레바논,

지도 3 서남아시아의 비옥한 초승달 지대

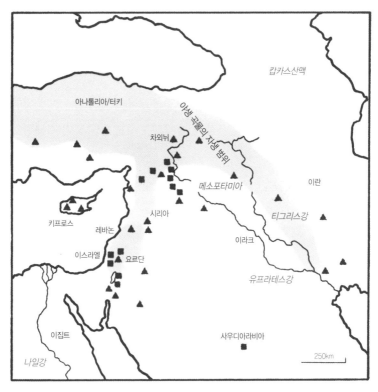

칼카스산맥

아나톨리아/터키

차외뉘

비옥한 초승달 지대의 범위

메소포타미아

이란

키프로스

티그리스강

레바논

시리아

이라크

이스라엘

요르단

유프라테스강

이집트

사우디아라비아

나일강

250km

■ 작물화 이전 경작의 증거가 발견된 고고학 유적
▲ 작물 잔존물이 발견된 신석기 유적

이스라엘, 요르단을 지나 이집트 나일강에 이르며 동쪽으로 시리아 북
부를 지나 이라크에 갔다가 남쪽으로 방향을 틀어 티그리스강과 유프
라테스강이 흐르는 고대 메소포타미아를 통과한다. 약 4000년 전 점
토판에 따르면 당시 메소포타미아에는 어떤 밀가루를 쓰는지, 어떤 재
료를 첨가하는지, 어떻게 반죽하는지, 어떻게 굽는지, 다 된 빵을 어떻

게 차려내는지에 따라 약 200가지의 빵이 있었다.[6]

최초의 작물은 에머밀로 추정되지만, 이내 다른 종들도 작물화되어 8~9가지 시조始祖 작물군을 이뤘다. 비옥한 초승달 지대의 농부들은 에머밀 말고도 외알밀einkorn wheat, 보리, 렌즈콩, 완두콩, 가르반조garbanzo(병아리콩), 살갈퀴bitter vetch, 아마, 파바콩fava bean(누에콩)을 작물화했다. 이 모든 시조 작물의 조상들은 한 가지만 빼고 오늘날까지도 비옥한 초승달 지대에 자생하고 있다. 그 한 가지는 파바콩으로, 식물학자들이 샅샅이 뒤졌는데도 야생종 조상이 발견되지 않았다. 야생 파바콩은 아예 멸종했는지도 모른다.

경작하기에 알맞은 야생종이 한곳에서 대량으로 발견된 것은 묘한 우연으로 보이겠지만, 여기에는 진화적으로 그럴듯한 이유가 있다. 비결은 기후다. 비옥한 초승달 지대는 강수량이 철마다 다르며 불규칙하다. 건조하고 강수가 불확실한 기후는 야생 식물이 작물화에 알맞은 세 가지 특징으로 진화하기에 유리하다. 첫 번째 특징은 짧은 수명이다. 수명이 짧은 한해살이 식물은 금세 자라 성숙하며 여름의 건조한 열기에 죽기 전 씨앗을 잔뜩 퍼뜨린다.

한해살이 식물은 재배하고 수확하기에 편리할 뿐 아니라 수확량도 풍성하다. 다산성은 이런 식물의 두 번째 유용한 특징이다. 한해살이 식물은 번식 기회가 한 번뿐이기 때문에 여러 해에 걸쳐 후손을 퍼뜨릴 수 있는 여러해살이 식물에 비해 가용 에너지의 더 많은 부분을 씨앗 만들기에 투입한다. 그래서 우리가 재배하는 곡물은 아메리카의 옥수수와 해바라기, 아프리카의 수수와 진주조pearl millet, 아시아의 벼처럼 다른 곳에서 작물화된 것까지 모두 한해살이다. 한해살이 식물은 투입 대비 산출이 가장 크며 인위적 선택을 통해 이 잠재력을 최대로 끌어올릴 수 있다.

비옥한 초승달 지대의 야생 한해살이 식물이 작물화에 안성맞춤일 수 있었던 세 번째 특징은 씨앗의 크기가 비교적 크다는 것이다. 건조한 기후는 큰 씨앗의 진화에 유리하다. 발아한 씨앗이 살아남으려면 물 공급원인 뿌리를 뻗어야 하기 때문이다.[7] 건조한 환경에서는 뿌리가 물을 찾으려면 깊이 내려가야 하는데, 어린 식물이 뿌리를 길게 뻗으려면 식량을 두둑이 저장해야 하고 그러려면 씨앗이 커야 한다.

지금은 오스트레일리아, 북아메리카, 유럽 북부, 아프리카 남부, 인도, 우크라이나에서 추수를 앞둔 밀밭의 눈부신 황금빛을 볼 수 있지만, 이 모든 밀은 비옥한 초승달 지대의 야생 곡물 풀밭에서 왔다. 터키, 이스라엘, 요르단의 돌밭에서는 아직도 에머밀, 보리, 귀리를 비롯한 야생 곡물을 찾아볼 수 있다. 미국의 작물 진화 권위자 잭 할런Jack Harlan이 1960년대에 터키 남동부 아나톨리아를 찾았을 때 그의 눈앞에 펼쳐진 것은 카라자다 산비탈에서 자라는 야생 외알밀의 거대한 자생지였다.[8] 그는 부싯돌 날이 달린 옛 낫을 재현한 연장으로 야생 곡물을 한 시간 동안 얼마나 벨 수 있는지 실험했다. 야생의 씨앗이 부서지면서 일부 손실을 보았으나, 할런은 밀을 한 시간에 2.5킬로그램 가까이 수확했다. 탈곡했더니 무게가 절반으로 줄긴 했지만, 야생 밀의 단백질 함량은 무게 기준 23퍼센트로, 현대의 일부 재배종보다 50퍼센트 이상 많았다.

할런의 계산에 따르면 한 가족이 야생 외알밀을 수확할 경우 산자락의 조생종에서 고지대의 만생종까지 성숙기를 따라 3주만 수확하면

한 해를 나기에 충분한 곡물을 얻을 수 있었다. 외알밀의 수확량에 감명받은 할런은 이런 물음을 던졌다. "자생지가 경작지만큼 빽빽한데 뭐하러 곡물을 재배해야 하는가? 야생 곡물을 무진장 수확할 수 있는데 뭐하러 땅을 갈고 씨앗을 뿌려야 하는가?"[9] 아마도 오랫동안 야생에서 수확하는 것만으로 정말 충분했으리라 여겼을 것이다. 이것은 작물화에 수천 년이 걸렸다는 고고학 기록과 맞아떨어진다.[10] 하지만 인구가 증가하면서 작물화와 경작은 필연적으로 이어졌다.

고고학 유적에서 발견되는 수많은 증거에 따르면 사람들은 야생 식물의 씨앗을 식량으로 채집하기 시작하다 이것들을 재배하기 시작하고 인위적 선택 과정을 거쳐 개량했을 것이다. 야생 에머밀과 야생 보리는 2만 3000년 전에 이스라엘 갈릴리 해안에 살던 사람들이 채집했다.[11] 밀, 보리, 귀리 등의 야생종은 익으면 이삭에서 낱알이 떨어지는 **탈립**shatter 현상이 일어나는데, 이래야 씨앗을 널리 퍼뜨릴 수 있기 때문이다. 자연선택이 모든 종의 자식에게 확산 수단을 부여한 것은 생존과 번식 가능성을 높이기 위해서다. 하지만 식물이 작물화되어 재배되면 확산 방법이 달라진다. 이 경우에는 씨앗이 채집되어 재파종되는 식물이 자손을 가장 많이 남길 수 있다. 따라서 지속적인 수확과 재파종을 통해 선택되는 식물은 이삭이 여물어도 탈립하지 않는 식물이다.

작물화 초기 단계에는 야생에서 채집한 곡물과 경작지에서 재배한 곡물이 고고학 자료상에서 구분되지 않는다. 하지만 곡물이 작물화되면서 이삭의 탈립을 막는 유전자의 빈도가 인위적 선택을 통해 증가하기 시작했다. 비非탈립 이삭에는 낱알이 단단히 붙어 있어서 기계적 힘으로 탈곡해 떼어내야 한다. 그래서 비탈립 이삭을 탈곡하면 야생 식물처럼 말끔하게 떨어지지 않고 가장자리가 삐죽삐죽하게 떨어져 나간다. 겉에 삐죽삐죽하게 떨어져 나간 흔적이 많으면 이것은 작물화되었다는 표시다(이런 흔적은 돋보기로도 볼 수 있다). 고고학 기록에서 에머밀은 이처럼 뚜렷한 작물화 흔적이 나타난 최초의 곡물이다.

비옥한 초승달 지대에서 이런 유물이 최초로 발견된 곳은 터키 남동부 아나톨리아의 차외뉘다.[12] 에머밀은 약 1만 년 전에 그곳에서 재배되었으나, 낟알은 비교적 작았으며 야생종과 매우 비슷했다. 차외뉘 마을에서는 그 밖에도 완두콩, 렌즈콩, 아마를 재배했다. 이 책을 쓰는 지금, 작물화 흔적으로 판단하기에 최초의 곡물 재배 증거가 있는 곳은 차외뉘이지만, 그 밖의 고고학 증거에 따르면 농업은 이 지역에 이미 널리 퍼져 있었을 것이다. 작물화는 확고한 증거가 나타나기 수백 년, 어쩌면 수천 년 전에 시작되었을지도 모른다. 그동안 여러 시조 작물이 작물화 과정에서 진화하고 야생종 후손과 교잡했으며 농부들이 비옥한 초승달 지대 내에서 수백 킬로미터를 가로질러 씨앗을 교환했을 것이다.[13]

비탈립 이삭은 작물화가 일어났음을 보여주는 최초의 확실한 고고학적 흔적이지만, 그 밖에도 낟알이 크거나 종자 휴면(종자의 발아가 내적인 요인에 의해 저해되는 것_옮긴이)이 일어나지 않는 등 야생종 조상과 다른 특징들이 선택된다. 경작이 확산되기 시작하면서, 새로운 지역에 전파된 작물은 새 기후에 적응해야 했다. 찰스 다윈의 《종의 기원》에서는 동식물 길들이기에 대한 장에서 첫 유럽인 정착민들이 캐나다에 도착했을 때를 이렇게 서술한다.

겨울은 프랑스에서 가져온 겨울밀을 기르기에 너무 혹독했고 여름은 여름밀을 기르기에 너무 짧았다. 그들은 유럽 북부에서 가져온 여름밀이 잘 자라기 전에는 자신들의 나라가 밀 경작에 쓸모없는 줄 알았다.[14]

요즘은 캐나다 기후에 적응한 품종의 밀 농업이 하도 성공적이어서 2013년 대풍작 때는 수확한 3700만 톤을 운송할 화물차가 모자랄 정도였다.[15] 식물의 적응력은 정말이지 대단하다.

밀 품종은 수십만 종에 이르는데―대부분 빵밀이다―이 모든 다양성의 토대는 두 가지 결정적인 진화사적 사건이다. 첫 번째는 50만~80만 년 전에 염소풀 한 종과 야생 밀이 교잡되어 에머밀이 진화한 사건이다.[16] 두 번째는 훨씬 최근 일로, 에머밀이 잡초 염소풀의 또 다른 종과 교잡해 모든 빵밀의 조상이 된 사건이다. 이 책을 쓰는 지금, 두 번째 사건이 언제 일어났는가는 여전히 오리무중이다. 한 연구에 따르면 에머밀이 작물화된 이후인 불과 8000년 전 비옥한 초승달 지대의 경작지 어딘가에서 일어났을 가능성이 있지만,[17] 또 다른 연구에서는 현생인류의 기원을 앞서는 23만 년 전 이전으로 추정하기도 한다.[18] 빵의 진화사에서 두 사건이 정확히 언제 일어났는지와 별개로, 각 사건에서 염색체 한 벌씩이 추가됨으로써 밀은 완전한 염색체를 세 벌 갖추게 되었다.

인간 유전체보다 다섯 배 큰 이 거대 유전체 덕에 빵밀은 유전학적으로 어마어마한 진화의 잠재력을 얻었다. 이것이 중요한 이유는 자연선택과 인위적 선택 둘 다 새로운 형질을 만들기 위한 원재료로서의 유전적 변이를 필요로 하기 때문이다. 유전적 변이의 최초 출처는 돌연변이나 무작위 오류로, 이는 대체로 DNA가 복제될 때 일어난다. 충분히 예상할 수 있겠지만, 무작위 돌연변이는 해로운 경우가 훨씬 많다. 염색체가 한 벌뿐인 생물은 돌연변이로 인해 피해를 보면 진화적 변화의 속도가 느려질 수 있지만, 염색체가 세 벌이면 실험을 벌일 여지가 있다. 비유적으로 말하자면, 빵밀에는 허리띠와 멜빵과 고무줄이 있어서 유전자 바지춤을 꼭 여며준다. 이 삼중 유전체 덕에 빵밀은 엄청난 진화적 융통성을 발휘하는데, 이 융통성은 수많은 변종으로 표현되어 저마다 다른 환경에 적응한다.[19]

유전적 변이는 진화의 원재료이며, 저마다 다른 현지 개체군 내의 유전적 변이는 육종가가 작물을 개량하기 위한 원재료다. 현지에 적응한 작물 품종은 방언과 같아서 발상지 바깥에서는 쓰이지 않는 새로운 단어(새로운 유전자)가 들어 있다. 영어는 이런 단어가 무척 많은데, 특히 음식과 음료를 일컫는 어휘가 풍부하다. 이를테면 '위스키whisky'는 게일어에서 왔고 '초콜릿chocolate'은 나우아틀어에서, '처트니chutney'는 힌디어에서, '베이글bagel'은 이디시어에서, '감persimmon'은 포우하탄어에서 왔다. 현지 작물 품종을 일컫는 **원시품종**landrace은 방언만큼이나 개별적인데, 이는 현지 농부의 입맛에 맞게 인위적 선택을 겪었을 뿐 아니라 현지 기후에 적응하고 풍토병에 저항성을 나타내도록 수천 년의 자연선택 실험을 거쳤기 때문이다. 이런 적응은 사느냐 죽느냐의 문제다. 작물뿐 아니라 우리에게도.

작물화 덕분에 인류가 얻을 수 있는 식량의 양이 부쩍 늘었지만, 우리의 생존이 작물의 건강에 더더욱 의존하는 결과도 따랐다. 빵에 의존하던 고대 이집트인들은 기근을 겪었다. 구약 성경 창세기에서 파라

오가 이상한 꿈을 꾼다.

> 다시 잠이 들어 꿈을 꾸니 한 줄기에 무성하고 충실한 일곱 이삭이 나오고
> 그 후에 또 가늘고 동풍에 마른 일곱 이삭이 나오더니
> 그 가는 일곱 이삭이 무성하고 충실한 일곱 이삭을 삼킨지라. 바로 '파라오'
> 가 깬즉 꿈이라.(개역개정판 창세기 4장 5~7절)

성경에 따르면 파라오는 점술가에게 꿈의 의미를 물어도 답을 얻지 못하자 해몽으로 명성이 자자한 헤브라이인 노예 요셉을 불러들인다. 요셉이 말한다.

> 온 애굽 땅에 일곱 해 큰 풍년이 있겠고 후에 일곱 해 흉년이 들므로 애굽 땅에 있던 풍년을 다 잊어버리게 되고 이 땅이 그 기근으로 망하리다.(29~30절)

요셉은 파라오에게 풍년에 거둔 곡물을 저장해 흉년이 닥쳤을 때 기근을 막으라고 권고한다. 훌륭한 충고다.

물론 곡물을 비롯한 씨앗을 오랫동안 저장할 수 있는 이유는 이것이야말로 식물의 생활환에서 자연선택을 통해 설계된 바로 그 기능이기 때문이다. 씨앗은 식물이 모아둔 유아식이며 우리는 이것을 약탈해 쓴다. 작물의 기생충인 셈이다. 안타깝게도 우리만 그런 것은 아니다. 우리는 바이러스, 세균, 진균, 설치류, 그리고 출애굽기의 열 가지 재앙 중 하나인 메뚜기 같은 곤충과 경쟁해야 한다.

녹병균rust fungi으로 인한 병해는 작물에게 가장 큰 위협인데, 생애주기가 짧아서 재빨리 진화할 수 있으며 작은 홀씨를 바람에 띄워 쉽게 전파되기 때문이다. 1988년 우간다에서 발견된 줄기녹병균 Ug99는 아프리카의 밀 재배 지역 전역으로 순식간에 퍼졌으며 전 세계 밀 생산량의 3분의 1 이상을 위협하고 있다.[20] 빵밀 품종의 90퍼센트가 Ug99에 취약하지만, 다행히도 저항성이 있는 희귀 품종의 유전자를 이용해 Ug99에 저항하는 다수확 품종을 육종할 수 있었다.

모든 작물의 식량 안전을 지키려면 끊임없이 진화하는 병해에 끊임없이 대응할 수 있어야 한다. 이 싸움에서 우리의 무기는 작물 품종의 다양성과, 병해에 맞설 유전자를 가진 원시품종이다. 논란의 여지가 있지만, 전 세계 곡간을 채우는 데 가장 크게 이바지한 식물 육종가는 러시아의 과학자 니콜라이 이바노비치 바빌로프Nikolai Ivanovich Vavilov다. 그는 과학자로서 비극적인 삶을 살았다. 지금이야 수천만 명을 먹여 살린 러시아의 국민 영웅으로 추앙받지만 정작 자신은 소련 감옥에서 굶어 죽었다.

농업대학을 졸업한 뒤, 바빌로프는 주기적으로 러시아에 창궐하는 기근을 해결하고자 농작물 질병을 연구하기 시작했다. 그는 당시에 신학문이던 유전학을 통해 작물 품종 간의 질병 저항성 차이를 깨달았으며 1913년에 영국 케임브리지대학교에 가서 유전학의 창시자 중 한 명인 윌리엄 베이트슨William Bateson과 연구할 기회를 얻었다.

케임브리지대학교에 있는 동안 바빌로프는 대학 구내에 보존된 찰스 다윈의 개인 서재에서 책을 읽으며 미래 연구의 실마리를 찾았다.[21] 그는 다윈이 작물의 유전적 변이에 뚜렷한 관심을 나타내고 새로운 종

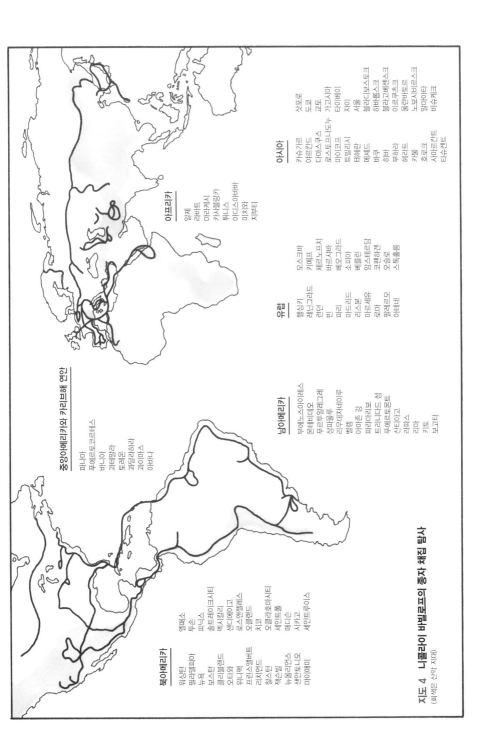

북아메리카

워싱턴
필라델피아
뉴욕
보스턴
클리블랜드
오타와
위니펙
리자이나
칼스턴
잭슨빌
뉴올리언스
샌안토니오
마이애미

엘패소
투손
피닉스
솔트레이크시티
멕시칼리
샌디에이고
로스앤젤레스
오클랜드
치코
오클라호마시티
세인트폴
매디슨
시카고
세인트루이스

중앙아메리카와 카리브해 연안

파나마
푸에르토코르테스
바니아
과테말라
토레온
과달라하라
아바나

남아메리카

부에노스아이레스
몬테비데오
포르투알레그레
상파울루
리우데자네이루
벨렘
아마존 강
파라마리보
트리니다드 섬
푸에르토몬트
산티아고
라파스
리마
키토
보고타

아프리카

알제
라바트
마라케시
카사블랑카
튀니스
아디스아바바
마자리
지부티

유럽

헬싱키
레닌그라드
런던
빈
파리
마드리드
리스본
마르세유
로마
팔레르모
아테네

모스크바
키예프
체르노프치
비즈니차
베오그라드
소피아
베를린
암스테르담
코펜하겐
오슬로
스톡홀름

아시아

카슈가르
이르쿠츠
다마스쿠스
로스토프나도누
미아코프
트빌리시
테헤란
메세드
바쿠
하바
부하라
헤라트
카불
훈자
사마르칸드
타슈켄트

샨포로
도쿄
교토
가고시마
타이베이
자이
서울
블라디보스토크
하바롭스크
블라고베센스크
이르쿠츠크
울란바토르
노보시비르스크
암마아타
비슈케크

지도 4 니콜라이 바빌로프의 종자 채집 탐사

(흐색은 산악 지대)

이 진화할 때 지리적 변이가 중요한 역할을 하는 것에 흥미를 보인 것에 특히 감명받았다. 제1차 세계대전이 발발해 러시아로 돌아온 바빌로프는 그 뒤 30년간 끈기 있게 종자를 채집하고 연구하고 여행했다.

바빌로프는 유럽, 북아프리카, 남북아메리카, 카리브해 연안, 아프가니스탄, 중국, 일본, 서남아시아를 누비면서 가는 곳마다 작물 씨앗을 채집했다(지도4). 그는 각 표본의 질병 저항성과 산지産地의 고도와 위치를 기록했으며 여건이 허락할 때마다 수백 킬로그램의 종자를 레닌그라드에 있는 자신의 연구소로 보냈다. 1930년대 초가 되자 그가 채집한 종자는 20만 점에 이르렀으며 그중 밀 3만 품종은 그의 연구소 근처에서 직접 재배했다.

바빌로프의 채집 여행에서 나침반 역할을 한 이론은 작물이 처음 길들여진 곳의 유전적 다양성이 가장 크다는 것이다.[22] 이 이론은 시간의 검증을 이겨내지 못했지만, 그는 산악 지대에서 가장 큰 유전적 다양성을 발견하려고 시도했으며[23] 이를 위해 험한 오지도 마다하지 않았다.

1930년대 후반에 바빌로프는《다섯 대륙Five Continents》이라는 책을 쓰기 시작했다. 이 책은 그의 식물 채집 모험을 다룬 것이었지만, 스탈린 정권의 숙청 물결에 휩쓸려 빛을 보지 못했다. 숙청 과정에서 바빌로프와 함께 일하던 많은 과학자들이 희생됐고 결국 그 자신마저 목숨을 잃었다. 20년간 원고가 유실된 줄 알았으나 바빌로프가 사후 복권된 1960년대 초에 그의 비서 A. S. 미시나A. S. Mishina가 그 책의 상당 부분을 비밀경찰의 눈을 피해 숨겨두었다고 밝혔다.[24]

바빌로프가 간절히 방문하고 싶었던 지역 중 하나는 아비시니아(지금의 에티오피아)와 인근 에리트레아 산악 지대였다.《다섯 대륙》에서 바빌로프는 라스 타파리Ras Tafari를 만나 아비시니아 여행 허가를 얻은 과정을 서술한다(라스 타파리는 훗날 하일레 셀라시에 황제가 되어 라스타파리 운동 추종자들에게 숭배되었다). 에티오피아 고지대의 작물 다양성은 바빌로프를 실망시키지 않았다. 그는 이렇게 썼다. "밭에는 품종들이 놀라우리만치 뒤섞여 있다. 밭 한 곳의 식물 구성 표본을 얻으려고 해도 이삭 수백 개를 채집해야 했다."[25] 청나일강 상류 악슘 인근의 밭에서는 식물 육종가들이 수십 년간 애쓰고서도 얻지 못한, 하지만 자연이 안성맞춤으로 만들어낸 듀럼밀 품종을 발견하고 환희에 들떴다.

길을 따라 에리트레아로 내려가던 중에 바빌로프의 동료들이 산적을 두려워해 안절부절못했다. "그들을 안심시키려면 내가 맨 앞에 서야 했다. 강을 건너 채 몇 시간도 가기 전에 빽빽한 덤불 뒤에서 총을 든 사람들이 나타났다. 대상隊商을 노리는 자들이 틀림없었다." 그런데 행렬의 선두에 유럽인이 있는 것을 본 산적들은 유럽인들이 중무장하고 다니는 것을 알았기에 공손하게 절을 하고는 자기네 마을에서 하룻밤 묵으라고 초대했다. "밤이 늦어서 우리는 잘 곳을 찾아야 했다. 하지만 이 일을 어쩐다?" 러시아인들은 최상의 권총을 장전하고 밤새 졸지 않도록 독한 커피를 마셨으며 마지막 남은 별 다섯 개짜리 브랜드 두 병을 산적 우두머리에게 선물로 주었다. "정찰 임무에서 돌아온 길잡이는 약간 취해 있었지만 닭튀김, 꿀단지, 그리고 테프로 만든 납작빵 한 아름을 가져왔다."

테프teff의 씨앗은 밀이나 호밀, 보리보다 훨씬 작지만 여느 작물과 마찬가지로 탈립하지 않도록 인위적으로 선택되었다. 작물로서의 테프는 에티오피아가 원산지이지만, 작물화 이전의 야생종 친척은 열대와 온대에 매우 널리 퍼져 있다.[26] 이 유별난 가루로 만든 빵에 맛을 들여 잡초를 작물로 바꾼 사람들은 에티오피아인뿐이었다. 밀빵이 부푸는 것은 찰기 때문이지만, 테프 씨앗은 글루텐이 없어서 반죽에 찰기가 없다. 그 대신 테프 가루는 물과 양념을 섞은 뒤에 발효시켜 두꺼워지도록 한다. 이렇게 만든 반죽을 뜨거운 번철 팬에 부으면 은저라injera라는 커다란 팬케이크가 된다. 은저라는 축축하고 쫄깃하며 구울 때 기체가 빠져나가면서 생긴 작은 구멍이 빼곡하다. 약간 신맛이 나는데, 전 세계의 여느 납작빵과 마찬가지로 다른 음식을 싸서 먹는다.

식물학적으로 독특한 은저라를 손에 넣었고 바빌로프의 길잡이가 산채에서 맛있는 음식을 가져왔지만 러시아인들은 현명하게도 산적들의 후의를 믿지 않았다. 바빌로프 일행은 산적에게 술을 주어 안정시키고 자신들은 커피를 마셔 정신을 차리고는 탈출을 감행했다. 새벽 세 시에 짐을 싸서 산적들이 잠든 틈을 타 부랴부랴 마을을 떠났다.

바빌로프의 삶은 갑작스럽게 끝났다. 그의 영웅적 경력이 무색한 비극적 결말이었다. 모국의 기근을 끝장내기 위해 세계에서 가장 외딴 오지를 여행하고도 살아 돌아온 바빌로프에게 스탈린 비밀경찰은 반역과 태업이라는 누명을 씌웠다. 그는 1940년에 투옥되어 고문당했으며 자신의 학문적 출발점인 사라토프에서 서서히 굶어 죽었다. 고의적 살해였다.

하지만 바빌로프의 삶에는 달콤쌉싸름한 반전이 있다.[27] 1941년 6월에 독일군이 소련 국경을 넘어 진격하다 9월에 레닌그라드 관문에 이르렀는데, 그곳에서 격렬한 저항을 맞닥뜨렸다. 소련 당국은 바빌로프와 그의 동료들을 박해했지만 레닌그라드의 바빌로프 연구소에 보관된 종자를 탈환해야 한다는 사실을 깨닫고는 계획을 세웠다. 독일인들도 종자를 차지할 계획을 세웠으며 이를 위해 특수 친위대 루슬란트자멜코만도Russland-Sammelkommando를 창설했다.[28] 종자의 일부는 안전하게 빼낼 수 있었지만, 대부분의 중요한 종자는 포위된 도시에 있었다. 핵심 직원들이 종자를 보호하기 위해 남았다. 이 과학자들중 상당수는 굶주림을 달래줄 수도 있었던 귀한 종자를 지키다가 굶어 죽었다.

독일은 레닌그라드를 초토화하려고 폭격을 퍼부었지만 히틀러의 자만심 덕에 연구소와 종자가 완전히 파괴되지 않을 수 있었다. 히틀러는 레닌그라드를 점령할 수 있으리라 철석같이 믿었기에 아스토리아 호텔에서 승전 연회를 열기로 계획하고 초청장 인쇄를 명령한 상태였다. 바빌로프의 연구소는 우연히도 아스토리아 호텔과 독일 영사관 근처에 있었기에 최악의 폭격을 면할 수 있었다.

바빌로프가 남긴 유산의 진정한 가치가 마침내 인정받은 것은 1979년이었다. 그의 전기 작가 G. A. 골루베프G. A. Golubev는 바빌로프가 수집한 종자와 그의 육종 계획이 소련 농업에 미친 영향을 평가했다.[29] 골루베프의 계산에 따르면 소련 경작지의 80퍼센트에 바빌로프 연구소의 종자에서 유래한 품종이 파종되었다. 바빌로프의 이름이 붙은 신품종이 1000종에 이르렀는데, 이 품종들 덕분에 연간 생산량이 500만 톤 증가했다. 금액으로 환산하면 당시 공식 환율로 15억 달러가 넘는다.

바빌로프가 종자를 채집하면서 유전적 다양성을 유지한 덕에 야생종 조상이 자라던 곳보다 넓은 기후대와 지리적 영역에서 작물을 재배할 수 있게 되었다. 유전체의 유연성이 크고 변종이 수십 종에 이르는 빵밀이 좋은 예다. 하지만 밀에도 한계가 있다. 지구 온난화가 이미 전 세계 밀 생산량에 악영향을 미치고 있다.[30] 기후에 대처하는 작물의 다양성 잠재력이 한계에 이르렀을 때 최선의 전략은 바뀐 기후에 적응할 수 있는 다른 작물 종으로 전환하는 것인지도 모른다. 바빌로프는 첫 탐사 때 이런 변화를 목격했다.

러시아 혁명이 일어나기 전해인 1916년에 바빌로프는 페르시아(이란)를 여행하면서 보리, 호밀, 밀의 원시품종을 채집했다. 그중에는 흰가루병에 완전한 면역이 있는 현지 밀 품종도 있었다.[31] 바빌로프는 채집 과정에서 겨울밀 경작지를 잡초 호밀이 잠식한 것을 목격했다. 또한 고지대로 올라갈수록, 작황이 나빠지는 밀 대신 호밀을 작물로 심는 비율이 증가했다. 이 발견을 토대로 바빌로프는 호밀이 밀밭의 잡초에서 출발해 밀과 함께 수확되면서 우연히 작물화되어 밀의 작황이 나쁠 때 대체 작물로 이용되었다는 개념을 정립했다(이 개념은 현재 널리 받아들여진다).

호밀은 빵밀보다 훨씬 강인한 작물로, 메마른 흙과 추위를 밀보다 잘 견디며 북극권에서도 재배할 수 있다. 호밀 낟알은 단백질 함량이 많고 펜토산이라는 특이한 탄수화물이 들어 있다. 펜토산은 물을 많이 흡수할 수 있는데, 이 성질은 자연 상태에서 호밀 씨앗의 발아를 도울 뿐 아니라 요리할 때 호밀 가루가 밀가루보다 물을 네 배 많이 머금도록 한다. 밀빵은 구운 뒤에 식으면 녹말이 결정화되어 딱딱해지면서 금세 퀴퀴한 냄새가 난다(이 과정은 거꾸로도 작용하기에, 열을 가하면 다시 신선해진다). 이에 반해 펜토산은 식어도 말랑말랑하기 때문에 호밀빵은 밀빵보다 훨씬 오래 보관할 수 있다.

호밀은 유럽 북부와 동부에서 가난한 자의 빵이었으며 지금도 인기가 많다. 19세기에 이 지역 출신 이민자들로 인해 미국에서 호밀 수요가 생겨 널리 재배되었는데, 1960년대 호밀 수요가 감소하고 재배량도 줄었을 때 기이한 현상이 일어났다. 호밀이 다른 작물 사이에서 잡초로 자라기 시작한 것이다. 21세기 들머리에 잡초 호밀은 미국 서부의 경작지 40만 헥타르를 잠식해 한해 2600만 달러의 손실을 입혔다. 그 이유를 놓고 이 호밀이 새 교잡종이라느니, 경작되던 밭에서 스스로 자랄 수 있게 되었다느니 하는 여러 학설이 제기되었다. 그런데 잡초 호밀의 형질과 유전적 성질을 연구했더니 위의 두 학설 모두 틀린 것으로 드러났다. 구세계에서 우연히 작물화되었다가 신세계에 전파되어 작물로 재배되던 호밀은 북아메리카에서 잡초로 역진화한 것이었다. 유전자 하나의 변화로 인해 탈립 성질이 복구되면서 야생 호밀의 확산이 부쩍 쉬워졌으며 씨앗은 야생종만큼 작아졌다.[32] 진화가 끊임없이 작용한다는 사실을 이보다 잘 보여주는 것은 없다. 유일한 예외는 농업이 인류의 최근 진화를 빚어냈다는 사실이다.

작물화는 작물뿐 아니라 직간접적으로 인류에도 크나큰 진화적 변화를 일으켰다. 사실 인간 사회에 미친 영향이 어찌나 크던지 1930년대에 오스트레일리아의 역사학자 V. 고든 차일드V. Gordon Childe는 1만~1만2000년 전 신석기 시대에 일어난 사건을 '혁명'으로 규정했다.[33] 신석기 혁명의 중요성은 아무리 강조해도 지나치지 않다. 경작지를 관리해야 했기에 영구 정착지가 형성되었으며, 농업 덕에 잉여 식량이 생산되면서 인구가 증가하고 노동력이 식량 채집이라는 기본 활동과 무관한 일에 쓰이게 되었다. 신석기 혁명이 일어나지 않았다면 1만 년 뒤 인류 역사의 또 다른 전환점인 산업 혁명도 일어날 수 없었을 것이다.

농업은 식량의 풍요를 낳았지만, 녹말 함량이 많은 곡물 위주로 식단이 바뀐 것이 처음으로 농사를 지은 비옥한 초승달 지대 사람들의 건강에 특별히 유익하지는 않았다. 우리가 이 급격한 식단 변화에 적응한 증거는 침에서 찾아볼 수 있다. 음식을 생각하면서 침을 흘리는 것은 예의에 어긋나지만, 맛있는 냄새를 맡았을 때 입안에 군침이 도는 것은 음식 냄새가 침샘을 자극해 침을 분비함으로써 식사를 준비하기 위해서다. 침은 대부분 물이지만 여러 종류의 효소도 들어 있는데, 이 효소 중 일부가 소화 과정을 개시한다. 소화는 위가 아니라 입에서 시작된다. 침의 단백질 성분 중에는 녹말을 당으로 분해하는 **알파아밀라아제**α-amylase라는 효소가 절반에 이른다. 하지만 모든 사람의 침 속 알파아밀라아제 함량이 똑같지는 않다.

알파아밀라아제의 양에 영향을 미치는 요인으로는 스트레스를 비롯한 여러 가지가 있지만, 사람 사이의 변이가 나타나는 주요인은 알파아밀라아제 유전자 사본의 개수(1~15개)다. 이 유전자의 사본 개수가 이토록 천차만별인 이유는 분명하지 않지만, 신석기 혁명으로 인해 녹말을 많이 섭취하게 된 집단에서 평균 사본 개수가 증가한 듯하다.

한 연구에서는 녹말 섭취량이 많은 세 인구 집단의 알파아밀라아제 사본 개수를 녹말 섭취량이 적은 네 인구 집단과 비교했다.[34] 고녹말 집단은 일본인, 전통적으로 쌀, 밀, 옥수수 같은 곡물을 많이 섭취하는 유럽 출신 미국인, 농업을 하지 않지만 녹말이 많은 뿌리와 덩이줄기를 채집해 섭취하는 아프리카 수렵채집 부족 하드자족이었다. 저녹말 집단은 아프리카 부족 세 집단과 시베리아의 한 집단이었다. 이 연구에 따르면 고녹말 집단은 알파아밀라아제 유전자의 사본이 저녹말 집단에 비해 평균 두 개 많았다. 이는 여분의 알파아밀라아제 유전자가 고녹말 식단에 진화적으로 적응한 결과임을 시사한다.

알파아밀라아제 유전자 사본 개수의 변이는 농업 이전의 인구 집단에 이미 존재했으나, 이들이 빵과 밥, 또는 뿌리와 덩이줄기를 먹기 시작하면서 녹말을 더 잘 소화하는 개체를 자연선택이 선호했을 것이다. 이 이론에 '옥에 티'가 하나 있다면, 녹말 소화의 대부분은 사실 입이 아니라 위에서 이루어진다는 것이다. 위에서는 췌장에서 분비하는 또 다른 아밀라아제 효소가 작용한다. 침의 알파아밀라아제와 대조적으로 췌장 아밀라아제 유전자는 사본이 추가로 만들어지지 않았기에 사람마다 사본 개수가 다르지 않다. 그럼에도 입안에서 음식과 섞인 침 아밀라아제는 위에 도달할 때까지 계속 작용하기 때문에, 알파아밀라아제 유전자가 많은 사람이 그렇지 않은 사람보다 녹말을 더 효율적으로 소화할 수는 있을 것이다. 이 효율성 가설은 쉽게 검증할 수 있다.

녹말은 완전히 분해되면 포도당이 되는데, 이것은 모든 살아 있는 세포에 연료를 공급하는 분자다. 따라서 효율성 가설이 옳다면 알파아밀라아제 유전자 사본이 많은 사람은 사본이 적은 사람에 비해 녹말을 먹은 뒤 혈중 포도당 농도가 높아야 한다. 그런데 실험을 했더니 놀랍게도 정반대 결과가 나왔다. 침 속 아밀라아제가 많은 사람의 혈중 포도당 농도가 그렇지 않은 사람보다 훨씬 적었던 것이다.[35] 대체 무슨 일이 일어난 것일까?

혈중 포도당 농도를 미세하게 조절하는 것은 인슐린이라는 호르몬이다. 너무 많은 휘발유를 엔진에 주입하는 것이 차량에 위험하듯 너무 많은 연료가 혈류를 순환하도록 하는 것은 몸에 위험하다. 고녹말 식단을 하는 사람에게는 알파아밀라제 유전자 개수가 많은 것이 이점으로 작용하는 듯하다. 그 이점이란 녹말을 더 효율적으로 소화하는 것이 아니라 녹말이 많은 음식을 먹은 뒤에 혈중 포도당 농도가 위험 수준으로 치솟지 않도록 하는 것이다. 혈중 포도당 농도가 지나치게 높으면 제2형 당뇨병에 걸릴 수 있으므로 자연선택은 틀림없이 이 이점을 눈여겨볼 것이다. 이 가설이 옳다면 침 속 아밀라제의 역할은 단순히 녹말 소화를 개시하는 것뿐 아니라, 녹말의 산물인 당을 입안에 분비해 다량의 녹말이 위로 내려가고 있음을 미각 수용체에게 알리는 초기 경보일 수도 있다. 그러면 인슐린을 미리 분비해 위험 수준의 혈중 고혈당을 막을 수 있다.

곡물의 작물화로 인한 유전적 변화는 고녹말 식단을 감당하는 능력뿐 아니라 인간의 가장 친한 친구가 진화하는 데도 영향을 끼쳤다. 개는 적어도 1만 년 전 혹은 그 이전에 늑대에서 가축화되었으므로, 농업의 여명기 이후로 우리의 밥상머리에서 밥을 얻어먹거나 자투리를 먹었다. 개는 사람과 달리 침 속에 아밀라제가 없지만, 야생 조상인 늑대와 개의 유전체를 비교하면 녹말 소화에 영향을 미치는 유전자 세 개가 가축화 과정에서 달라졌음을 알 수 있다. 이 변화 중 하나는 아밀라제 효소를 소화기계에 공급하는 유전자 사본 개수가 부쩍 늘었다는 것이다.[36] 진화를 통해 개는 우리 밥상에서 떨어지는 녹말 부스러기를 먹을 수 있도록 진화했다.

우리는 빵이 주식이라는 사실을 당연하게 여기지만, 여기에는 우리를 상상 가능한 모든 방식으로 변화시킨 1만2000년의 역사가 숨겨져 있다. 이 변화는 동식물의 진화를 우리의 목적에 맞게 좌우하는 법을 배운 신석기 혁명에서 주춧돌 역할을 했다. 농업 덕에 인류가 식량을 얻고 인구가 증가할 수 있었으며, 잉여 농산물 덕에 산 자를 위해 도시를 건설하고 죽은 자를 위해 거대한 무덤을 지을 수 있었다. 농업 덕에 생긴 여가시간에 우리는 자연을 관찰하고 자연법칙을 발견했다. 다윈은 길들이기가 동식물에 미친 영향을 관찰해, 이 생물을 우리 입맛에 맞게 빚은 인위적 선택이 우리와 모든 생물을 형성한 자연선택과 비슷하다는 사실을 알아냈다. 빵은 우리를 길들였으며, 이제 지구 길들이기는 막바지에 이르렀다.

빵 한입은 우리를 농업의 여명기로 데려가기도 하고 작물화가 인류에 미친 진화적 영향을 보여주기도 한다. 갓 구운 빵의 향기는 소화액을 자극하며 입안의 녹말은 위의 소화 과정을 생리적으로 준비시킨다. 이제 수프를 먹을 때가 된 것 같은데, 준비되셨는지?

5

수
프
· 맛

생명의 메뉴에서
맨 윗자리를
차지한 것은
수프였다.

수프는 생명에서 중요한 모든 것이 결국 물에 녹거나 떠 있는 성분임을 일깨운다. 생명 자체가 그런 식으로 바다에서, 아마도 심해 열수 분출공에서 시작되었을 것이다. 열수 분출공에서는 뜨거운 물이 뿜어져 나오는데, 달궈진 바다 밑바닥에서는 흥미로운 화학적 변화가 일어난다.[1] 찰스 다윈은 책에서 생명의 기원을 추측하려 들지는 않았지만 1871년에 친구인 식물학자 조지프 후커Joseph Hooker에게 쓴 편지에서 "온갖 암모니아와 인산염에다 빛, 열, 전기 등이 있는 따뜻한 작은 웅덩이에서" 생명이 시작되었으리라 상상했다.[2]

진화생물학자이자 박식가 J. B. S. 홀데인J. B. S. Haldane은 훗날 이것을 **원시 수프**primordial soup[3]라고 불렀고 이 이름이 확고하게 자리 잡았다. 생명의 기원에 대한 또 다른 학설을 옹호하는 사람들은 생명이 원시 크레페나, 심지어 원시 비네그레트소스에서 시작되었다고 항변했지만, 생명의 메뉴에서 맨 윗자리를 차지한 것은 수프였다.[4] 심지어 스위스의 한 식품과학자는 무생물 원시 수프에서 생명 자체로의 전환 과정에서 일어난 초기 단계를 간단한 화학 실험을 통해 녹말 같은 다당류로 고스란히 재현할 수 있다고 주장하기까지 했다.[5] 개인적으로 감자 수프가 생명을 선사할 수 있다는 데는 동의하지만, 열수 분출공에서 끓이고 싶지는 않다.

《맛의 생리학Physiologie du gout》을 쓴 프랑스의 유명 저자 장 앙텔름 브리야 사바랭Jean Anthelme Brillat-Savarin은 프랑스의 수프가 세계 최고라고 주장하면서 "수프는 우리의 국민 식단을 떠받치는 토대이며 수백 년의 경험을 통해 지금의 완벽함에 이르렀"기 때문이라고 말했다.[6] 루이스 캐럴의《이상한 나라의 앨리스》에 등장하는 가짜 거북의 수프 사랑도 그에 못지않았다.

> 근사한 수프, 진하고 푸르지,
> 뜨거운 그릇에서 기다리고 있다네!
> 이런 진미에 누가 무릎을 꿇지 않겠어?
> 저녁의 수프, 아름다운 수프!
> 저녁의 수프, 아름다운 수프![7]

해럴드 맥기Harold McGee는 음식 분야의 필독서《음식과 요리On Food and Cooking》에서 뜨거운 일본식 미소된장국 한가운데를 쳐다보며 대류가 솜털 입자들을 물결구름 속에서 솟아오르게 하는 광경을 신이 하늘에서 아래 세상을 바라보듯 바라보라고 주문한다.[8] 수프가 놀라움으로 충만할 수 있는 것은 분명하다. 수프는 맛으로도 충만하다. 입안의 액체에 영양가 있는 성분이 들어 있는지 유독한 성분이 들어 있는지 알 수 있는 것은 미각 덕분이다. 혀의 다섯 가지 감각 세포는 짠맛, 단맛, 신맛, 쓴맛, 감칠맛을 구분한다. 한편 기름진 맛이 여섯 번째 감각이며 혀에 이를 위한 감각 세포가 있다고 믿는 과학자들이 늘고 있다.[9] 아리스토텔레스도 그렇게 생각했다.

미소된장국은 짠맛이 나지만, 입안을 가득 채우는 기분 좋은 맛도 있는데 이를 감칠맛이라 한다. 짠맛, 단맛, 신맛, 쓴맛은 1000년간 고유의 맛으로 간주되었으나 감칠맛은 1909년에야 인정받았다. 그해에 도쿄제국대학 화학과 교수 이케다 기쿠나에池田菊苗는 일본어로 발표한 논문에서 통상적으로 인정되는 네 가지 맛 이외에 적어도 하나의 맛이 더 있는 것 같다고 말했다. "이것은 우리가 맛있다(旨い)고 느끼는 독특한 맛으로, 생선이나 고기 등에서 난다. 이 맛은 말린 가다랑어와 다시마를 우려낸 맛국물(다시出汁)에서 가장 뚜렷하다. 이것이 주관적 감각에 바탕을 두고 있긴 하지만, 많은 사람이 즉시 또는 잠시 생각한 뒤에 언제나 이 추측에 동의했다. 나는 이 맛을 '감칠맛旨み'으로 부를 것을 제안한다."[10] 일본어 접미사 '미み'는 '정수'를 뜻하므로, '감칠맛', 즉 '우마미'는 '맛의 정수'라는 뜻이다.

이케다는 감칠맛이 우리 코앞에서 이름 없이 숨어 있던 고유한 맛이라고 확신했지만, 존재를 입증하려면 화학 구조를 알아내야 했다. 그는 그 화합물이 무엇이든 수용성이며 해조류에 들어 있음을 알았다. 그래서 해조류 추출액, 즉 해조류 국물을 화학적으로 분석하기 시작했다. 이를 위해서는 증발, 증류, 결정화, 석출 등 38가지에 이르는 고된 과정을 거쳐야 했다. 마침내 이케다는 해조류 국물 맛이 나는 텁텁한 결정체를 얻어냈다. 그러고는 약간의 화학적 묘기를 더 부려 이 정제 결정이 **글루탐산**glutamic acid임을 밝혀낼 수 있었다. 이로써 글루탐산의 나트륨염인 **글루탐산나트륨**sodium glutamate이 감칠맛의 원천임이 입증되었다.

이케다는 "이번 연구에서 두 가지 사실이 밝혀졌다. 하나는 해조류 국물에 글루탐산이 들어 있다는 사실이고 다른 하나는 글루탐산이 '감칠맛'이라는 맛을 낸다는 사실이다."라고 겸손하게 말했지만, 그의 업적은 훨씬 중요한 것이었다. 그는 다섯 번째 맛을 발견했다. 이케다는 그 밖에도 두 가지 중요한 기여를 했다. 하나는 이론적인 것이었고 다른 하나는 실용적인 것이었다. 이론적 측면에서 그는 왜 인간이 감칠맛을 느끼는지 밝혀냈다. 글루탐산은 고기처럼 단백질이 풍부한 여러 식품에 들어 있는데, 극소량만 있어도 맛을 느낄 수 있으므로 이 식품이 영양가가 풍부하다는 매우 훌륭한 신호다. 모유에는 글루탐산이 우유보다 열 배 많이 들어 있다. 감칠맛에서 느끼는 쾌감은 우리가 올바른 음식을 먹도록 자연선택이 마련한 방법인 듯하다.

실용적 측면에서 이케다는 **글루탐산 일나트륨**monosodium glutamate (MSG) 제조법의 특허를 출원했다. MSG는 향미를 돋우는 조미료로 널리 쓰인다. 글루탐산나트륨은 다시마 같은 해조류에서 건조 중량의 3퍼센트를 차지한다. 중국에서는 해마다 해조류 25억 톤이 채취된다. 해조류가 이토록 훌륭한 MSG 공급원인 데는 생물학적 이유가 있다. 모든 세포는 내용물을 둘러싸 보호하는 막이 있는데, 세포막은 반半투과성이어서 물 분자 같은 작은 분자가 드나들 수 있다. 농도가 다른 두 용액을 반투과성 막으로 분리하면 삼투라는 과정이 일어나 농도가 낮은 용액에서 농도가 높은 용액으로 물 분자가 이동한다. 삼투는 물 분자의 이동을 통해 막 양쪽의 염도가 같아져야 비로소 멈춘다. 생生해조류는 최대 90퍼센트가 물로 이루어져 있으므로, 바닷물 속에서 삼투 현상이 일어날 때 해조류 세포가 어떻게 될지 상상해보라. 세포는 바닷물의 높은 염도 때문에 수분을 잃고 쪼그라들어 죽을 것이다. 해결책은 용액에 있다. 해조류 세포의 글루탐산나트륨은 바닷물과 해조류의 염도를 맞춰 탈수와 수축을 막는다. 여러분도 예상했겠지만, 가장 짠 바닷물에서 나는 해조류의 MSG 농도가 가장 높다.[11]

해조류에서 추출한 흰색 결정체가 아닌 덜 공업적인 글루탐산 공급원을 찾고 싶다면, 익힌 토마토나 된장 같은 발효 식품에서도 MSG를 얻을 수 있다. 좋은 파르메산 치즈에서 퀴퀴한 냄새가 나는 것은 숙성 과정에서 MSG 결정이 자연적으로 생성되기 때문이다. 미네스트로네 수프(쌀이나 작은 파스타를 넣어 먹는 야채 수프_옮긴이)에 살짝 뿌려주시길!

해조류에서 추출한 글루탐산이 감칠맛을 낸다는 사실을 이케다가 발견하고 얼마 지나지 않아, 그의 학생 하나가 말린 가다랑어에서 **이노신산**inosinate이라는 분자를 분리해냈다. 가다랑어는 감칠맛이 나는 맛국물의 또 다른 주성분이다. 이노신산은 리보뉴클레오티드(DNA, deoxyribonucleic acid의 'N'에 해당하는 화합물)이며, 따라서 영양학적으로 중요하다. 이렇듯 맛국물에는 감칠맛 성분이 두 가지가 들어 있다. 몇십 년 뒤인 1950년대에 효모를 연구하던 일본의 한 식품과학자는 으깬 효모에서 **구아닐산**guanylate이라는 리보뉴클레오티드가 생성되며 이 또한 감칠맛이 난다는 사실을 발견했다. 그는 구아닐산이나 이노신산을 글루탐산과 섞으면 감칠맛이 한 가지 분자로는 도저히 낼 수 없을 만큼 강해진다는 사실도 발견했다. 맛국물이 국의 재료로 뛰어난 이유를 한마디로 설명하면 이렇다. 맛국물은 해조류의 글루탐산과 말린 가다랑어의 이노신산을 결합해 감칠맛 폭탄을 폭발시킨다.[12]

맛국물은 액체 형태로 된 가장 순수한 전통적 감칠맛 공급원일 테지만, 어떤 국이든 기본적인 출발점은 좋은 재료다. 사실상 모든 요리법에는 뼈나 생선 토막 같은 단백질 공급원을 뭉근하게 끓여 감칠맛이 풍부한 용액을 만드는 과정이 들어 있다.[13] 치킨스톡chicken stock은 매우 훌륭한 글루탐산 공급원이어서 거의 이것만 가지고 간을 내는 요리도 있을 정도다. 치킨스톡의 동물성 성분은 글루탐산의 주공급원이며 같은 재료의 이노신산이나 여기에 채소나 버섯을 넣어 만든 구아닐산이 감칠맛의 열쇠다.[14]

생선 대신 말린 표고버섯을 넣으면 채식주의자를 위한 맛국물을 만들 수 있다. 표고를 비롯한 많은 식용 진균은 말렸다가 미지근한 물에 적시면 구아닐산과 글루탐산의 풍부한 공급원이 될 수 있다. 하지만 뜨거운 물에 넣으면 버섯의 효소가 파괴되어 향미를 내는 분자를 방출하지 못한다. 익힌 토마토는 소스와 수프의 재료로 이점이 많은데, 그중 하나는 글루탐산이 들어 있어서 감칠맛을 낸다는 것이다. 버섯과 토마토를 얹은 피자 더 드실 분?

감칠맛은 오랫동안 우리 코앞에 있었지만, 일본 바깥에서는 수십 년이 지난 뒤에야 다섯 번째 맛으로 인정받았다.[15] 염화나트륨과 글루탐산나트륨의 맛이 비슷해서 글루탐산나트륨의 맛을 소금의 맛으로 착각할 수 있기 때문이다. 하지만 이케다의 논문을 읽을 수 있는 사람은 누구나 이 문제에 대한 손쉬운 해결책을 찾을 수 있었다. 이케다는 소금과 물의 비율이 1 : 400보다 낮으면 소금 맛을 감지할 수 없는 데 반해 글루탐산나트륨은 1 : 3000으로 희석해도 맛을 느낄 수 있음을 지적했다. 더 나아가 감칠맛이 풍부하고 소금도 많이 들어 있는 된장의 품질을 바로 이 원리로 평가할 수 있다고 조언했다.[16] 좋은 된장은 소금 성분이 희석된 뒤에도 맛이 남아 있는 된장이다. 이케다의 발견을 입증하는 생물학적 증거가 나타난 것은 그의 논문이 발표된 1909년으로부터 거의 한 세기가 지난 뒤였다.

먹을 수 있는 부위에서 어떤 맛이 나는가를 비롯한 우리의 모든 세상 경험은 감각 기관의 특수 세포에서 시작해 신경 경로를 거쳐 뇌에 이르는 사건의 연쇄를 통해 습득된다. 맛을 감지하는 감각 기관은 혀의 윗면과 입천장에 있는 맛봉오리다. 이케다는 글루탐산을 맛보면 '감칠맛이다!'라는 신호가 뇌로 전달된다는 것을 발견했다. 하지만 이 경험은 주관적이며 글루탐산을 맛본 다른 사람들은 이것이 '짜다'라는 신호에 불과하다고 생각하기도 했다. 소금보다 낮은 농도에서 글루탐산의 맛을 느낄 수 있음을 밝힌 희석 테스트로도 회의론자를 설득할 수 없었다.

감칠맛이 정말로 고유의 맛이라는 사실은 21세기 초에 최종적으로 인정받았다. 맛봉오리에 있는 일부 세포의 바깥면에 있는 단백질이 글루탐산과 구아닐산 또는 이노신산에는 반응하지만 소금에는 반응하지 않는다는 사실이 밝혀진 것이다.[17] 이 단백질은 **수용체**receptor라는 분자 집단에 속하는데, 맛으로 향하는 관문의 작은 자물쇠 역할을 한다. 모양과 화학 조성이 올바른 분자만이 수용체를 열어 뇌에 '감칠맛' 신호를 전달할 수 있다. 물론 우리는 감칠맛을 의식적으로 느끼지 못하고 '음, 이거 좋은데'라고만 생각할 수도 있다.

감칠맛 수용체는 한 개가 아니라 한 쌍의 단백질로 이루어졌음이 밝혀졌는데, 한 개가 아니라 서로 다른 두 개의 열쇠를 꽂았을 때 반응이 훨씬 강하게 일어나는 것은 이 때문이다. 첫 번째 열쇠는 글루탐산이지만 두 번째는 두 가지 핵산 중 어느 것이든 괜찮다. 구아닐산은 익힌 채소와 진균에 많이 들어 있으며 이노신산은 동물성 성분에 들어 있다. 이런 재료를 익히거나 분해하거나 발효해 세포가 부서지면 핵산이 빠져나온다. 글루탐산에 핵산이 결합하면 글루탐산 하나일 때보다 식품의 영양학적 성질을 더 정확히 알려준다.

감칠맛 수용체에 있는 두 단백질을 만드는 것은 *T1R1*과 *T1R3*이라는 한 쌍의 유전자다(참고: 유전자 명칭은 *T1R1*처럼 이탤릭체로 표기하고 이 유전자가 만드는 단백질의 명칭은 T1R1처럼 일반 서체로 표기한다). 자린고비 진화는 T1R1 단백질을 T1R2라는 또 다른 단백질과 결합해 당 같은 단맛 성분의 수용체를 만들었다. 두 가지 중요한 영양소를 감지하는 세 종류의 미각 수용체 단백질은 하나의 조상 단백질에서 기원했을지도 모른다(하지만 이 책을 쓰는 지금, 이 가설은 검증되지 않았다).

사람들은 진화를 마치 후진 기어가 없는 자동차 같은 일방향적 과정이라고 생각하는 경향이 있지만, 진화는 그런 식으로 작동하지 않는다. 자연선택은 쓸모 있는 것과 쓸모없는 것의 무작위 조합에서 형질을 골라내지만 이 형질이 쓰임새를 잃으면 버리기도 한다. 진화 과정에서 기능을 잃은 형질의 유전자는 돌연변이가 누적되어 허깨비 같은 '위유전자'가 되는 경향이 있다. 위유전자는 한때 유용했던 유전자의 흐릿한 그림자에 불과하다. 그리하여 고양이처럼 고기만 먹는 육식

동물에서는 당을 맛보는 능력이 불필요해져서 T1R2 단백질의 유전자가 더는 작동하지 않는다.[18] 여러분이 기르는 고양이에게 달콤한 설탕 쥐를 줘도 녀석은 설탕 맛을 못 느낀다. 곰은 육식동물이지만 물열매(베리)도 먹기 때문에, 단맛을 느끼는 데 필수적인 *T1R2* 유전자를 여전히 가지고 있다. 곰의 친척 대왕판다는 대나무만 먹기 때문에, 당은 느낄 수 있지만 감칠맛은 느끼지 못하며 *T1R3* 유전자는 기능을 잃었다. 바다사자는 먹이를 씹지 않고 통째로 삼키기 때문에, 감칠맛 수용체와 단맛 수용체가 둘 다 쓸모없어서 *T1R*군의 유전자 세 개가 모두 위유전자로 바뀌었다. 돌고래와 흡혈박쥐에서도 똑같은 진화적 유실이 독자적으로 일어났다(둘 다 먹이를 씹지 않는다). "선택하지 않으면 잃는다You choose or you lose"라는 격언을 유전체 시대에 맞게 바꾸면 "씹지 않으면 잃는다You chews or you lose"가 될지도 모르겠다.

고양이, 곰, 바다사자 얘기에 한눈파는 사이에 수프가 보글보글 끓고 있다. 어디 한번 맛을 볼까. 수프에는 우리가 감칠맛으로 지각하는 만족스러운 충만함이 담겨 있다. 포도식초를 몇 방울 넣었더니 시큼한 기운이 감돈다. 그런데 뭔가 빠졌다. 뭘까? 당연히 소금 한 자밤이지! 나머지 네 가지 기본 맛과 마찬가지로, 짠맛도 이것을 감지하는 미각 수용체 세포가 따로 있다. 소금, 즉 염화나트륨은 용해되면 양전하를 띠는 나트륨 이온Na^+과 음전하를 띠는 염화 이온Cl^-으로 분리된다. 짠맛을 내는 것은 나트륨 이온으로, 우리는 이 맛을 갈망한다. 나트륨 이온은 짠맛에 특화된 수용체 세포의 바깥쪽 막에 있는 통로를 통해 그 속으로 들어간다.

나트륨은 동물이 살아가는 데 필수적이며, 모든 체액의 중요한 성분이어서 농도가 섬세하게 조절된다. 낮은 농도의 소금은 상쾌하며 향미를 증진하는데, 심지어 짠맛이 감지되는 농도 이하에서도 효과가 있다. 하지만 농도가 높으면 불쾌감을 줄 수 있다. 바닷물을 들이켜는 사람은 아무도 없다. 어떤 나이트클럽에서는 화장실 수돗물에 소금을 타는데, 목마른 사람들에게 값비싼 생수를 팔려는 속셈이다.

생쥐를 연구했더니 짠맛 수용체 세포는 두 종류가 있었다.[19] 한 종류는 저농도의 나트륨을—오로지 나트륨만—감지해 짠맛에 이끌리도록 한다. 다른 종류는 고농도의 염화나트륨과 그 밖의 염분만 감지할 수 있다. 두 번째 짠맛 수용체 세포가 자극되면 염분 회피 행동이 일어난다. 사람에게도 두 종류의 짠맛 수용체 세포가 있는지는 밝혀지지 않았지만, 있을 가능성이 매우 크다. 만일 그렇다면, '맛있게 짜다'와 '맛없게 짜다'를 별개의 맛으로 구분해 기본 맛의 개수를 최소 여섯 개로 늘리는 것이 논리적일 것이다. 불쾌한 짠맛이 나는 수프를 먹어본 사람이 나뿐일까?

좋은 맛인 단맛, 짠맛, 감칠맛에게는 쓴맛과 신맛이라는 못생긴 자매가 있다. 쓴맛은 나도 모르게 얼굴이 찡그려지는 맛으로, 식물로 만든 음식에서만 난다. 방울다다기, 양배추, 케일, 브로콜리 같은 양배추류 채소는 모두 원래부터 쓴맛이 난다. 작물화를 통해 쓴맛을 누그러뜨리기는 했지만. 이에 반해 물냉이와 로케트arugula는 쓴맛을 누그러뜨리지 않았으며 겨자와 그 친척인 고추냉이, 서양고추냉이는 작물화를 통해 쓴맛을 오히려 키웠다. 우리는 이런 쓴맛에서 묘한 쾌감을 느낀다.

겨자류의 쓴맛은 **글루코시놀레이트**glucosinolate라는 화합물에서 비롯한다. 글루코시놀레이트는 잎을 먹는 곤충을 퇴치하기 위한 방어 물질이지만, 종류에 따라서는 이런 식물을 먹고도 멀쩡한 털애벌레가 있다. 채소를 길러본 사람이라면 잘 알 것이다. 실제로 로케트의 학명인 에루카*Eruca*는 '털애벌레'를 뜻하는 라틴어다. 글루코시놀레이트가 모든 털애벌레를 막지는 못하더라도 흰가루병 같은 진균성 질병으로부터 식물을 보호할 수는 있다.

어떤 독성 물질에 대해서도 자연선택을 통해 이를 견딜 수 있는 동물이 생기게 마련이지만, 이렇게 적응한 동물은 식단의 제약이라는 대가를 치러야 한다. 쿠쿠르비타신cucurbitacin은 오이, 스쿼시 등에서 쓴맛을 내는 화학 물질인데, 잡식성인 점박이응애two-spotted mite는 쿠쿠르비타신에 중독되지만 넓적다리잎벌레cucumber beetle는 무사하다. 오히려 쿠쿠르비타신 냄새는 녀석을 오이류 식물로 끌어들이는 역할을 한다.[20]

쓴맛 나는 채소를 넣으면 수프가 맛없어질 거라 생각하는 사람도 있겠지만, 요리는 마법을 부리며 맛에 대한 우리의 반응은 무척 복잡하다. 크림이나 감자로 만든 수프, 중국식 돼지갈비탕에 물냉이를 넣으면 기막힌 맛을 낼 수 있다. 양파, 개먼gammon(돼지 뒷다리 살이나 옆구리 살을 소금에 절이거나 훈제한 것_옮긴이), 그뤼에르 치즈, 스틸턴(영국의 전통적인 블루 치즈_옮긴이), 아몬드로 만든 걸쭉한 수프에 겨자를 넣으면 향미를 돋울 수 있다.[21] 로케트는 수프뿐 아니라 샐러드에서도 파르메산 치즈 가루와 짝을 이뤄 쓴맛, 짠맛, 기름진 맛, 감칠맛을 한번에 낸다.

식물에서 쓴맛을 내는 또 다른 화합물군으로 플라보노이드flavonoid가 있다. 수프에서는 찾아보기 힘들지만, 차의 풍미를 더하며 레몬이나 우유를 넣어 누그러뜨릴 수 있다. 식물이 자신을 방어하려고 만들어내는 또 다른 쓴맛 화합물군은 **알칼로이드**alkaloid다. 여기에는 스트리크닌strychnine 같은 맹독과 모르핀, 코카인, 카페인 같은 향정신성 약물이 있다. 커피의 쓴맛을 떠올려보시길. 퀴닌quinine은 이루 말할 수 없이 쓰지만, 탄산수에 퀴닌을 살짝 넣고 당분을 첨가하면 맛있는 토닉워터가 된다. 무가당 초콜릿의 쓴맛을 모두가 좋아하는 것은 아니지만, 초콜릿의 향미에는 테오브로민theobromine이라는 알칼로이드가 필수적이다.

신기한 점은 쓴맛이라는 단 하나의 감각을 수없이 많은 화합물이 자극한다는 것이다. 단맛을 내는 분자는 몇십 개에 불과하고 감칠맛을 내는 분자는 몇 개밖에 안 되지만, 쓴맛을 감지하는 분자는 수천 개에 이른다. 그것은 식물 대부분이 독으로 스스로를 방어하므로 식물을 먹는 동물이 감지 능력을 진화시켰기 때문이다. 우리의 맛봉오리에는 쓴맛 세포가 한 종류뿐이지만, 그 표면에 최대 스물다섯 가지의 수용체 단백질이 있으며 각각의 단백질은 나름의 *TAS2R* 유전자를 통해 만들어진다. 열쇠와 자물쇠 비유를 다시 쓰자면, 쓴맛 세포에는 쓴맛을 자극하는 스물다섯 가지 자물쇠가 있으며 이 중 어느 하나라도 활성화되면 쓴맛 경보가 뇌로 전달된다. 쓴맛 반응을 일으키는 열쇠(분자)의 종류가 많을수록 경보 시스템의 효율이 높아지고 몸을 효과적으로 보호할 수 있다. 수용체 중에는 한 가지 쓴맛 화합물만 감지하도록 정밀하게 조정된 것도 있지만, 대부분은 민감도가 커서 여러 화합물에 반응하며 때로는 감지하는 쓴맛 화합물이 겹치기도 한다. 이를테면 맥주를 마실 때 홉의 쓴맛을 감지하는 수용체는 세 가지가 있다.[22]

쓴맛에 폭넓게 반응할 수 있는 유전자는 생쥐와 그 밖의 포유류에게도 있다. 인류의 조상과 생쥐의 조상은 9300만 년 전에 갈라졌기 때문에, 우리가 공유하는 맛 유전자에는 깊은 진화적 뿌리가 있다.[23] 채식주의 습성이 있는 동물은 식물을 먹지 않는 동물에 비해 쓴맛 화합물에 대한 수용체 유전자가 많다.[24] 고양이는 여섯 개밖에 없지만 생쥐는 서른다섯 개나 된다. 우리의 쓴맛 수용체 유전자가 스물다섯 개인 것으로 보건대 우리의 조상들은 오늘날 우리의 사촌인 대형 유인원과 마찬가지로 다양한 식물을 먹었을 것이다. 인간 유전체에서 한때 쓴맛 수용체를 위해 부호화되었을 열한 개의 위유전자는 이 오랜 과거의 허깨비다.[25]

한 기발한 실험에 따르면 자물쇠(수용체 단백질)가 음식의 쓴맛 분자나 단맛 분자를 감지하기는 하지만 이 성분을 맛없게 경험하는지 맛있게 경험하는지는 미각 세포가 뇌에 어떻게 배선되었는지에 달렸다. 연구자들은 유전자를 조작해 단맛 세포의 정상적인 당 수용체를 쓴맛 수용체로 바꿨다. 이렇게 유전자를 조작한 생쥐에게 쓴맛 나는 먹이를 줬더니 마치 단맛이 나는 것처럼 반응해 정상적인 상황에서라면 회피할 먹이를 게걸스럽게 먹었다.[26] 진화가 수용체를 약간 변화시키는 것만으로 다양한 분자에 대한 쓴맛 민감도를 조정할 수 있는 것은 하나의 관문(미각 세포)에 자물쇠(수용체)가 여러 개 달린 이 메커니즘 덕분이다.

신맛이라는 못생긴 자매는 쓴맛만큼 불쾌하지는 않으며 요리에서 더 중요하게 쓰인다. 신맛은 레몬과 덜 익은 과일의 시트르산이나 식초의 아세트산 같은 약한 산의 맛이다. 덜 익은 과일의 신맛은 분명한 역할이 있는데, 그것은 안에 든 씨앗이 세상에 나갈 준비를 마칠 때까지 동물이 과일을 먹지 못하도록 하는 것이다. 식초도 생물학적 억제제이지만 원리가 다르다.

과일이 가지에서 떨어지거나 젖이 유방에서 나오면 효모와 세균에 의해 발효가 시작된다. 발효는 공기가 없을 때 미생물이 당을 먹고 알코올(효모의 경우)이나 젖산(젖산균의 경우) 같은 노폐물을 배출하는 현상이다. 그런데 알코올과 젖산은 미생물의 단순한 노폐물이 아니라 다른 효모와 세균의 증식을 막아 경쟁자를 물리치기 위한 전쟁 무기이기도 하다. 우리가 식품을 절여 보존하는 것도 발효를 같은 목적으로 이용하는 것이다. 집에서 맥주나 포도주를 빚어본 사람은 알겠지만 발효의 관건은 공기를 차단하는 것이다. 알코올 발효 과정에서 공기가 들어가면 환경 변화로 인해 아세트산균이 번성해 알코올을 아세트산(식초)으로 바꾼다.

산 분자는 모양과 크기가 제각각이지만, 용해되었을 때 화학적 환경에 수소 이온을 첨가한다는 공통점이 있다. 수소 이온(H^+)은 단맛, 감칠맛, 쓴맛 분자와 달리 복잡한 열쇠·자물쇠 수용체가 필요하지 않으며 단순히 세포막의 통로로 들어감으로써 해당 미각 세포를 자극한다.

고농도의 산은 세포에 피해를 줄 수 있으며 아마도 이런 이유 때문에 불쾌한 신맛으로 감지되는 듯하지만 약한 신맛, 특히 짠맛이나 단맛과 어우러지면 기분 좋은 청량감을 더한다. 이를테면 스페인 안달루시아 지방의 차가운 수프 가스파초에는 식초가 들어가며 내가 좋아하는 중국 쓰촨성의 맵고 신 수프에는 쌀을 발효시켜 만든 식초를 넣는다. 과일 주스에 시트르산의 시큼함이 없다면 상큼한 단맛을 내지 못한다.

흥미롭게도 5~9세 아동은 신맛 나는 음식에 대해 아기나 성인과는 다르게 반응한다.[27] 찰스 다윈은 자기 자녀들에게서 이 현상을 관찰했다. 그의 자녀들은 어른 입맛에는 너무 신 대황rhubarb과 구스베리 같은 열매를 좋아했다. 이 현상에 착안한 사탕 제조업체들은 이 나이 아동을 겨냥해 시디신 제품을 생산한다. 이를 설명하는 한 가지 가설은 비타민C가 들어 있는 과일을 아동이 먹도록 유도한다는 것이다. 하지만 이 가설은 나이가 들면서 신맛 선호가 사라지는 이유를 설명하지 못한다. 또 다른 가설은 신맛 음식에 대한 선호가 그 자체로 유리한 것이 아니라, 식사 습관이 형성되는 시기에 새로운 음식을 맛보려는 욕구 때문일 뿐이라고 설명한다. 신맛을 가장 좋아하는 아이들이 입맛도 까다롭지 않으며 새로운 음식을 더 기꺼이 먹으려 한다는 연구 결과도 이 가설을 뒷받침한다. 여기에 진화적 이점이 있는지는 판단하기 힘들지만.

짜디짠 안초비, 분홍색, 프리 재즈 등에 대한 선호를 '맛의 문제'(취향의 문제)라고 말하는 것은 사람마다 좋아하는 것이 다르다는 뜻이다. 맛 자체를 놓고 보면 이것은 단순한 비유가 아니다. 맛을 느끼는 능력은 종종 사람들의 유전적 차이에 따라 달라지기 때문이다.[28] 두 가지 감칠맛 수용체 유전자는 사람마다 유전적 변이가 크지 않은 듯하지만, *T1R2* 유전자의 염기서열에 차이가 있는 것을 보면 인구 집단들이 저마다 다른 단맛 성분을 감지하도록 적응했을지도 모른다. 하지만 개개인의 쓴맛 지각을 좌우하는 유전자의 변이는 어떤 *T1R* 유전자의 변이보다 크다.

가장 널리 알려진 예는 **페닐티오카르바미드**phenylthiocarbamide(PTC)라는 화학 물질에 대한 맛이다. 어떤 사람들은 페닐티오카르바미드가 매우 쓰다고 느끼는 반면, 어떤 사람들은 거의 아무 맛도 없다고 느낀다. 이 변이는 1931년에 우연히 발견되었으며 PTC를 감지하거나 감지하지 못하는 성질이 부모에게서 유전된다는 사실이 금세 밝혀졌다. 이 변이의 유전적 바탕을 추적한 최근 연구에 따르면 이는 *TAS2R* 유전자 중 단 하나인 *TAS2R38*의 차이 때문이다. 이 유전자는 **대립유전자**allele라는 두 가지 형태로 나타난다.

진화론의 관점에서 흥미로운 물음은 *TAS2R38*의 변이가 왜 존재하느냐다. PTC **다형성**polymorphism에는 진화가 *TAS2R38* 변이를 보존한 데 이유가 있음을 시사하는 두 가지 중요한 특징이 있다. 첫 번째는 전세계적으로 45퍼센트의 사람들이 PTC를 느끼지 못한다는 사실이다. PTC를 느끼는 사람이나 그러지 못하는 사람에게 어떤 이점이 있다면 이렇게 높은 수치가 나올 리 없다. 그렇다면 무언가가 이 변이의 균형을 유지하는 걸까? 이 발상을 뒷받침하는 흥미로운 현상이 발견되었는데, 현대 진화생물학의 창시자 로널드 피셔Ronald Fisher, E. B. 포드E. B. Ford, 줄리언 헉슬리Julian Huxley가 1939년 에든버러에서 열린 국제유전학회에 참가하고 있을 때였다.

학회장에서 피셔, 포드, 헉슬리는 에든버러 동물원을 찾아가 침팬지의 PTC 맛 반응에 다형성(변이)이 있는지 알아보기로 의기투합했다.[29] 놀랍게도 다형성은 존재했다. 이것은 두 가지로 해석할 수 있다. 침팬지와 인간의 공통 조상이 *TAS2R38* 유전자에 대해 다형성이 있었고 두 종 다 그 조상 개체군에게서 다형성을 물려받았다면, 이는 다형성이 600만 년 이상 지속했음을 의미한다. 이에 반해 다형성이 두 종에서 독자적으로 생겼다면, 이는 수렴 진화가 일어났음을 의미한다. 아마도 비슷한 선택압이 두 종에게 작용했을 것이다. 이 책을 쓰는 지금 어느 쪽이 옳은지는 아직 미지수이지만, 자연선택이 어떤 이유로든 이 유전자의 변이를 무척 중시한다는 결론은 피하기 힘들다. 왜 그랬을까?

두 대립유전자의 유전 부호 차이에 단서가 있다. 다른 종의 미각 유전자에서 보았듯 유전자가 더는 개체에게 이로운 역할을 하지 않으면 돌연변이가 부호를 바꾸고 비활성화할 수 있다. 그리하여 고양이는 단맛을 느끼지 못하고 흡혈박쥐는 감칠맛을 느끼지 못하며 그 유전자들은 한때 유용했던 유전자의 허깨비로만 남아 있다. 하지만 PTC를 느끼지 못하는 *TAS2R38* 대립유전자에서는 이 현상이 일어나지 않았다. 허깨비가 겪는 돌연변이 변화가 일어나지 않았으며 유전자는 여전히 작동한다. PTC를 느끼는 유전자가 하는 일을 하지 않을 뿐. 이 유전자는 여전히 쓴맛 수용체를 만드는 듯하다. 하지만 그 자물쇠는 PTC로 풀 수 없다. 진화가 자물쇠를 바꿨다.

인간에게는 쓴맛 유전자 *TAS2R*가 25개 있는데, 우리는 대부분 각 유전자가 만드는 수용체가 여러 쓴맛 화합물 중 어느 것에 대응하는지 알지 못한다. 그러니 *TAS2R38* 유전자에 대해 우리가 아는 것이 반밖에 안 된다고 해도 놀랄 일이 아니다. *TAS2R* 유전자는 25개 모두 다형성이 있어서 여러 개의 대립유전자가 있지만, *TAS2R38*만큼 전 세계적으로 이렇게 대등한 다형성을 나타내는 것은 없다.[30] 쓴맛이 나는 식물성 화합물 중 상당수는 인간에게 약효가 있다. 이를테면 퀴닌은 말라리아 치료제다. 오이와 주키니호박zucchini 같은 그 친척들에서 발견되는 쓴맛 화학 물질에 항암 효과가 있다는 증거도 있다(이 화학 물질은 작물화 과정에서 대부분 없어졌지만, 가뭄을 겪을 경우 일부 품종의 열매에서 나타나기도 한다).^{31} 따라서 PTC를 느끼지 못하는 *TAS2R38* 대립유전자는 식물을 더 많이 먹게 함으로써 우리 몸을 보호하는 중요한 역할을 하는 것일 수도 있다. 하지만 어느 식물인지는 알 수 없으며, PTC를 느끼는 대립유전자에 이를 상쇄하는 어떤 이점이 있는지도 알 수 없다.

이 장에서 대접한 수프에 국물보다는 알파베티 스파게티(알파벳 모양으로 만든 파스타_옮긴이)가 더 많이 들어 있음을 인정하지만, 맛을 내려면 둘이 어우러져야 한다. 미각은 여느 생물학적 과정과 마찬가지로 액체 매개체에 의존한다. 고체생물학은 존재할 수 없다. 진화는 오래전부터 맛있는 성분과 맛없는 성분을 구분하는 미각 수용체를 우리에게 부여했으며 그에 따른 반응을 주입했다. 감칠맛, 단맛, 쓴맛에 대한 인간의 미각 수용체를 다른 동물의 수용체와 비교하면 인간이 여느 동물과 마찬가지로 자신의 식단에 적응했음을 알 수 있다. 지방의 맛도 기본 맛일 가능성이 크다. 맛있는 건 분명하다. 이렇듯 우리의 미각 수용체는 필수 영양소를 입안에 넣었을 때 뇌에 신호를 보낸다. 단백질은 감칠맛, 탄수화물은 단맛, 지질은 기름진 맛을 느끼게 한다. 물론 미각 수용체는 진화가 우리에게 선사한 감각 기관 중 일부에 불과하다. 여러분의 후각은 식탁에 오를 다음 요리가 무엇인지 알려줄 것이다.

6

생선

· 향미

다섯 가지
기본 맛으로는
생선 향미의
다양한 단계를
온전히 설명할 수
없다.

생선의 향미는 은은할 수도 있고 지독할 수도 있다. 어느 쪽인가는 거의 전적으로 생선이 얼마나 신선한가에 달렸다. 가장 신선한 생선은 생선 자체의 세포에서 배출된 효소가 다불포화지방산을 분해하면서 생기는 풀향기 말고는 거의 냄새가 나지 않는다. 생선은 고기가 잘 보존되는 온도보다 낮은, 하지만 영하는 아닌 온도에서도 썩기 시작한다. 그 이유는 심해어가 낮은 온도에서 살기에 그런 조건에서 활동하도록 효소가 적응되어 있기 때문이다. 시간이 지나면 효소는 (우리의 감칠맛 친구인 글루타민과 이노신 같은) 아미노산과 핵산을 방출한다. 일본에서는 신선한 흰살생선을 얇게 썰어 해조류로 감싸는 방법을 쓴다. 냉장고에 이틀가량 두면 생선이 해조류에서 흡수한 글루탐산과 생선 자체의 이노신이 결합해 감칠맛을 돋우는데, 이게 바로 선어회다.[1]

냉장해 부패를 방지하지 않으면 세균이 금세 번성해 냄새나는 분자들을 점점 많이 만들어내는데, 이 때문에 신선한 냄새에서 은은한 냄새, 달짝지근한 냄새, 퀴퀴한 냄새, 마지막으로 썩은 냄새로 향미가 바뀐다. 벤저민 프랭클린은 이런 명언을 남겼다. "생선과 손님은 사흘이면 냄새가 난다." 생선 냄새는 **트리메틸아민**trimethylamine(TMA)이라는 화합물에서 나는데, 이것은 냄새가 없는 **트리메틸아민 옥시드** trimethylamine oxide(TMAO)가 분해되어 생긴 물질이다. TMA는 다시 분해되면서 암모니아를 배출하는데, 생선 냄새가 코를 찌르는 것은 이 때문이다. TMAO는 해조류에서 글루탐산나트륨이 하는 것과 같은 역할을 생선에서 한다. 물이 세포 밖으로 빠져나가지 않도록 짠 바닷물과 삼투압 균형을 유지하는 것이다.

단맛, 쓴맛, 신맛, 짠맛, 감칠맛의 다섯 가지 기본 맛으로는 생선 향미의 다양한 단계를 온전히 설명할 수 없다. 이는 향미가 다섯 가지 기본 맛에 냄새, 촉감(식감), 장면, 소리, 기억이 결합해 무한한 가능성을 선사하는 다중 감각적 경험이기 때문이다. 심지어 고추를 베어 물 때처럼 입안의 통각 수용체조차도 향미에 한몫한다.[2]

18세기 프랑스의 화학자이자 성직자 페르 폴리카르프 퐁슬레Pere Polycarpe Poncelet는 맛과 향의 상보성에 주목한 최초의 과학자로 손꼽힌다.[3] 그는 맛들이 서로 보완하는 것을 화음에 빗대어 오선지에 나타냈다. 냄새는 향미에 필수적이어서, 감기에 걸리거나 스스로 코를 막아 냄새를 맡지 못하면 세상이 밋밋하고 단조로워진다. 일상의 풍성한 향미로부터 단절되는 것이다. 하지만 냄새는 인간 감각의 신데렐라여서 아리스토텔레스 이래로 많은 이들에게 과소평가되고 비난받았다. 아리스토텔레스는 2000년도 더 전에 이렇게 썼다. "우리의 후각은 나머지 모든 생물보다 열등하며 우리의 나머지 모든 감각보다도 열등하다."[4]

사냥개 블러드하운드가 주인이 전혀 감지하지 못하는 냄새를 추적할 수 있는 것은 사실이지만, 우리의 후각이 정말로 나머지 모든 생물보다 열등할까? 아리스토텔레스가 논지를 부각하려고 과장했다손 치더라도, 그의 주장에 일말의 진실이라도 있을까? 냄새가 향미에 필수적이어서 풍부한 감각을 만들어낸다면 어떻게 우리의 후각이 그토록 둔할 수 있겠는가? 개와 생쥐가 약 9500만 년 전에 살았던 우리의 포유류 공통 조상으로부터 물려받은 생득권을 왜 우리는 박탈당했나? 유전자는 이 모든 의문에 뭐라고 답할까?

후각은 미각과 마찬가지로 화학 물질을 감지하는 체계이며 쓴맛, 단맛, 감칠맛 분자를 감지하는 것과 비슷한 방식으로 작용한다. 후각은 여느 감각처럼 뇌에서 지각되는데, 코안에 있는 수백만 개의 후각 수용체 세포가 신경 세포를 통해 뇌로 연결된다. 혀의 쓴맛 수용체와 마찬가지로 코에 있는 각각의 후각 수용체 세포 바깥에는 후각 수용체 olfactory receptor(OR)라는 단백질이 있다. 이 단백질은 특정한 분자에 의해서만 활성화된다. 유전자가 다르면 수용체 단백질도 달라진다. 하지만 이 수준을 넘어서면 미각과 후각의 작용 방식에는 몇 가지 중요한 차이가 있다.

쓴맛 성분을 감지하는 수용체와 그 유전자는 약 서른다섯 개인 반면, 후각 수용체 종류는 그 열 배를 넘는다.[5] 약 400개의 유전자가 나름의 OR 단백질을 만든다. 하지만 쓴맛 수용체와 후각 수용체 사이에는 훨씬 중요한 차이가 있다. 쓴맛 수용체가 서른다섯 개 있어도 우리는 이 수용체들을 자극하는 다양한 화학 물질을 모두 같은 맛(쓴맛)으로 지각한다. 모든 쓴맛 수용체 세포는 하나의 선으로 뇌에 연결되어 '퉤 퉤'라는 단 하나의 메시지만 전달하기 때문이다. 후각 수용체 세포는 이런 식으로 연결되지 않았다. 400개의 수용체 각각이 전용선을 따라 뇌에 연결된다. 이것은 전화선 서른다섯 개가 모두 소방서에 연결되어 '불이야!'라는 메시지만 전달하는 것과 전화선 400개가 400명의 친구들에게 연결되어 각각의 선이 각각의 메시지를 전달하는 것에 비유할 수 있다. 진화의 관점에서 경보 시스템은 하나의 선으로 연결하는 것이 타당하다. 하지만 후각은 음식과 섹스에 대해 훨씬 미묘하고 다양한 정보를 제공하므로 더 풍부한 전달 체계가 필요하다.

그렇다면 인간의 후각이 다른 감각보다 열등하고 생물 중에서 가장 둔하다는 아리스토텔레스의 주장은 엉터리일까? 이 물음에 대한 답은 흥미로우며 겉보기와 달리 간단하지 않다. OR 유전자의 개수를 다른 포유류와 비교하면 아리스토텔레스의 말이 옳은 것처럼 보인다. 이를 테면 아프리카코끼리는 기능 OR 유전자가 무려 2000개나 되어, 동물 중에서 가장 후각이 뛰어나다.[6] 포도주 향을 구별할 줄 안다고 자랑하는 친구가 있으면 코끼리 코라고 말해주고 반응을 살펴보라. 그 친구는 코끼리 코를 칭찬으로 받아들여야 마땅하다.

인간 유전체 전체에 들어 있는 유전자가 약 2만5000개밖에 안 되고 나머지 포유류도 비슷하다는 사실을 감안하면, 코끼리의 OR 유전자가 2000개인 것은—심지어 쥐와 생쥐처럼 그 절반이더라도—진화가 후각을 상대적으로 중요시한다는 것을 시사한다. 400개에 불과한 인간도 마찬가지다. 하지만 우리의 OR 유전자가 다른 포유류에 비해 이토록 적은 이유는 무엇일까? 그것은 후각이 뛰어난 종들이 진화 과정에서 우리보다 많은 OR 유전자를 얻었기 때문일까, 우리가 포유류 공통 조상으로부터 진화하면서 기능 OR 유전자를 잃었기 때문일까? 정답은 상당한 진화적 변화가 양쪽 방향으로 일어났다는 것이다.[7] 우리는 낮은 도로를 택했고 코끼리는 높은 산길로 올라갔다.

인간뿐 아니라 다른 영장류도 OR 유전자가 비교적 적어서, 침팬지는 우리와 비슷하고 오랑우탄은 300개에도 못 미친다. 후각을 자랑하는 친구가 코끼리 코라는 칭찬이 싫다면 적어도 오랑우탄보다는 냄새를 잘 맡는다는 사실을 위안으로 삼을 수 있으리라. 영장류의 OR 유전자 개수가 적은 것이 진화사에서 많은 유전자를 잃었기 때문이라는 증거는 기능을 간직한 유전자 개수와 위유전자 개수가 비슷하다는 것이다. 말하자면 우리의 오래전 조상은 OR 유전자가 우리보다 훨씬 많았다.

위유전자는 한때 기능을 발휘하던 유전자의 잔해다. 고속도로 가장자리에 녹슨 채 널브러진 오래된 차량 잔해처럼 아무짝에도 쓸모없고 아무것도 못 하는 신세다. 영장류는 시간이 지나면서 OR 유전자 개수가 점점 적어지면서도 잘 지낸 데 반해, 아프리카코끼리는 OR 유전자 개수가 많아지는 것이 진화적으로 유리했다. 우리 자신에게 없는 OR 유전자가 이것이 있는 다른 동물에게서 무슨 일을 하는지 대부분 알지 못하지만, 우리에게 없는 후각을 부여한다는 사실은 안다. 이를테면 생쥐는 이산화탄소 냄새를 맡을 수 있다. 생쥐는 탄산 광천수에서 우리가 느끼지 못하는 향미를 느낄 것이다. 종 사이에 왜 이런 차이가 있는지는 과학적 수수께끼지만, 종의 식성 차이와 연관이 있으리라 추정된다. 영장류의 진화 과정에서 어떤 일이 일어났는지 감히 추측해보자.

자연선택은 훌륭히 작동하는 유전자를 고장 난 폐물로 바꾸는 돌연변이를 걸러낸다. 여기서 조건은 유전자의 기능이 그 유전자가 있는 개체가 후손을 남기는 데 유리해야 한다는 것이다. 그렇다면 OR 유전자가 어떻게 작동하는지 살펴봄으로써 이 유전자가 어떻게 쓰임새를 잃게 되는지 단서를 찾을 수 있을지도 모른다. 말하자면 우리에게 정말로 필요한 OR 유전자는 몇 개일까? 음식 애호가라면 이 부분에서 무척 흥미를 느낄 것이다. OR 세포는 비강의 작은 막에 위치하는데, 이 덕분에 두 방향으로 오가는 냄새를 맡을 수 있다(하나는 바깥에서 콧구멍을 통과하는 냄새이고 다른 하나는 콧길을 목 뒤와 연결하는 통로를 따라 입안에서 나오는 냄새다). 첫 번째 방향은 숨을 들이쉬거나 코를 무언가에 대고 킁킁거릴 때에 해당하며 **들숨 경로**orthonasal route라 부른다. 두 번째 방향은 **날숨 경로**retronasal route라 부르며 숨을 내쉴 때에 해당한다. 음식물을 씹을 때 생기는 모든 휘발성 화합물이 퍼져 나가 코의 OR 세포에 닿는 것은 날숨 경로에서다. 이것이 향미의 후각적 요소 중 하나다.

들숨 냄새와 날숨 냄새는 서로 다른 역할을 한다. 들숨 냄새는 바깥 세상에서 표본을 채취해 그곳에 무엇이 있는지 알려준다. 날숨 냄새는 입안의 내밀한 환경에서 표본을 채취해 여러분이 무엇을 먹거나 마시고 있는지 알려준다. 날숨 냄새는 코에서 감지되지만, 마음은 트릭을 써서 우리가 이 냄새를 입안의 향미로 경험하도록 한다. 이로 인해 우리는 스스로의 후각을 과소평가하게 된다. 무의식적으로 날숨 냄새를 후각이 아닌 맛과 향미에 속한 것으로 여기는 것이다.

어떤 주장에 따르면 우리 조상이 두 다리로 걷기 시작하면서 후각보다는 시각에 의존해 위험을 파악할 수 있게 되었을 때 OR 유전자 상실이 시작되었다고 한다. 그렇다면 들숨 냄새의 중요성이 감소하고 날숨 경로가 더 중요해졌을 것이다. 문제는 400개의 OR 유전자만 가지고 영양가 있는 음식물과 해로운 음식물을 향미로 구별할 수 있을 것인가.

우리는 이 질문의 답이 '그렇다'라고 확신할 수 있다. 뇌는 400종류의 후각 수용체 세포에서 들어오는 입력정보를 매우 정교하게 처리하기 때문이다. 이름표가 붙은 400개의 전화선으로 뇌가 할 수 있는 가장 간단한 일은 400개의 향미를 구별하는 것이겠지만, 뇌는 그보다 훨씬, 훨씬 똑똑하다. 실제로는 많은 분자가 둘 이상의 OR 세포를 활성화하며 대부분의 OR 세포가 둘 이상의 분자에 반응한다. 그 결과, 뇌는 400개의 전화선 중에서 한 번에 하나로부터만 입력을 받는 것이 아니라 여러 입력의 조합을 한꺼번에 받는다. 코에 어떤 분자가 있는지를 뇌에 알려주는 것은 이 특정 조합이다.

같은 분자에 대해서도 어떤 OR 세포는 낮은 농도에 반응하고 또 어떤 OR 세포는 높은 농도에 반응한다. 따라서 분자가 얼마나 많이 있는가에 따라 자극되는 OR 세포의 조합이 달라지고 일어나는 반응도 전혀 달라진다. 이를테면 스캐톨skatole 분자는 재스민 꽃과 오렌지 꽃으로 만든 정유精油에서 찾아볼 수 있으며, 포유류의 똥에도 들어 있다. 꽃으로 만든 저농도의 스캐톨은 달콤하고 향긋한 냄새가 나지만 똥에서 발산되는 고농도의 스캐톨에서는 악취가 난다.

뇌가 몇 가지 감각 입력만 가지고도 이를 조합해 무엇을 할 수 있는가를 잘 보여주는 예로 색채 지각이 있다. 망막에서 색깔을 감지하는 것은 고작 세 종류의 수용체 세포로, 각각 빨간빛, 파란빛, 초록빛에 반응한다. 하지만 뇌는 단 세 가지 유형의 세포에서 들어온 입력을 조합해 수백만 가지 색깔을 본다. 그중에는 마젠타처럼 무지개 스펙트럼에 아예 존재하지 않는 순전한 정신적 창조물도 있다.

따라서 우리의 후각에 대한 아리스토텔레스의 생각은 옳기도 하고 틀린 것이기도 하다. 주변의 위험이나 기회를 냄새로 알아차리는 능력이 여느 포유류에 못 미친다는 것은 옳지만 그 밖의 모든 것은 틀렸다. 우리는 커다란 뇌 덕분에 400가지밖에 안 남은 수용체 세포에서 들어오는 후각 신호를 조합해 1조 가지 이상의 냄새를 구별할 수 있다.[8] 그래서 후각은 색채 지각보다 훨씬 민감하다.

다섯(또는 여섯) 가지 기본 맛의 수용체에서 들어오는 신호에 OR 세포가 뇌로 보내는 여러 신호를 더하고, 여기에 사과나 바삭한 옥수수칩을 베어 물 때의 느낌과 소리 같은 온갖 감각 입력을 더해 이들을 온갖 방식으로 조합한 결과는 한없이 다양한 향미로 나타난다.[9] 아리스토텔레스는 후각이 우리의 감각 중에서 가장 열등하다고 단언했지만 실은 가장 뛰어나다. 우리가 자신의 놀라운 후각 능력을 알지 못하는 이유는 주로 날숨 경로에서 이용되기에 향미가 오로지 입에서만 온다고 몸이 착각하기 때문이다.[10]

진화는 OR 유전자를 만지작거리는 것을 좋아하는 듯하다. 이 유전자는, 또한 그로 인한 냄새와 향미는 종류와 개수 면에서 종과 종 사이에 차이를 나타낼 뿐 아니라 같은 종의 개체 사이에서도 큰 변이를 보인다. 2000년에 마무리된 인간 유전체 해독은 종으로서의 우리 자신에 대한 지식을 넓혀가는 과정에서 과학적 이정표였다. 두 과학자 팀이 최초의 유전체 초안을 완성하려고 경쟁했다. 한 팀은 공공 자금을

지원받았으며, 크레이그 벤터Craig Venter가 이끄는 다른 팀은 벤처 투자 회사의 자금을 지원받았다. 2년 뒤에 벤터는 자신의 팀이 해독한 것이 일반적 인간 유전체가 아니라 특수한 인간 유전체, 바로 자신의 것임을 밝혔다. 우리는 인간 유전체가 마치 하나뿐인 것처럼 말하지만, 사람들은 저마다 나름의 유전체 사본을 가지고 있으며 각각의 사본은 조금씩 다르다. OR 유전체는 더더욱 그렇다.

1000명의 유전체에서 약 400개의 OR 유전자를 비교했더니 이 표본의 각 유전자에 대해 평균 10개의 다른 버전(대립유전자)이 발견되었다. 사람마다 각 유전자의 사본을 두 개 가지고 있는데―하나는 어머니에게, 하나는 아버지에게 물려받는다―평균적으로 OR 유전자의 절반인 200개가 두 개의 서로 다른 대립유전자를 가지고 있음이 밝혀졌다. 이 말은 우리의 OR 유전자가 400개밖에 안 되지만 그 절반에 해당하는 유전적 다양성이 각 개인의 OR 저장고에 추가로 들어 있다는 뜻이다. 즉, 우리가 가질 수 있는 대립유전자의 총 개수는 600개다.[11] 이 대립유전자는 OR 세포마다 하나씩 쓰이면서 각각의 후각 수용체 단백질을 만든다. 따라서 총 600개가 여러분의 코에 터를 잡는다.[12]

저마다 다른 냄새와 향미를 좋아하는 것은 개인 취향이며 이것은 개인적 경험과 음식 문화에 많은 영향을 받지만 OR 유전자의 개인 간 변이도 영향을 미친다. 중동과 아시아 등지에서 요리에 널리 쓰이는 고수는 어떤 사람에게는 불쾌한 비누 맛이 난다. 매우 인기 있는 초본서의 저자 존 제라드John Gerard는 고수를 일컬어 "냄새가 고약한 허브"이며 잎에 "독이 있다."라고 했다. 1만2000명 가까운 사람들에게 고수를 좋아하는지 싫어하는지 물었더니 고수에 대한 선호도는 특정 OR

유전자의 돌연변이와 약한 관계가 있었다.[13]

강한 냄새가 없을 때 생선의 향미는 다른 성질, 특히 거의 근육으로 이뤄진 살의 질감과 기름 함량에 큰 영향을 받는다. 질감과 기름 함량은 생선종마다 다르다. 이것은 저마다 다른 생활 조건에 근육이 적응한 결과다.[14] 물고기가 살아가는 환경의 성질이 모든 물고기의 생활을 지배한다는 사실은 놀랍지 않다. 그 환경은 바로 물이다.

물고기가 헤엄치는 모습을 위에서 내려다보면 몸을 구불거리며 물을 가로지르는 동작을 볼 수 있다. 이 움직임은 몸의 근육들을 한쪽으로 구부렸다가 다른 쪽으로 구부리는 동작에서 발생한다. 물고기는 체형이 유선형이어서 느리고 꾸준한 속도로 물을 가로지를 때 에너지를 거의 소모하지 않는다. 이런 순항 동작이 가능한 것은 근육에 **미오글로빈**myoglobin이라는 빨간색 색소가 들어 있기 때문이다(미오글로빈은 적혈구의 헤모글로빈과 비슷한 단백질이다). 미오글로빈은 꾸준히 헤엄치는 데 필요한 산소를 저장하며 기름의 형태로 저장된 연료를 쓴다. 청어, 고등어, 정어리는 살 색이 진하고 기름이 많은 생선의 대표적인 예다. 통통한 청어의 근육은 지방 함량이 20퍼센트에 이른다.

물을 가로질러 순항하는 데는 노력이 거의 필요하지 않지만, 급가속하려면 매우 큰 저항에 부딪힌다. 목욕탕이나 수영장에서 직접 실험해볼 수도 있다. 물속에서 손바닥을 천천히 움직이기는 쉽지만 확 움직이려면 힘을 많이 줘야 한다. 손바닥을 급히 움직이면 앞에 물의 벽이 생겨 손바닥을 밀어낸다. 포식자에게 쫓기는 상황에서 물고기의 급가속은 생사를 가르는 문제다. 포식자에게는 먹이를 잡느냐 굶느냐를 좌우하는 문제이기도 하다. 그래서 급가속에 필요한 힘을 내기 위해 물고기는 즉각적으로 동원할 수 있는 근력이 많이 필요하다. 이 힘을 내게 해주는 것이 백색근으로, 대구 같은 대형 포식 어류와 그 밖의 흰살생선에 많이 들어 있다. 대구의 근육에는 기름이 0.5퍼센트밖에 들어 있지 않으며 미오글로빈은 전혀 없다. 수천 킬로미터를 이동하는 대형 포식 어류인 다랑어는 근육이 분홍색으로, 그 성질은 흰살생선과 붉은살생선의 중간이다.

물고기의 근육 구조는 요리와 식감에 큰 영향을 미친다. 육상 동물의 근육과 물고기의 근육은 작동 방식이 다르다. 육상 동물의 근육은 중력을 거슬러 몸을 지탱해야 하기 때문에, 탄탄한 덩어리를 이뤄 손잡이처럼 뼈대를 잡아당긴다. 이에 반해 경골어류(부드러운 평면 비늘과 단단한 골격을 가진 어류_옮긴이)는 기체가 차 있는 부레 덕에 바닷물에서 떠 있을 수 있기 때문에 근육을 이동에만 쓴다. 연하게 익힌 생선이 입안에서 부스러지면서 미묘한 향미를 내는 것은 물고기의 근육이 몸을 구불거리며 헤엄치는 데 적응해 서로 겹치는 층으로 이뤄졌기 때문이다.

분해가 진행되면 생선의 냄새가 심해지기는 하지만 반드시 맛이 없어지는 것은 아니다. 노르웨이에는 락피스크rakfisk라는 별미가 있는데, 이것은 생선을 소금에 절여 몇 달간 발효시켜 만든다. 락피스크의 냄새는 퀴퀴한 치즈를 경기 끝난 축구복 더미에 일주일간 넣어두었을 때의 냄새와 비슷하다고 한다. 베트남과 태국 요리에서는 생선을 발효해 만든 소스가 필수 재료이며, 고대 로마에서도 이와 비슷한 **가룸**garum이라는 소스를 즐겨 썼다. 현존하는 요리책 중에서 가장 오래된 로마 시대 요리책(1세기에 살았던 미식가 마르쿠스 가비우스 아피키우스Marcus Gavius Apicius가 썼다고 전해지나 확실하진 않다)에는 요리법이 465가지 실려 있는

데, 이 중 4분의 3 이상에 가룸이 들어간다.[15]

　2000년 전 로마의 가룸 제조법과 사용법이 문서와 고고학 증거로 재구성되었는데, 최상급 가룸은 최악의 재료, 그러니까 신선한 고등어의 피와 창자로 만든다. 돌 통에 생선과 소금을 4:1의 비율로 넣고 생선에서 빠져나온 성분이 액체에 잠겨 있도록 위에 돌 뚜껑을 올린다. 소금을 넣고 공기를 차단하면 세균과 진균의 생장이 억제되기 때문에, 이런 조건에서 일어나는 발효는 생선의 세포 자체에서 배출되는 효소의 작용이다. 소화관은 어차피 분해가 일어나는 곳이니 이 부위를 사용하면 소화 효소를 풍부하게 공급할 수 있다. 몇 달간 햇볕에서 발효시킨 뒤에 짠맛 나는 액체를 병에 담아 요리에 쓴다. 현대의 생선 소스와 마찬가지로 가룸은 감칠맛 성분인 이노신산과 글루탐산이 매우 풍부했을 것이다.

　가룸을 만드는 곳은 악취를 풍겼기 때문에, 로마의 저술가들은 가룸에 대해 애증의 관계였던 것 같다. 가룸 생산은 일부 도시에서는 금지되었으며 해안가의 몇몇 지역에 집중되었다. 스페인 알무녜카르에는 로마 시대에 쓰던 돌 통이 아직도 남아 있다. 일각에서는 생선 소스 제조가 고대의 유일한 대규모 공장식 산업이었다고 주장하기도 한다.[16] 가룸을 나르는 데 쓰던 암포라(로마의 도기_옮긴이)가 로마 제국 전역의 난파선에서 발견되었으며, 가룸은 심지어 영국 북부에 있는 하드리아누스 성벽 맨 바깥쪽까지 진출했다. 현대에 인기 있는 요리용 소스와 마찬가지로 가룸 생산자는 부자가 될 수 있었다. 이탈리아의 불운한 도시 폼페이에서 태어난 가룸 재벌 아울루스 움브리키우스 스카우루스Aulus Umbricius Scaurus의 이름이 새겨진 테라코타 소스 병이

1000킬로미터 떨어진 프랑스 남부에서까지 발견되었다.[17]

신선할 때 가장 맛있는 해산물 중에는 지느러미 달린 어류가 아닌 패류가 있다. 여기에는 홍합과 백합 같은 연체동물, 게와 왕새우 같은 갑각류가 포함된다. 패류가 그토록 맛있는 한 가지 이유는 지느러미 달린 어류가 무미無味의 TMAO로 바닷물의 삼투력에 저항하는 것과 달리 글리신glycine 같은 유리아미노산을 함유하기 때문이다. 유리아미노산이 패류에서 수행하는 생리학적 기능은 TMAO가 지느러미 달린 어류에서 하는 것과 똑같지만, TMAO와 달리 우리의 감칠맛 수용체를 자극하기 때문에 맛이 있다.

미각 수용체와 수프는 진화와 요리가 생명의 기본적 필요를 어떻게 충족하는지 보여준다. 후각 수용체와 생선은 미묘한 향미가 생기는 원리를 보여준다. 코를 킁킁거리며 냄새를 맡아보라. 어디서 고기 굽는 냄새가 나지 않나?

7

고기 · 육식

우리가 고기를
먹으면서 음미할
진화가 이토록
많을 줄 누가
알았을까?

육식이 우리의 진화를 빚었다. 2장의 가족 만찬에서 우리는 조상들이 어떻게 고기를 먹기 시작하고 잡식동물이 되었는지 알아보았다. 330만여 년 전에 우리 조상 루시의 고향 에티오피아에 살던 누군가가 돌 연장을 이용해 뼈에서 살을 발라냈다. 그 누군가는 아마도 루시의 종種이자 사람속의 직계 조상으로 여겨지는 사람족 오스트랄로피테쿠스 아파렌시스의 일원이었을 것이다. 그녀는 틀림없이 우리 같은 잡식주의자여서 고기와 더불어 채소도 먹었을 것이다.

고기와 생선은 우리가 얻을 수 있는 가장 풍부한 단백질 공급원이며, 우리에게 필요하지만 인체 조직이 스스로 만들어내지 못하는 모든 필수 아미노산을 공급할 수 있다. 고기는 균형 잡힌 식단의 다른 필수 성분들도 공급하는데, 채소만으로는 이를 충분히 섭취할 수 없다.[1] 이런 성분으로는 철, 아연, 비타민B₁₂, 그리고 뇌와 조직의 발달에 필수적인 다불포화지방산이 있다. 물론 엄선한 채식주의 식단으로 건강하게 살 수도 있겠지만, 동물성 식품을 완전히 배제한 완전채식주의 식단이 인체에 필요한 영양소를 제대로 공급하기 힘든 것으로 보건대 우리는 잡식에 적응한 것이 틀림없다.

현재 우리에서 사육되는 공장식 축산 가축의 조상들을 포함해 고기용으로 사육되는 모든 동물은 가축화되기 이전에는 야생 상태에서 사냥되었다. 이제 이 동물들의 진화 이야기를 듣고 우리가 녀석들을 얼마나 속속들이 바꿨는지 알아볼 차례다. 수렵에서 농업으로의 전환이 시작되었음을 보여주는 증거는 돌 연장만이 아니다. 내부에도 증거가 있으니, 그것은 바로 **촌충**tapeworm이다.

촌충은 성체가 되었을 때 동물의 소화관에서 산다. 그곳에서의 삶은 수월하다. 종업원이 음식을 문 앞까지 날라다 주니 자신은 하루 종일 빈둥거리며 알만 낳으면 된다. 하지만 여느 기생충이 그렇듯 알의 문제는 새로운 숙주를 찾아 감염해야 한다는 것이다. 촌충이 선택한 방법은 숙주의 먹이사슬에 끼어들어 숙주가 먹는 동물에 감염하는 것이다. 인간의 창자는 세 종류의 촌충에 감염되어 있다. 하나는 소에서 왔고(민촌충*Taenia saginata*) 둘은 돼지에서 왔다(아시아촌충*Taenia asiatica*, 갈고리촌충*Taenia solium*). 우리가 이 촌충에 감염되는 것은 유충이 들어 있는 고기를 먹기 때문이다(유충은 소와 돼지의 근육에 파고든다). 고기를 먹는 사람만 촌충에 감염된다. 촌충의 유충이 기생충으로서의 생활환을 완성하는 방법은 고기와 함께 먹히는 것뿐이다.

소와 돼지는 가축이기 때문에, 인간의 촌충 감염은 약 1만~1만 2000년 전 목축의 출현과 함께 시작되었으리라는 것이 통념이었다. 하지만 진화적 분석에 따르면 우리와 촌충의 관계는 수천 년이 아니라 수백만 년을 거슬러 올라간다.[2] 민촌충과 아시아촌충은 아프리카의 사자와 영양에 감염하고 둘 사이를 오가는 촌충종과 조상이 같다. 이에 따르면 인간에 감염하는 두 촌충의 조상은 우리 조상이 사자와 같은 먹이를 먹기 시작했을 때 그들의 몸으로 도약했을 것이다. 사자-영양 생활환으로 시작된 촌충의 생활환에서 약 200만~250만 년 전 인간-영양 생활환이 생겨났다. 이는 우리 조상들이 그 이전부터 일상적으로 고기를 먹었음을 시사한다.

우리 조상들이 촌충에 감염된 이후, 아마도 170만 년 전쯤에 우리 몸에 있던 하나의 종이 민촌충과 아시아촌충이라는 두 종으로 갈라졌다. 이런 종 분화가 왜 일어났는지는 알 수 없지만, 두 종의 숙주가 다른 것을 보면 소를 거치는 생활환과 돼지를 거치는 생활환이 분리되면서 촌충이 서로 다른 감염 및 생존 요건에 적응할 수 있었기 때문인 듯하다. 촌충의 종분화를 진화적으로 더 연구하면 그 시기에 인류의 식단에 어떤 변화가 있었는지 밝혀낼 수 있을 것이다. 이를테면 촌충 종분화가 호모 에렉투스에게서 일어났다면 이것은 당시에 식단이 야생 돼지와 영양으로 확장되었기 때문일까, 아니면 호모 에렉투스의 다른 인구 집단이 다른 동물을 잡아먹다가 나중에 교차 감염되었기 때문일까?

세 번째 촌충종인 돼지의 갈고리촌충은 하이에나의 몸속에서 발견되는 촌충과 조상이 같다. 갈고리촌충은 나머지 촌충과 마찬가지로 우리의 초기 인류 또는 원인猿人 조상이 아프리카 사바나에서 하이에나와 같은 먹이를 먹던 시절에 우리에게 감염되었을 것이다. 또 다른 장내 기생충인 선모충*Trichinella spiralis*은 돼지고기를 먹으면 감염되는

데, 비슷한 경로로 사람족에게 감염되도록 진화했다.[3] 우리 조상들이 맛본 최초의 고기는 하이에나와 사자가 죽인 동물이었으리라. 그들은 돌 무기나 불을 휘둘러 고기를 빼앗았을 것이다. 시작이야 어찌 됐든 우리는 육식을 하면서 먹잇감과 점점 친밀한 관계가 되었으며 결국 동물을 사육하고 소와 돼지를 길들였다. 우리가 세 가지 촌충과 진화사적으로 오랜 관계를 맺고 있음을 보건대 소와 돼지가 우리에게 촌충을 감염시킨 게 아니라 우리가 소와 돼지에게 감염시켰을 것이다.

촌충 감염을 막을 두 가지 방법이 있다. 하나는 위생으로, 촌충 알이 들어 있는 인분을 돼지나 소가 접하지 않도록 해 촌충의 생활환을 끊는 것이다. 다른 하나는 요리로, 고기에 들어 있는 감염기感染期 촌충을 죽이는 것이다. 여러분이 덜 익힌 고기를 즐긴다면 먹이사슬이 위생적이길 바라야 한다. 도축장에서 고기를 철저히 점검하지 않으면 촌충과 선모충에 감염될 수도 있다.

갈고리촌충은 인간과 오랜 관계를 맺으면서 유전적 흔적이 남았는데, 이것이 요리에 대한 내성을 진화시킨 듯하다. (인체 세포를 비롯한) 세포는 온도 급상승에 대비한 **열 충격 단백질**heat-shock protein이 있다. 갈고리촌충의 유전체는 열 충격 단백질을 부호화하는 유전자의 개수가 이례적으로 많은데, 이는 야생 동물에 감염되는 촌충종에 비해 열 충격을 유난히 잘 견딜 수 있다는 뜻이다.[4] 사람족이 적어도 150만 년 전부터 고기를 익혀 먹었다면 촌충은 열 충격 단백질 개수가 증가하는 쪽으로 진화했으리라 예상할 수 있다. 그래야 고기 속 감염기에 익어 죽지 않고 다음 단계로 넘어가 기생충 생활환을 완성할 가능성이 커질 테니 말이다.

돌 연장과 촌충이 육식의 초창기 증거라면 동굴 벽화는 후대의 직접 증거다. 최초의 벽화들이 묘사한 것은 동물이 아니라 손의 윤곽이지만, 이 손은 사냥감을 향해 창을 휘두르고 돌 연장으로 뼈에서 살을 발라내고 불을 피워 고기를 구운 손이다. 인도네시아, 오스트레일리아, 유럽처럼 서로 멀리 떨어진 지역들에서 이름 없는 천 개의 손이 동굴 벽 위로 뻗어 유치원 첫날 출석 시간에 아이들이 신나서 외치듯 "여기 있어요!"라고 자랑스럽게 외친다. 4만 년 뒤에 그 소리가 우리에게 들려온다. 머나먼 함성으로서가 아니라 공통의 인간성을 지닌 사람들의 친숙한 부름으로.

동굴 벽의 손자국은 입으로 색소를 뿜어 그린 스텐실이다. 래커가 발명되기 4만 년 전에 우리 조상들은 그라피티 작가가 작품에 이름을 남기듯 우리의 가족 앨범에 개성 넘치는 이름을 스프레이로 남겼다. 5000년 뒤, 인도네시아의 열대 섬 술라웨시에서 처음으로 알아볼 수 있는 동물이 동굴 벽에 그려졌다.[5] 녀석은 포동포동한 바비루사 암컷인데, 어찌나 독특한지 학명이 앞뒤가 똑같은 바비루사 바비루사 *Babyrousa babyrussa*다.[6]

바비루사는 술라웨시 토착종인 돼지이지만, 알려진 어느 돼지와도 같지 않다. 엄니가 두 쌍 있는데 한 쌍은 아래턱에서 돋았고 다른 한 쌍은 위턱에서 돋았다. 아래 엄니는 송곳니가 커지고 구부러진 것에 불과하지만 위 엄니는 치조齒槽가 위로 틀어진 탓에 얼굴을 뚫고 나와 뒤로 휘어져 있다. 이 괴상한 엄니의 쓰임새는 알려져 있지 않다. 싸움이나 방어에 쓰기에는 너무 약하다. 토착 전승에 따르면 이 엄니는 해먹의 고리 역할을 한다고 한다. 위험을 피해 한숨 자고 싶을 때 나뭇가지에 엄니를 걸친다는 것이다. 러디어드 키플링Rudyard Kipling이 《아빠가 읽어주는 신비한 이야기Just So Stories》에서 바비루사를 다뤘어도 이보다 나은 설명을 내놓지는 못했을 것이다. 바비루사는 잡식성으로, 견과와 열매, 특히 망고를 먹는다. 수컷은 몸무게가 90킬로그램까지 나간다. 자고 있는 녀석을 잡았다고 상상해보라. 망고를 먹고 자란 바비루사를 구우면 어떤 맛이 날까!

2만 년 전에 유럽 남부에 살던 수렵인들은 (논란의 여지가 있지만) 시대를 통틀어 가장 훌륭한 동물 그림을 남겼다. 프랑스의 라스코 동굴과 쇼베 동굴, 스페인의 알타미라 동굴의 유명한 동굴 벽화를 그린 사람들은 유럽 북부를 덮은 빙상 끄트머리에 살던 구석기인이었다. 나무는 없었지만 탁 트인 서식처는 풀을 뜯는 동물로 가득했다. 오늘날 세렝게티의 열대 초원을 연상케 하는 풍경이지만 겨울철 온도는 영하 20도를 밑돌았다. 이 식물상을 **매머드 스텝**mammoth steppe이라 한다.

1994년에야 발견된 프랑스 남부의 거대한 쇼베 동굴에는 이 시기의 동물들이 정교한 솜씨로 그려져 있다.[7] 사자 열여섯 마리가 들소 일곱 마리를 쫓고 매머드 한 마리와 코뿔소 세 마리가 옆에 서 있다. 동굴의 또 다른 곳에서는 동굴곰 세 마리가 그려져 있는데, 바위 표면의 솟아오른 부분을 교묘하게 활용해 실물처럼 양각했다. 지금은 멸종한 수백 종의 유해는 갈색곰보다 훨씬 큰 동굴곰이 이곳에서 주기적으로 동면했음을 보여준다. 벽에는 말, 들소, 아이벡스, 순록, 붉은사슴, 사향소, 큰뿔사슴, 오록스(야생 소)도 그려져 있다. 그림을 그린 사람들은 모델의 해부 구조를 알았으며 아마도 상당수를 먹었을 것이다. 쇼베 동굴 등에 남은 동물 뼈는 사람들이 순록 고기와 긴 뼈의 골수를 좋아했다는 증거다(그들은 뼈를 쪼개어 골수를 꺼냈다).[8] 당시는 고기가 풍부했으며, 동굴 벽화 작가와 그들의 가족이 먹고살기에 충분한 단백질을 공급할 수 있었다.

매머드 스텝의 동물들을 쫓아다닌 예술가 수렵인들은 고기만 먹지 않았으며 식물성 음식도 채집해 가공했다. 이탈리아 남부의 한 동굴에서 출토된 조약돌에서 녹말립이 발견되었는데, 이는 3만2000년 전 그곳에서 살던 사람들이 이 조약돌로 야생 풀의 씨앗을 갈았음을 보여준다.[9] 그들은 곡물을 갈기 전에 말렸다. 이 방법은 오늘날에도 귀리 같은 곡물의 향미와 보존성을 증진하는 데 쓴다. 여름에는 물열매, 개암, 뿌리를 얻을 수 있었지만 겨울에는 이런 수확을 할 수 없었다. 그들은 들쥐가 숨겨둔 씨앗과 뿌리를 찾아 순록 스테이크에 곁들였을 것이다.[10] 알래스카와 시베리아의 이누이트족도 이런 식으로 식단을 보완했다. 단, 먹을 수 있는 뿌리를 생쥐는 먹을 수 있지만 사람에게 독성이 있는 뿌리와 신중하게 구별해야 했다.

지구가 더워지고 유럽 북부와 북아메리카를 덮은 빙상이 물러나면서 식생도 달라졌다.[11] 매머드 스텝의 넓은잎 허브와 풀, 키 작은 떨기나무가 숲으로 바뀌었으며 이 식물들을 먹던 동물도 상당수가 먹이를 찾아 북쪽으로 이동했다. 순록과 사향소는 이제 극북에서만 찾아볼 수 있다. 유럽에서는 붉은사슴과 (더 산발적이기는 하지만) 말이 환경 변화를 이겨내고 살아남았으나, 털매머드와 털코뿔소, 동굴곰, 큰뿔사슴 같은 그 밖의 초식 동물은 모두 멸종했다. 먹잇감이 대부분 사라지자 검치호랑이, 퓨마, 그리고 화석 두개골로 보건대 들소와 대형 먹잇감을 잡아먹는 데 특화되었을 회색늑대 변종을 비롯해 몸집이 가장 큰 육식동

물들도 사라졌다.[12]

줄어만 가는 매머드 스텝 전역에서 가장 크고 가장 특화된 동물들이 자취를 감췄다. 살아남은 종은 현생 개체군과 닮아서, 사라진 개체군의 뼈에서 채취한 DNA와 비교했더니 유전적 다양성이 전보다 줄었다.[13] 경우에 따라서는 기후 변화로 시작된 추세에 수렵인들이 마지막 일격을 가하여 동물의 멸종을 앞당기기도 했다.[14] 뼈에는 평생 먹어온 음식물의 흔적이 남아 있는데, 인간 뼈의 동위 원소를 분석했더니 이 시기에 가장 즐겨 먹은 것은 털매머드였다.[15] 이 수렵인들은 3만 년 전에 살았지만, 고고학 증거에 따르면 털매머드는 매머드 스텝 전역에서 언제나 선호되는 먹잇감이었으며 결국 매머드 스텝과 함께 사라지고 말았다.[16]

중국에는 이런 유명한 속담이 있다. "식사는 세 번 즐겁다. 기다릴 때, 먹을 때, 되새길 때." 매머드 식사는 네 번 즐거웠다. 기다릴 때, 먹을 때, 되새길 때, 그리고 거주할 때. 매머드의 거대한 뼈는 집을 만드는 데 쓰였기 때문이다. 이 박해받던 동물의 마지막 보루가 시베리아 북동해안 방면의 외딴 섬 브란겔인 것도 우연이 아니다. 이곳에서는 대륙의 마지막 개체군이 사라진 지 5000년이 지난 4000년 전까지도 매머드가 살고 있었다.[17]

이탈리아, 그리스, 터키, 이스라엘의 지중해 연안에서 출토된 고고학 유해를 보면 해안에 살던 사람들이 식단을 확대하기 시작한 시기는 4만~5만 년 전(BP)으로 거슬러 올라가는데 아마도 인구가 증가하고 그 때문에 대형 먹잇감을 찾기 힘들어졌기 때문일 것이다.[18] 2만 년을 빨리감기 하면, 목축이 시작되기 전의 생활과 식단에 대한 상세한 스냅숏을 얻을 수 있다. 이스라엘 갈릴리 해안에서 보존 상태가 훌륭한 유적지 오할로II가 발견된 것이다.[19] 오할로II는 지질학자들이 **최종 빙기 최성기**Last Glacial Maximum(LGM)라 부르는 시기에 수렵채집인들이 여러 해에 걸쳐 정기적으로 방문한 임시 거주지였다. 이때는 빙하가 극지방에서 가장 멀리까지 뻗어 있었으며 레반트의 기후는 춥고 건조했다.

오할로II는 2만3000년 전 갈릴리해의 해수면이 상승하면서 진흙과 물에 덮인 뒤 고스란히 보존되었다. 물에 잠긴 진흙은 산소가 차단되어 세균 같은 부패 인자가 밑에 있는 물질을 파괴하지 못하기 때문에 보존력이 매우 뛰어나다. 이 말은 오할로II 거주자들이 식사 뒤에 버린 뼈와 남성 방문객 중 한 명의 매장된 유해뿐 아니라 건축에 이용한 나뭇조각, 깔고 잔 풀 침구, 물고기 잡을 때 쓴 밧줄과 봉돌, 그리고 이 시기의 다른 고고학 유적에서는 찾아보기 힘든 야생 채집 식물까지 남아 있다는 뜻이다. 오할로II 사람들이 이용했거나 그곳에서 자라던 식물 140여 종이 동정同定되었다. 그중에서 야생 밀과 보리는 가루로 만들어 썼다. 버려진 맷돌의 표면에 곡물의 녹말립이 보존되어 있었기 때문이다. 식물 잔해 중에는 오늘날 경작지 잡초weed of cultivation(경작지에서 자라는 잡초_옮긴이)의 씨앗도 열세 종 있었는데, 이는 곡물을 의도적으로 파종했을 가능성을 암시한다.[20]

오할로II 사람들은 호숫가의 주식인 생선 말고도 대량의 가젤, 논병아리와 오리, 거위, 맹금류, 까마귀를 비롯해 잡을 수 있는 온갖 새, 거기다 사슴과 (매우 드물게는) 오록스, 야생 돼지, 염소를 먹었다.[21] 인상적인 사실은 멸종한 오록스와 더 희귀해진 산가젤을 제외하면 오할로II

사람들이 먹거나 이용한 대다수 동식물을 오늘날에도 여전히 이 지역에서 찾아볼 수 있다는 것이다.

오할로II는 물에 잠기면서 버려졌지만, 하이파 인근의 후대 이스라엘 유적 엘와드에서 보듯 수렵채집인은 그 뒤로 8000년간 다양한 사냥감을 잡으며 비슷한 식단을 유지했다.[22] 엘와드 사람들은 여전히 산가젤을 즐겼지만 훨씬 다양한 야생 동물도 먹었는데, 그중에는 거북, 심지어 뱀 같은 소형 동물도 있었다. 식단에서 소형 동물의 비중이 커진 것에서 현지의 대형 사냥감이 남획으로 줄기 시작했음을 알 수 있다. 4000년도 지나지 않은 약 1만1700년 전(BP) 엘와드의 고고학 기록에서 대소를 막론하고 동물의 유해를 찾아보기 힘든 것은 수렵의 영향이 점점 커진 것으로 설명할 수 있다. 이런 변화는 서남아시아 전역에서 일어났는데, 이 때문에 사람들은 점차 다른 먹거리에 의존해야 했다.

수천 년에 걸쳐 작물화된(4장) 야생 밀, 보리, 펄스(콩류)는 야생 동물을 잡을 수 없을 때 단백질이 풍부한 식량을 제공했으나, 또 다른 해결책도 있었다. 사람들이 수천 년간 정착하면서 만들어진 인공 둔덕 안에 보존된 고고학 기록에서도 사람들이 무엇을 먹었는지 알아낼 수 있다. 흙집이 지어지고 부서지고 그 잔해 위에 또 다른 집이 지어졌기 때문이다. 흙집의 층을 파 들어갈 때마다 그 토대에서 이전의 거주 흔적과 식사 습관 기록이 발견되었다. 아나톨리아 아시클리 회위크에 있는 둔덕을 발굴했더니 수렵인들은 1만1000~1만200년 전(BP) 엘와드에서 먹던 것 같은 야생 동물 식단에서 양 사육으로 돌아섰다.[23] 길들인 동식물에 의존하게 된 이 변화는 농업의 출발이자 신석기 시대의 여명을 나타낸다.

수렵채집에서 농업으로의 변화는 신석기 베이비붐을 촉발했다. 그 시기 레반트 공동묘지의 인간 유해로 추정컨대, 수렵채집인 여성 한 명이 낳는 자녀의 수가 5.4명이던 것에 반해 농업이 시작된 뒤에는 9.7명으로 늘었다.[24] 이러한 증거는 수렵채집인이 농업인으로 전환한 곳 어디서나 일어난 보편적 현상이었다.[25] 농업인은 수렵을 하고 천연 서식지를 농장으로 바꾸기 때문에, 신석기 인구 증가는 야생 동물 개체 수를 더 심하게 압박했으며 늘어난 입을 먹여 살리기 위해 가축 사육이 선호되었다. 작물화와 가축화는 자연에 대한 인간의 진화적 영향의 역사에서 새로운 장을 열었으며 우리 자신의 진화 경로도 바꿔놓았다.

동물 중에는 사냥감에서 가축으로의 전환이 남달리 손쉬운 것도 있었다. 야생 돼지와 닭 같은 몇몇 종이 여러 번 가축화되었다. 반면 오할로II 거주자들이 사냥한 수십 종을 비롯한 상당수 동물은 결코 길들지 않았다. 돼지와 닭은 청소동물이어서 인간 거주지 근처에 살다가 인간이 주는 먹이에 의존하게 되어 가축화되기 시작했을 것이다.

닭은 가축 중에서 운반하기가 가장 쉬워서 우리는 이 경이로운 동물을 어디나 데려갔다. 닭은 어디서나 음식물 찌꺼기를 맛있는 고기와 매일 공급되는 알로 바꾼다. 조류계의 호메로스가 있다면 깃펜을 들어 닭의 오디세이아를 쓰겠지만, 그전에는 닥터 수스로 만족해야 할 것이다. 선견지명을 가진 그는 젊은 여행자가 맞닥뜨리게 될 상황을 이렇게 경고했다. "이미 잘 알고 있겠지만 당신은 크게 당황할 겁니다. 앞으로 나아가는 길에 수많은 이상한 새들이 나타나는 바람에 얼떨떨할 겁니다."[26]

지구를 따라 이동하는 것은 여행을 하는 생물뿐 아니라 방문객을 맞닥뜨리는 주민에게도 진화적 영향을 미친다. 뉴잉글랜드에서든 옛 잉글랜드에서든 농장과 뒤뜰을 누비고 다니는 닭은 그 기원이 사뭇 이국적이다. 찰스 다윈이 《경작·사육되는 동식물의 변이The Variation of Animals》에서 예의 통찰력으로 정확히 추측했듯 닭의 야생 조상은 아시아산 붉은산닭red junglefowl으로 입증되었다.

현대의 유전적·고고학적 분석에 따르면 붉은산닭은 한 번이 아니라 아시아 여러 지역에서 세 번 독자적으로 가축화되었다(지도 5 참고). 닭을 이용했다는 것을 보여주는 최초의 고고학 증거는 중국 북부 황하 유역에서 발견되었다. 그곳에서 발견된 고대의 닭 뼈는 시기가 1만 년 전으로 거슬러 올라가며, DNA를 추출해 분석했더니 현재의 집닭과 유전적으로 근친성이 있었다.[27] 이 초기 닭이 야생종이 아니라 가축이었다는 직접 증거는 없지만, 비슷한 시기에 돼지 같은 동물이 사육되고 있었으므로 당시 혹은 얼마 뒤에 닭이 가축화되었을 가능성이 매우 크다. 황하 가축화가 일어나고 얼마 지나지 않아 동남아시아 태국 등지와 인도에서도 붉은산닭이 독자적으로 가축화되었다.[28]

현생 닭의 유전자를 분석하면 가계도가 복잡한데, 이는 닭이 전 세계를 다니면서 세 가축화 사건의 후손들이 수없이 서로 맞닥뜨렸음을 보여준다. 기록된 최초의 범아시아 닭 회동은 인도에 간 중국 승려들이 먹을 수 있는 기념품으로 받은 닭을 산 채로 본국에 가져간 3400년 전에 일어났다.(저자가 참고한 논문에 오류가 있는 것으로 보인다_옮긴이)[29]

미국 소비자가 선호하는 노란색 껍질은 야생 붉은산닭에서는 전혀 찾아볼 수 없으며 회색산닭grey jungle fowl이라는 또 다른 종에서 비롯한

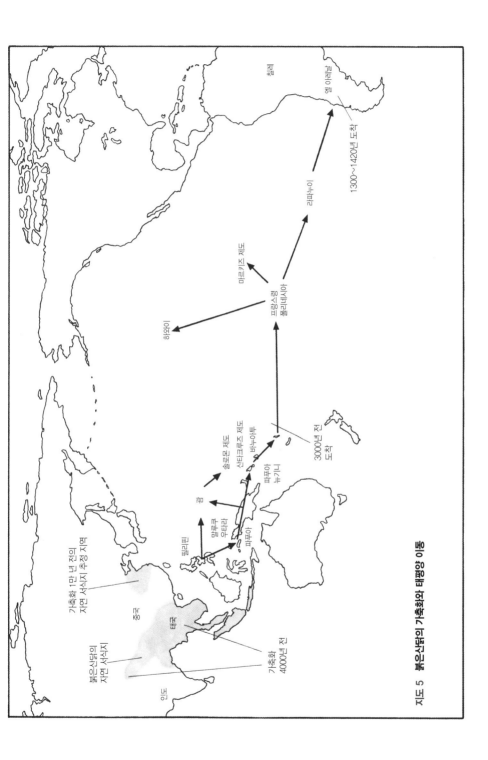

지도 5 붉은산닭의 가축화와 태평양 이동

듯하다.[30] 이 종은 원산지가 인도지만 야생의 붉은산닭과 교배하지 않기에, 집닭이 노란색 껍질 형질을 얻은 것은 수천 년 전 인도 어디의 회색산닭 사촌으로부터일 것이다.

UN 세계식량기구에 따르면 2010년 16억 마리에 도달한 아프리카의 닭은 적어도 세 가지 경로를 통해 아프리카 대륙에 들어왔다.[31] 한 경로는 이집트에서 북쪽으로 인도산 닭이 들어온 것인데, 4000년 된 이집트 고대 문헌에 닭이 언급된다. 두 번째 경로는 동쪽에서 아프리카의 뿔을 거쳐 들어온 듯한데, 이는 인류가 아프리카를 떠난 길과 거꾸로다. 세 번째 경로는 역시 동쪽에서 왔으나 동남아시아에서 바닷길을 택했다.

동남아시아는 폴리네시아인들의 출발지이기도 했다. 그들은 태평양 도서군에 자리 잡을 때 닭, 쥐, 개, 식용 식물을 산 채로 데려갔다. 이것은 인류 역사상 가장 영웅적인 이주일 것이다. 이들은 비교적 최근인 800년 전에 카누로 망망대해 수천 킬로미터를 이동해 태평양의 가장 외딴 섬들인 라파누이(이스터 섬), 하와이, 마지막으로 뉴질랜드에 도달했다.[32]

라파누이는 나무 한 그루 없이 황량한 풍경을 지켜보며 서 있는 거대 석상으로 유명하다. 이렇게 큰 기념물을 지으려면 사람 수와 시간, 동기가 충분해야 하는데, 이 섬은 그만한 인구를 지탱하기 힘들어 보인다. 하지만 섬의 다른 구조물들은 이 첫인상이 거짓임을 보여준다. 그것은 돌로 만든 닭장 1233개로, 해안선에 길게 늘어서 있다.[33] 닭장은 길이가 6미터인 가정용에서 길이 20미터, 너비 3미터, 높이 2미터의 초대형까지 다양한데, 닭이 드나들 수 있도록 지면 높이에 작은 입구가 나 있다. 닭이 도망치지 못하도록 닭장 주위에 돌벽을 둘러쳤다. 라파누이의 닭장에서 보듯 그곳의 유일한 가축이던 닭은 산업적 규모로 사육되었으며 고기와 알을 안정적으로 공급했다.

폴리네시아인들이 카누로 대양을 건너면서 가져간 식품은 그들이 크리스토퍼 콜럼버스보다 먼저 아메리카 대륙에 도달했다는 증거다. 칠레 중남부 엘 아레날에서 출토된 오래전 닭 뼈는 서기 1300~1420년으로 거슬러 올라간다. 뼈의 DNA를 분석했더니 사모아, 통가, 라파누이에서 출토된 선사 시대 폴리네시아 닭과 유전적으로 거의 동일했다.[34] 따라서 스페인 정복자 프란시스코 피사로가 1532년 페루에 당도해 목격한 닭은 이미 잉카 문명의 어엿한 일부였으며 아마도 폴리네시아에서 왔을 것이다.[35]

수천 킬로미터를 여행하긴 했지만, 닭이 폴리네시아인의 카누를 타고 아메리카 대륙에 도착한 것은 보기만큼 우연한 사건이 아니었다. 폴리네시아 뱃사람들은 자신들이 어디로 가는지 잘 알았다. 그들은 항해 전문가로, 밤하늘 별자리에 대한 자세한 지식을 항해에 활용했다. 섬이 눈에 보이지 않아도 바닷물이 뭍에 닿아 너울이 이는 것으로 방향을 알아냈다. 이 기술에 통달한 사람은 물에 들어가 바닷물의 움직임을 음낭으로 느껴 방향을 찾았다. 그리하여 폴리네시아 카누는 바퀴가 등장하기 1000년 전에 볼 베어링(고환)으로 굴러갔다.[36]

식물종 하나는 역으로 아메리카 대륙에서 폴리네시아로 도입되었는데, 이로부터 바다 여행이 양방향이었음을 알 수 있다. 제임스 쿡James Cook 선장이 1769년에 태평양을 처음 탐사했을 때 그는 남아메리카가 원산지인 고구마가 폴리네시아의 모든 섬에서, 심지어 머나먼 뉴질랜드에서도 자라고 있는 것을 보았다. 쿡의 항해에 동행한 식물학자들이 채집한 고구마 표본의 DNA에 대해 최근 유전자 분석을 실시했더니 남아메리카 에콰도르와 페루 지역에서 온 것임이 확인되었다.[37]

남아메리카와 폴리네시아 사이에 왕래가 잦았다면 인간 유전체에도 접촉의 증거가 있을 것이다. 라파누이의 폴리네시아 원주민은 유럽인에게 '발견'된 뒤로 질병에 걸려 몰살당하고 침략당하고 노예가 되고 끌려갔지만, 살아남은 사람들의 유전체에는 남아메리카 방문객들이 환대받고 가족의 일원이 되던 호시절의 역사적 흔적이 담겨 있다.[38]

가축화의 뿌리를 찾는 탐사로 돌아가자면, 포유류 중에는 가축화에 적합한 사회적 행동을 보이는 것들이 있는 듯하다. 양처럼 떼 지어 살거나 개처럼 야생에서 무리를 이루어 사는 사회적 동물은 쉽게 가축화된 반면에 사슴처럼 하렘(수컷이 여러 암컷을 거느리는 무리 형태_옮긴이)을 이루는 동물은 그렇지 않았다. 가장 먼저 가축화된 동물은 개로, 적어도 1만5000년 전에 회색늑대에서 진화해 인간의 사냥 동반자가 되었다.[39] 하지만 인간과 개의 관계가 이보다 적어도 두 배 오래되었다는 주장이 제기되기도 했다.[40] 개가 인간 주인을 따르고 복종하는 것은 늑대가 무리의 지도자를 따르는 것과 비슷하다. 양치기가 양몰이개에게 양을 모으라고 명령하는 것만 보아도 개와 양의 사회적 행동이 양 사육에 얼마나 중요한지 알 수 있다. 개를 부려 양 떼를 치는 것은 우리가 어떻게 기존의 진화적 관계를 우리 목적에 맞게 활용하는지 보여주는 또 다른 사례에 불과하다.

양은 서남아시아에서 이르면 1만1000년 전에 가축화되어 여러 차례에 걸쳐 사방으로 퍼졌다.[41] 5700년 전이 되자 서남아시아산 양은 멀리 중국 북부까지 진출했다.[42] 현재 전 세계 양 개체수는 10억 마리가 넘는다. 양은 어디에서든 현지 조건에 맞게 육종되고 적응했기에 품종 수가 약 1500종에 이른다.[43] 양은 원산지인 서남아시아에서도 진화했다. 양은 지방을 많이 축적할 수 있는데, 양이 가축화되고 서남아시아에서 처음 확산한 지 몇천 년 뒤에 농부들은 기름진 꼬리가 달린 품종을 육종했다. 이는 새로운 확산의 물결로 이어졌다.[44] 그리스의 역사가 헤로도토스는 일부 아랍산 양의 꼬리가 하도 커서 꼬리가 다치지 않도록 양치기들이 작은 나무 수레를 받친다고 썼다. 이 양의 꼬리에 있는 지방은 중동과 이란의 전통적 요리 재료다.[45] 꼬리는 잘라도 부분적으로 새로 자란다.

멧돼지*Sus scrofa*와 오록스*Bos primigenius*는 최근까지도 유라시아를 가로질러 극서에서 극동까지 전파되었으며, 그 덕에 이 드넓은 지역에 속한 많은 사회에서 두 동물을 가축화할 기회를 얻었다. 서남아시아에서는 요르단강 상류 유역의 신석기 정착지에서 야생의 소와 돼지를 기르기 시작한 흔적이 발견된다. 8000~9000년 전(BP)의 매장층에서 야생 동물의 유해가 드물어졌고 가축화된 종의 유해가 점점 흔해진 것이다.[46]

8000년 전(BP)이 되자 소와 돼지는 서남아시아에서 완전히 가축화되었으나, 유전자 분석에 따르면 두 종의 유전자는 그 뒤에 전혀 다른 길을 걸었다. 현생종 소의 유전자 분석에 따르면 오록스는 서남아시아(시리아였을 가능성이 매우 크다)와 인더스강 유역, 아프리카에서 세 번 가축화되었다(인더스강 유역에서는 혹이 특징적인 브라만zebu이 되었다).[47]

오록스는 로마 시대까지도 유럽에서 흔한 야생 동물이었으나, 유럽

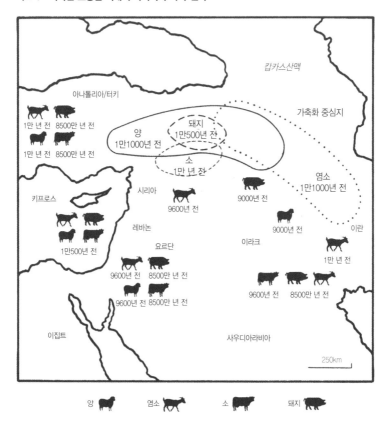

의 소 품종은 모두 유럽 현지의 오록스가 아니라 서남아시아에서 가축화된 소의 후손이다. 인간 유전자를 연구해보면 농업이 유럽 서부에 전파된 것은 서남아시아에서 경작민이 이주하면서였음을 알 수 있다. 이들은 소를 데리고 이동했던 것 같다.[48] 농업인, 농업, 가축은 한 묶음으로 유럽에 전파되었다.[49]

　이와 정반대로, 소를 비롯한 가축이 비옥한 초승달 지대에 전파된 것은(지도6 참고) 인간의 이주와 무관했다. 이 동물들은 이 농업 집단에서 저 농업 집단으로 퍼졌지만, 유전자 분석에 따르면 사람들은 한자리에 머물러 있었다. 이란 자그로스산맥의 9000년 된 유적에서 발견된 유전체의 염기서열을 분석했더니 당시 신석기 농부들의 유전적 흔적이 오늘날 이란에 사는 조로아스터교도들에게 남아 있었다. 비옥한 초승달 지대 전역에 이런 정주 습성이 퍼져 있었다. 아나톨리아, 레반트(이스라엘과 요르단), 자그로스산맥의 첫 농부들은 농업 기술, 가축, 작물을 거래하고 공유했지만 혈연을 맺지는 않았다.[50]

아프리카에서는 야생 소가 가장 먼저 가축화되었으며 그 뒤에 서남아시아와 인도의 소와 교배되어 현지 조건에 알맞은 가축이 되었다. 서남아시아에서는 작물화 이후에 가축이 정주 농업에 접목되었지만 사하라 이남 아프리카에서는 소가 수천 년간 유목의 기반을 이루다가 최초의 자생 식물이 작물화되었다.[51] 많은 아프리카 문화에서는 소가 경제적·사회적으로 무척 중요하다. 이곳에서는 사람의 가치를 그가 가진 소의 마릿수로 따진다.

멧돼지 조상의 원래 진화적 고향은 동남아시아의 섬들로, 이곳에서는 아직도 바비루사를 비롯한 야생 돼지를 찾아볼 수 있다.[52] 멧돼짓과 중에서 서쪽 유라시아에 전파된 것은 작은 돼지인 멧돼지*Sus scrofa*였다. 이것은 인류가 아프리카를 벗어나 유라시아에 도달하기 수백만 년 전 일이다. 이후에 인간과 돼지는 만나는 곳마다 유대 관계를 형성했다. 돼지와 인간은 개와 인간만큼 보편적이지는 않지만 그에 못지않게 친밀한 애착을 공유할 수 있다. 개와 돼지는 둘 다 청소동물로, 이것은 인류와 관계를 맺는 토대이자 가축화의 수단이었을 것이다. 이 애착이 돼지의 진화사를 형성해, 돼지는 양처럼 한 번도 아니요 소처럼 세 번도 아니요 적어도 예닐곱 번 가축화되었다.[53]

유럽 서부에서는, 소가 서남아시아에서 들어와 가축화된 것과 대조적으로 돼지는 유럽 토종 야생 돼지에서 가축화되었다. 마찬가지로 지중해의 섬인 사르데냐와 코르시카, 중국에서 적어도 두 번, 그리고 버마와 말레이시아에서도 돼지가 현지 야생 돼지에서 독자적으로 가축화되었다.[54] 뉴기니의 야생 돼지는 폴리네시아인들이 카누로 데려간 집돼지의 후손이 야생화되었을 것이다. 폴리네시아인들이 하와이 같은 태평양의 가장 외딴 섬까지 가져온 폴리네시아 돼지는 본디 베트남산이었던 듯하다.[55]

흥미롭게도 현대의 가축화된 돼지에서 현지 야생 돼지의 유전자가 나타나지 않는 유일한 장소는 서남아시아다. 가축화·작물화된 수많은 동식물의 원산지인데도 말이다. 이것이 더 기묘한 이유는 고고학 기록으로 보건대, 신석기 시대에 서남아시아에서 돼지가 사냥되다가 가축화되었기 때문이다. 하지만 어떤 이유에서인지 현대의 가축화된 돼지의 유전자는 이 지역과 전혀 연관성이 없다. 그 이유는 역사적이면서 문화적인 것인지도 모른다. 오늘날 서남아시아에 사는 사람들은 대부분 무슬림과 유대인인데, 이들에게 돼지는 부정한 동물로서 금기 식품이다. 이 종교적 금기는 아마도 고대 이집트에서 시작되었을 텐데, 그곳에서는 사람과 돼지가 간헐적 애증 관계를 맺고 있었다.[56] 돼지는 처음에는 숭배되는 동물이었으나 기원전 1000년에 세트Seth 신과 결부되었다. 돼지 얼굴을 한 사악한 신 세트는 태양신 호루스의 적이었으며 호루스는 검은 돼지에게 눈을 잃었다. 세트의 신상은 건축물에서 파내어졌으며 돼지치기는 천한 직업이 되어 어떤 신전에도 들어갈 수 없었다. 이런 문화적·종교적 환경에서라면 현지의 돼지 품종이 멸종했다고 해도 놀랄 일이 아니다.

돼지, 양, 소처럼 온순한 동물은 사회적 행동 덕에 가축화될 수 있었지만, 사회적 행동을 통해 오히려 가축화에 저항한 동물도 있었다. 사슴과 영양 같은 영역 동물은 한 번도 가축화되지 않았는데, 산가젤이 신석기인의 좋은 사냥감이었음에도 신석기 시대 농장에서 전혀 찾아볼 수 없는 것은 이 때문이다. 마찬가지로 붉은사슴은 유럽에서 5만 년 간 사냥 되었으나 결코 관례적으로 사육되지 않았다. 붉은사슴은 영역 동물일 뿐 아니라 발정기가 되면 수컷끼리 짝짓기 경쟁을 위해 싸워서 다루기 힘들기 때문이다.[57] 순록은 규칙을 입증하는 예외다. 영역 동물이 아닐뿐더러 라플란드의 사미인과 러시아 시베리아의 네네츠인에게 두 번 가축화되었기 때문이다.[58] 사미인과 네네츠인 둘 다 유목민으로, 먹이를 찾아 툰드라를 돌아다니는 순록 떼를 따라다닌다. 유목민과 순록의 관계는 인간과 개의 관계처럼 공생에 가깝지만, 개가 인간을 따르는 데 반해 인간이 순록을 따른다는 점에서 반대다.

《경작·사육되는 동식물의 변이》에서 다윈은 가축이 야생 조상(으로 추정되는 동물)과 어떻게 다른지 백과사전적으로 조사해 놀라운 패턴을 밝혀냈다. 하지만 다윈 자신도, 최근까지 그 누구도 이를 설득력 있게 설명하지 못했다.[59] 다윈이 관찰한 것은 개, 돼지, 소, 토끼, 기니피그, 말을 비롯해 전혀 무관한 온갖 가축들이 공통의 형질 집합으로 귀결되는 경향을 공유한다는 것이었다. 다윈은 가축이 야생 동물에 비해 번식 주기가 덜 계절적이고, 몸 여기저기에 색소가 없는 얼룩무늬 피부인 경우가 많으며, 귀가 늘어지고 주둥이가 짧고 이빨이 작고 뇌가 작고 꼬리가 말리고, 행동이 더 어리고 온순하다는 것을 간파했다. 이 수렴하는 성질들은 **길들임 증후군**domestication syndrome으로 불리는데, 왜 동식물을 길들이면 이렇듯 잡다해 보이는 진화적 변화들이 이토록 반복적으로 나타나는지에 대해 그럴듯한 설명이 제시된 것은 한 세기 하고도 반 가까이 지나서였다.

진화적 변화는 종종 선택에 의해 일어나며, 무관한 동물 사이에 수렴이 일어나는 경우에 대한 가장 간단한 설명은 서로 다른 두 경우에서 선택의 원인이 동일하다는 것이다. 하지만 길들임 증후군의 일부 형질에 대해서는 이 설명이 타당하지만 모든 형질에 들어맞지는 않는다. 온순함은 분명 모든 가축에게서 바람직한 형질이며 대다수 육종가는 알든 모르든 선택 과정에서 이 형질을 선호하므로, 온순함이 길들임 증후군에 속한다는 것은 전혀 놀랍지 않다. 더글러스 애덤스Douglas Adams의 소설 《우주 가장자리에 세워진 레스토랑The Restaurant at the End of the Universe》에서 웨이터가 묻는다. "오늘의 요리를 만나보시겠습니까?"

거대한 낙농 가축 한 마리가 자포드 비블브락스의 테이블로 다가왔다. 그것은 살이 뒤룩뒤룩 찐 솟과의 커다란 네발짐승으로, 물기 촉촉한 커다란 눈과 작은 뿔을 가졌고, 거의 아양 떠는 듯한 미소를 입가에 띠고 있었다. 그것이 자세를 낮추더니 궁둥이로 털썩 주저앉았다.
"안녕하세요? 제가 바로 오늘의 특별 요리예요. 제 몸에서 마음에 드는 부위가 있으신가요?"[60]

고향을 멀리 떠나온 지구인 아서 덴트가 겁에 질려 야채 샐러드를 주문하자 '오늘의 특별 요리'는 못마땅한 표정을 짓는다. 아서가 "너 지금······ 내가 야채 샐러드를 먹으면 안 된다는 거야?"라고 묻자 짐승이 대답한다.

"그 점에 대해 매우 분명한 견해를 가진 야채들을 많이 알고 있거든요. 그 얽히고설킨 문제들을 결국 한 번에 해결하기 위해서, 정말로 먹히길 원하고 그 사실을 분명하고 똑똑하게 말할 수 있는 짐승을 키우게 된 거예요. 여기 있는 저처럼요." 짐승이 답했다.
짐승은 보일락 말락 하게 고개를 숙였다.

이것은 허구이지만 허황하지는 않다. 가축은 고분고분하도록 육종된다. 아직 고분고분하게 말하지는 못하지만. 그런데 귀는 왜 늘어지고 꼬리는 왜 말린 것일까? 길들임 증후군에 얼룩무늬 색소화가 포함된 이유는 무엇일까? 이 현상은 소, 개, 기니피그, 심지어 잉어처럼 전혀 무관한 동물들에서 발견된다. 이처럼 이질적인 동물과 형질의 집합에서 직접 선택이 동시에 작용할 가능성은 희박하므로, 다른 설명이 필요하다. 이 모든 형질 아래에는 이들을 하나로 묶는 공통의 유전적 원인이 깔려 있을까? 그래서 온순함 같은 형질을 인위적으로 선택하면 피부 색깔과 더불어 길들임 증후군의 나머지 모든 형질이 달라지는 것일까? 억측으로 들릴지도 모르겠지만, 이것이 옳을 수도 있다는 실험 증거가 있다.
1950년대에 러시아의 동물 육종가 드미트리 벨랴예프Dmitry Belyaev

는 시베리아은여우Siberian silver fox를 순전히 온순함만을 염두에 두고 선택적으로 육종했을 때 길들임 증후군의 모든 형질이 나타나는지 실험하기 시작했다(시베리아은여우는 그때까지 길들여진 적이 없었다).[61] 실험 초반에는 연구진이 먹이를 주려고 접근했을 때 거의 모든 시베리아은여우가 공격성이나 두려움을 드러냈다. 연구진은 주인에게 두려움이나 공격성을 가장 덜 나타내는 소수의 개체를 골라 새 세대를 번식시키는 과정을 수십 년간 되풀이했다. 고작 세 세대가 지나자 새끼 여우 중 한 마리도 먹이를 주는 사람에게 공격적 행동을 보이지 않았으며 심지어 몇 마리는 개처럼 꼬리를 흔들기 시작했다. 온순함을 기준으로 8~10세대를 선택한 뒤에는 피부에 무늬가 생기고 귀가 늘어지고 꼬리가 말리기 시작했다. 50년간 30여 세대가 지난 다음에는 실험 대상인 은여우 집단 전체가 사람에게 개처럼 친근하게 굴었으며 길들임 증후군의 해부학적·생리학적 형질을 나타냈다. 이 실험은 온순한 행동만을 위해 선택해도 길들임 증후군의 모든 형질이 나타남을 보여주었다. 어찌 된 영문일까?

벨랴예프의 연구를 이어받은 러시아의 과학자들은 길들임 증후군의 모든 형질이 유전자 스위치의 연결망 하나로 조절된다고 주장했다.[62] 마치 야생마 여남은 마리를 한꺼번에 몰아야 하는 마부처럼 길들임 증후군의 모든 형질을 일사불란하게 몰아 같은 방향으로 가게 한다는 것이다. 하지만 이런 조절 메커니즘이 있더라도 이것을 발견한 사람은 아직 아무도 없다.[63] 그런데 (2장의 요리 가설을 처음 제안한) 리처드 랭엄을 비롯한 세 명의 과학자가 최근에 또 다른 설명을 들고 나왔다.[64]

이것은 길들임 증후군의 모든 형질을 연결하는 것이 유전적 마스터 스위치가 아니라 배아 발달의 공통 단계라는 가설이다. 척추동물 배아가 발달하는 과정에서, 길들임 증후군의 모든 형질이 직간접적으로 의존하는 세포들을 공급하는 곳은 **신경능선**neural crest이라는 하나의 기관이다. 신경능선은 발달 중인 배아의 척추를 따라 머리에서 꼬리까지 이어지는데, 여기에 들어 있는 줄기세포에서 공급하는 원재료는 뇌, 피부 색소를 만드는 세포, 공격적 행동에 관여하는 부신, 길들임 증후군과 연관된 그 밖의 세포와 장기 등을 형성하거나 그러한 형성을 조절한다.

신경능선 가설에 따르면 부신이 공격성을 조절하기 때문에 가축화 과정에서 선택된 덜 공격적인 동물은 작은 부신을 만드는 유전자를 가진 개체군에 속한다. 따라서 부신 크기와 공격성을 조절하는 유전자는 신경능선의 세포 개수에 영향을 미치는 간접적 방법으로만 작용한다. 이 가설에 따르면 더 온순한 동물이 선택될 때 실제로 일어나는 일은 신경능선 세포 개수가 유전적으로 부족한 동물이 육종가에게 선택되는 것이다. 길들임 증후군의 모든 형질이 서로 연결되고 하나의 형질 집단으로서 진화하는 것은 신경능선 세포에서 비롯하기 때문이다.

신경능선 세포의 수를 조절하는 유전자는 여러 개가 있으며 유전자 하나하나의 영향은 크지 않은 듯하다. 길들임 증후군을 관장하는 하나의 마스터 유전자가 발견되지 않았기 때문일 것이다. 없으니까. 신경능선 가설이 옳다면 말린 꼬리, 얼룩무늬 피부, 늘어진 귀 등 가축화 과정에서 관찰되는 대다수 변화는 온순한 행동의 선택이라는 주된 사건의 우연한 부산물이다. 이 생각이 옳은지 그른지 말하기는 섣부른 감이 있지만, 1868년 다윈이 길들이기에 대해 글을 쓴 뒤로 길들임 증후군이 생기는 이유를 이토록 아귀가 들어맞게 설명한 가설은 하나도 없었다.

우리가 고기를 먹으면서 음미할 진화가 이토록 많을 줄 누가 알았을까? 이제 내용을 정리하고 결론을 내려보자. 우리의 육식은 인류보다, 심지어 사람속보다 오래되었다. 기생충이 산증인이며 화석 증거도 이를 뒷받침한다. 하지만 오할로II의 식물 잔해는 최종 빙기 최성기에 살았던 고대의 수렵채집인이 고기만 먹고 살지는 않았음을 보여준다. 그것은 오늘날 수렵채집인도 마찬가지다.[65] 그럼에도 서남아시아와 중국 등지에서 작물을 재배하고 동물을 가축화하기 시작한 것은 인구가 증가하고 기후 변화까지 닥치면서 야생 동물 고기가 바닥났기 때문인 듯하다.

오늘날의 농장은 전 세계의 가축화된 동물을 모아놓은 동물원이다. 우리가 가축을 이동시키고 젖을 짜고 근본적으로 변화시키면서 길들임 증후군이 나타났다. 돼지와 개처럼 서로 다른 동물에게서 얼룩무늬 피부와 늘어진 귀가 똑같이 나타났으며 이는 인간에 의해 변형되었음을 보여주는 일종의 낙인이다. 길들임 증후군이 균일하게 나타나기는 하지만, 농장과 정원에서 재배하는 식물이 엄청나게 다양한 것으로 보건대 다양성이야말로 인간 식단의 좌우명임은 의심할 여지가 없다. 이를 가장 잘 보여주는 것은 우리가 먹는 수많은 채소다.

8

채소 · 다양성

우리는 채소를
식용으로
바꾸기 위해
인위적 선택과
요리·가공으로
천연 방어 수단을
무력화했다.

우리의 인류 이전 조상들은 채식주의자였다. 지금의 우리는 그 어느때보다 다양한 식물을 먹는다. 우리가 음식물이나 양념으로 먹는 식물은 4000여 종에 이른다. 대부분은 먹히지 않으려고 독성을 이용한 화학적 방어 체계를 진화시켰지만 소용없었다.[1] "누군가에게는 고기지만 누군가에게는 독이다."라는 속담은 이렇게 바꾸면 더 정확할 것이다. "누군가에게는 채소지만 누군가에게는 독이다." 신선한 고기가 독이 되는 일은 드물지만 채소는, 적어도 야생에서는 독이 아닌 경우가 드물다. 우리는 소화관이 고릴라나 침팬지처럼 크지 않지만, 두 가지 기술 덕에 어마어마하게 다양한 식물을 먹을 수 있게 되었다. 그것은 요리와 작물화다.

요리하면 질긴 음식물이 연해질 뿐 아니라 독성도 약해진다. 이를테면 강낭콩에는 독성 물질인 렉틴이 들어 있는데, 이 물질은 자연 상태에서 곤충과 진균의 공격을 막는다.[2] 강낭콩을 삶으면 렉틴을 파괴할 수 있다(이에 반해 슬로쿠커에 넣고 끓는점에 도달하지 않도록 낮은 온도에서 익히면 연해지긴 하지만 렉틴의 독성이 없어지지는 않는다[3]). 한편 강낭콩류가 작물화되면서 흰강낭콩white navy, 호랑이콩mottled pinto, 검은덩굴강낭콩 black flageolet, 푸른덩굴강낭콩green flageolet 등 온갖 변종이 생겼는데, 이 중에는 이제 독성 수준의 렉틴이 들어 있지 않은 것도 있다.

야생 식물은 자신의 환경과 필요에 맞는 성질을 가지고 있는데, 우리는 작물화를 통해 이를 우리의 목적에 맞게 활용한다. 이를테면 야생 감자는 자두나 완두만큼 작은 덩이줄기가 길이 1미터 이상의 기는줄기(옆으로 기면서 자라는 가느다란 특수한 가지_옮긴이)에 달려 있다. 야생 감자의 경우 자연선택은 옆으로 퍼지는 식물을 선호하는 것이 분명하다. 그래서 식물은 커다란 덩이줄기가 아니라 긴 기는줄기를 만드는 데 에너지를 쓴다. 우리는 인위적 선택을 통해 이 성질을 우리의 목적에 맞게 뒤바꿨다. 우리가 기르는 감자는 쉽게 파낼 수 있도록 짧은 기는줄기에서 큰 덩이줄기가 난다.

자연선택이 놀랍도록 풍요로운 생명을 만들어내듯 인위적 선택도 유전적 변이라는 원재료만 가지고 경이로운 일을 해낼 수 있다. 야생 양배추는 유럽 북부의 해안에서 자라며 도저히 못 먹을 것처럼 생겼는데, 식물 육종가들이 이것을 어떻게 탈바꿈시켰는지 생각해보라. 유전학이나 진화에 대해 아무것도 모르는 무명의 원예가들은 이 변변찮은 출발점에서 수 세기에 걸친 선택 육종을 통해 꽃양배추(마크 트웨인은 꽃양배추를 일컬어 "대학 교육을 받은 양배추에 불과하다."라고 말했다), 브로콜리, 방울다기, 콜라비, 케일을 만들어냈다. 머리가 크고 빽빽한 양배추는 말할 것도 없다. 심지어 프랑스 브르타뉴 해안 근처의 채널 제도에서 재배하는 신품종 양배추는 줄기가 길고 튼튼해서 지팡이로 안성맞춤인데, 실제로 지팡이를 만들기 위해 재배한다.[4]

자연선택과 인위적 선택 둘 다 효과가 점진적으로 나타나지만, 후자는 훨씬 빨리 변화를 이끌어낼 수 있다. 작물 토마토의 야생 조상은 새가 전파하는 작은 물열매를 내지만 비프스테이크토마토 같은 변종은 크기가 100배에 이른다. 토마토의 크기와 품질이 부쩍 좋아진 것은 볼티모어의 아마추어 원예가 핸드 박사Dr. Hand 덕분이다. 그는 1850년경에 교배와 선택 작업을 시작해 20여 년 만에 크고 다육질에 향미가 뛰어난 트로피 품종을 개발했다.[5] 19세기 육종가들은 유전학을 몰랐지만 우리는 트로피를 비롯한 전통적 품종들이 어떻게 만들어지는지 적어도 이론적으로는 안다.

토마토 작물화와 개량의 원재료가 되는 유전적 변이는 인간이 활용하기 오래전부터 야생 개체군에 이미 존재했다. 맨처음 작물화된 이후에 이곳저곳으로 이동하면서 토마토는 적어도 세 차례의 유전적 병목을 지나야 했는데, 그때마다 소수만이 통과했다. 멕시코에서 처음 작물화된 토마토에 들어 있는 유전적 변이는 야생 개체군에서 찾아볼 수 있는 것의 일부에 불과했다. 그러다 16세기에 멕시코에서 유럽으로 이동할 때 그 일부의 일부만이 항해에 성공했으며 유럽 변종들이 아메리카 대륙으로 돌아올 때도 같은 일이 되풀이되었다. 이 병목으로 인해 야생종에 있던 유전적 변이가 재배종에서는 5퍼센트 미만으로 줄었으나, 이 작은 변이를 원재료 삼아 육종가들은 인위적 선택을 통해 인상적인 변화를 만들어냈다.[6]

토마토 유전체를 분석했더니 핸드 박사의 성취에 관여하는 유전자는 한 줌에 불과했다.[7] 그의 결과는 식물의 기존 유전적 변이를 재배열해 얻은 것이었다. 요즘 말로 하자면 핸드 박사는 크고 못생긴 토마토를 작은 토마토의 매끈하고 동그란 껍질에 넣은 뒤에 "신중한 선택을 통해 한 해 한 해 크기와 알찬 속을 키웠"다.[8] 그런가 하면 작물화는 다른 유전자들을 조절하는 유전자 하나에 작용해서 선택을 통해 커다란 변화를 빚어내기도 한다.[9] 조절 유전자는 교향악단의 지휘자 같아서, 많은 연주자의 연주 속도와 박자를 조율한다. 인위적 선택을 하려면 연주자 한 사람, 한 사람을 닦달하기보다는 지휘자를 시켜 유전자 교향악단 전체를 조율하는 편이 수월하다.

트로피토마토는 선풍적 인기를 끌었다. 1870년에 출시되었을 때 씨앗 스무 개들이 한 상자당 5달러를 벌어들였는데, 오늘날로 치면 상자당 100달러, 씨앗 하나당 5달러에 해당한다. 웨링 대령이라는 종묘상은 트로피토마토 씨앗을 팔아 떼돈을 벌었다. 그는 1킬로그램 넘는 트로피토마토 한 개당 5달러를 지불했으며, 가장 큰 토마토를 가져오는 사람에게는 100달러를 주겠다고 했다. 그러고는 우승자의 토마토를 모조리 사들여 씨앗을 다시 팔았다. 이런 약삭빠른 판촉 수법에다 최고의 씨앗을 크라우드소싱 하는 방식 덕에 트로피토마토는 들불처럼 퍼졌다. 하지만 진화는 제자리에 머무는 법이 없다. 열성적 원예가의 손에서라면 더더욱 그렇다. 트로피토마토가 어찌나 선택되고 교배되었던지 20년이 채 지나지 않아 종묘상들은 원래 품종의 진짜 씨앗을 구할 수 없다고 불평하기 시작했다. 트로피토마토에서 파생된 수백 가지의 새로운 품종에 유전적 흔적이 남아 있다.

현대의 상업적 육종이 시작되기 전에 만들어진 가내 품종의 다양성은 주로 현지의 조건에 적응하고 핸드 박사 같은 토마토 원예가의 독특한 기호에 좌우된 결과다. 야생 토마토는 여남은 종이지만, 재배종 토마토 솔라눔 리코페르시콘*Solanum lycopersicon*의 조상만이, 그것도 단 한 번 작물화되었다. 야생 토마토의 원산지는 안데스산맥이지만, 그곳 원주민은 식물 작물화에 잔뼈가 굵었는데도 토마토를 간과했다. 야생 토마토는 북쪽으로 진출해—아마도 잡초 상태로—멕시코에서 마야인들 손에 작물화되었다.[10] 멕시코에서는 오늘날에도 버찌만 한 야생 토마토가 반가운 잡초로 자란다. 일부러 파종하지는 않지만, 스스로 싹을 틔우면 농부들은 향긋한 꼬마 열매를 얻으려고 열심히 돌본다.[11] 작물화는 이런 식으로 시작되었을 것이다. 토마토가 작물화된 시기는 알려지지 않았지만, 16세기에 스페인의 성직자 베르나르디노 데 사아군*Bernardino de Sahagun*은 테노치티틀란(멕시코시티)의 아즈텍족 시장에서 커다란 **토마틀***tomatl*(나우아틀어, '토마토'의 어원) 품종을 목격했다. "큰 토마토, 작은 토마토, 잎 토마토, 단 토마토, 큰 뱀 토마토, 젖꼭지 모양 토마토"가 있었으며 새빨간 것에서 샛노란 것까지 색깔도 다양했다.[12] 아즈텍족은 스페인 침략자들을 향해 토마토와 고추로 버무려 먹어버리겠다고 놀려댔다.

지리도 채소의 다양성에 한몫한다. 원예가가 자기네 지역에 맞고 맘에 드는 것을 선택하면서 새로운 원시품종이 진화한다. 이 품종들의 이름을 보면 원예가의 성격과 기호, 처음 재배한 장소를 알 수 있는 경우가 많다. 앤트 지니스 퍼플*Aunt Ginny's Purple*은 분홍색의 커다란 열매가 달리는 독일산 토마토인데, 판매 웹사이트에 따르면 인디애나폴리스의 한 가정에서 25년 넘도록 성공적으로 재배했다고 한다. 같은 웹

사이트에는 거티 아줌마와 루비 아줌마(Aunts Gertie and Ruby), 이설 왓킨스의 최고 품종(Ethel Watkin's Best), 존 로새소의 저산성低酸性 루비(John Lossaso's Low Acid Ruby), 리빙스턴의 황금공(Livingston's Gold Ball), 미들 테네시 저산성 품종(Middle Tennessee Low Acid), 미주리 분홍 러브애플(Missouri Pink Love Apple) 같은 토마토도 등록되어 있다.[13] 흔한 과일과 채소는 무엇에서든 인간의 창의성, 식물의 다양성, 재배 지역을 기념하는 시적 이름이 붙은 품종들을 찾아볼 수 있다.

야생 토마토의 원산지인 안데스산맥과 토마토가 작물화된 멕시코는 둘 다 여러 새로운 작물이 진화한 요지다. 안데스산맥은 세계에서 두 번째로 높은 산맥으로, 평균 고도가 3000미터를 넘는다. 페루에 있는 안데스산맥의 동쪽 측면은 고산기후에서 출발해 아래로 내려갈수록 운무림을 거쳐 아마존강 유역의 저지 우림이 된다. 반면에 서쪽 측면은 해안황원海岸荒原(바다 근처의 사구 등에서 토양의 이동, 토양의 유효 수분 부족이나 염풍의 영향으로 특수한 식물만이 드문드문 발달하는 황무지_옮긴이)으로 이어진다. 고도가 높고 경사가 가파르고 기온과 강수가 극단적이면 사람이 살거나 식물을 작물화하기에 알맞지 않을 것 같지만, 천연 식물 다양성에 인위적 선택을 적용함으로써 난관을 이겨낼 수 있었다. 스페인인들이 1535년에 페루를 정복했을 때 적어도 일흔 가지 작물이 재배되고 있었는데, 이는 비옥한 초승달 지대나 아시아의 어떤 작물화 중심지보다 훨씬 많은 숫자였다.[14]

인류가 아프리카에서 전 세계로 퍼질 때(3장) 사람들이 북아메리카에 처음으로 발을 디뎠는데, 약 1만6000~1만7000년 전 해안선에서 얼음이 사라진 직후에 아시아에서 베링 육교의 가장자리를 따라 건너

갔을 것이다.[15] 육교가 열린 지 2000년이 지나지 않아 사람들은 태평양 해안선 경로를 따라 남아메리카까지 진출했다. 그들이 밟은 해안선은 마지막 빙기가 끝나 해수면이 상승하면서 물에 잠겼지만, 내륙 안쪽에서 해안 정착지 유적이 여럿 발견되었다.

이런 정착지 중에서 최초는 칠레 중남부의 몬테 베르데에 있다. 이곳에서는 1만4600년 전에 사람이 살았는데, 고고학자들은 처음에 이를 믿지 않았다. 북아메리카에 사람이 정착한 것은 1만1000년 전이라는 통념에 어긋났기 때문이다.[16] 몬테 베르데의 유적을 보면 그곳에 살았던 사람들이 식량을 찾아 해안과 산지를 누비며 곰포테리움gomphothere(코끼리처럼 생긴 포유류로, 지금은 멸종했다)과 옛라마palaeolama(역시 지금은 멸종했다)를 사냥했음을 알 수 있다. 사람들은 오늘날 그곳에 사는 사람들과 마찬가지로 해조류를 식용과 약용으로 채집했으며 구덩이에서 발견된 야생 감자Solanum maglia를 비롯해 50종가량의 식물을 채집했다.[17] 야생 감자는 몬테 베르데보다 훨씬 높은 지대에서 자라기 때문에, 멀리서 가져왔거나 교환한 것이 틀림없다.

남아메리카 태평양 연안을 따라 살아가는 사람들은 이곳에 도착한 지 2000년이 지나면서 몬테 베르데 유적에서 보는 것과 같은 수렵채집인에서 점차 원예에 의존하는 정주 생활 방식으로 바뀌었다. 연구자들은 페루 북부의 해안 평야와 안데스산맥 서쪽 자락에서 발굴된 거의 600곳의 유적에 있는 고고학 기록을 통해 이 변화를 치밀하게 추적했다.

한 고고학 유적에서 발견된 스쿼시Cucurbita moschata 씨앗은 이것이 약 1만500년 전(BP) 이곳에서 최초로 재배된 작물임을 보여준다. 이 씨앗은 야생 스쿼시에 속했을지도 모르지만, 야생 스쿼시는 과육이 매우 써서 먹을 수 없으므로 작물화된 스쿼시에서 왔을 가능성이 더 크다. 안데스산맥 식단의 가장 오래된 직접 증거는 2500년 뒤 치석에서 발견된 녹말립이다. 8000년 전에 페루 안데스산맥 서쪽 기슭 냔초크 계곡의 많은 소규모 정착지에 살던 사람들은 땅콩, 스쿼시, 콩, 마니옥 뿌리(카사바)를 먹었다.[18] 당시에 작물화되었으리라 추정되는 스쿼시를 제외하면 이 식물 중 이 지역에서 야생으로 자라던 것은 하나도 없었으므로 이 또한 경작되었을 것이 틀림없다. 하지만 땅콩은 크기가 작고 야생종을 닮았으므로 최근에야 작물화되었을 것이다. 일반 법칙에 따르면 땅콩, 옥수수, 해바라기, 완두, 대두 같은 재배 식물의 씨앗은 시간이 지날수록 인위적 선택을 통해 크기가 커진다.

계곡 정착지에서 발견된 식물 잔해 중에는 안데스 고지대에서 작물화된 주요 작물인 퀴노아와 에콰도르 및 페루 북서부 해안 평야가 원산지인 면화도 있었는데, 둘 다 그곳에서 재배되었다.[19] 치아 흔적을 보면 냔초크의 메뉴에는 재배 식물에다 야생에서 채집한 식물이 보완되었는데, 대표적으로 파카이pacay, *Inga feuillei*가 있다. 파카이나무에서는 커다란 식용 꼬투리가 열리는데, 여기에 희고 달짝지근한 과육이 들어 있다. 모든 나무 열매에 녹말이 들어 있는 것이 아니며, 녹말이 들어 있어도 녹말립의 형태가 뚜렷하지 않아 종을 알기 힘들다. 그래서 치석으로 식단의 모든 식물 목록을 재구성할 수는 없다. 후대에 재배된 것으로 알려진 식물 중에도 치석 잔해로 보건대 틀림없이 먹었을 법한 것들이 있다. 아마도 냔초크계곡에서 재배해 먹었을 것이다. 여기에는 가시여지guanabana, 번여지custard apple, 구아바, 나랑히야naranjilla, 루핀

콩lupini bean 같은 작물화된 나무 열매가 있다.

고고학자들은 우리 조상들의 열악한 치아 위생과 지저분한 부엌에 감사해야 한다! 치석과 고대 거주지에 널브러진 식물 잔해가 없었다면 우리는 8000년 전에 냔초크계곡의 농부들이 다양하고 균형 잡힌 식사를 했으며 남아메리카의 네 방향에서 온 식물을 재배했음을 알지 못했을 것이다(땅콩은 열대 지방인 남부에서, 면화는 건조한 북서부에서, 마니옥은 아마존에서, 퀴노아는 안데스 고지대에서 왔다). 이 범凡아메리카 요리의 엄청난 의미를 우리가 깨닫지도 못했을 것이다. 이 작물들이 모두 이 계곡에 모여 있던 것은 각각의 원산지에서 이미 작물화되었기 때문이다. 그렇다면 남아메리카에서 원예가 널리 퍼진 시기는 비옥한 초승달 지대에서 농업이 확립된 시기와 맞아떨어진다.

냔초크계곡의 메뉴에 없어서 더 눈에 띄는 식물은 페루 바깥에 사는 모든 사람들에게 친숙한 유일한 페루산 채소인 감자다. 냔초크계곡에서 감자를 재배하지 않은 이유는 안데스 고지대의 추운 기후에서 잘 자라기 때문이다. 실제로 감자가 춥고 습한 기후에 적합하다는 사실은 유럽 북부에 도입된 뒤에 놀라운 성공을 거둔 핵심적 이유다. 감자는 현재 옥수수, 밀, 벼에 이어 네 번째로 중요한 작물이다.

전 세계에서 재배하는 모든 감자는 작물화된 종인 솔라눔 투베로숨Solanum tuberosum에 속하는데, 이 종은 솔라눔 칸돌레아눔Solanum candolleanum이라는 안데스 야생종 한 종에서 유래했으며 페루·볼리비아 국경 지대 티티카카 호수 유역의 안데스 고지대에서 작물화되었다.[20] 하지만 안데스산맥의 계곡과 산지에는 100여 종의 야생 감자가 자란다. 산악 지대에서 토착종이 다양한 이유는 저마다 다른 환경에 국지적으로 적응하도록 진화했기 때문이다. 계곡마다 고도와 방향이 달라서 수많은 미기후微氣候(microclimate)를 이룬다. 토양은 건조한 것에서 축축한 것까지 수분 함량이 다양하다. 이 모든 차이가 어우러져 고유한 장소들이 풍성하게 생겨나고 이곳에서 자연선택은 현지에 적응하도록 종을 다듬어 장소마다 개체군이 구별되도록 할 수 있다. 깊은 계곡에 고립된 식물 개체군은 높은 등성이로 격리되어 꽃가루받이 곤충이 쉽게 건너지 못하기에 수백만 년간 그대로 놔두면 별개의 종으로 갈라진다.

안데스산맥 토착민은 야생 감자 107종 중 단 하나만 작물화한 것이 아니다. 적어도 네 종을 작물화했으며 오늘날 남아메리카 토착민 농부들은 3000가지 감자 원시품종을 재배하는 것으로 추정된다.[21] 작물화된 네 가지 종 중 하나인 솔라눔 히드로테르미쿰*Solanum hydrothermicum*은 다른 감자가 좀처럼 자라지 못하는 건조기후에서 유래했다.[22] 따라서 전 세계의 건조한 지역에서 재배하기에 유리할 것이다. 이에 반해 솔라눔 아야위리*S. ajanhuiri*는 티티카카호수 유역 고도 3800~4100미터의 혹독한 추위와 강풍 속에서 자라며 솔라눔 투베로숨이 자라지 못하는 시기에 든든한 소출을 낸다.

야생 감자는 작물 감자의 여러 천적에 대해 저항성을 부여하는 유전자의 원천으로 유용하다. 안데스산맥의 더 뜨겁고 건조한 지역에서 자라는 종은 잎벌레에 대한 저항성이 큰 반면 서늘하거나 습한 지역에서 자라는 종은 진딧물에 잘 견딘다.[23] 솔라눔 베르타울티이*Solanum berthaultii*라는 야생종은 곤충이 잎을 기어 다니면 엽모葉毛가 터지면서 진액이 흘러나와 잎이 끈끈이처럼 끈적끈적해진다. 또 어떤 야생 감자는 피톱토라 인페스탄스*Phytophthora infestans*(감자역병균)로 인해 발병하는 진균성 질병인 감자역병에 저항하는 유전자가 있다.[24] 100만 명이 죽고 100만 명이 나라를 떠나야 했던 1840년대 아일랜드 감자 기근은 이 병원체에 빈곤과 인구 과잉이 겹쳐 일어났다.[25] 감자 역병균은 현대에 항진균제에 대한 내성을 진화시켰으며 감자역병은 여전히 전 세계 감자와 토마토를 비롯한 가짓과 식물의 생산을 위협하고 있다.[26]

대다수 채소의 조상과 마찬가지로 야생 감자는 독성이 있기에 작물화를 위해서는 독성을 줄이도록 선택하고 맛이 좋아지도록 가공 방법을 고안해야 했다. 독성이 없는 일반 감자가 빛에 노출되면 독성을 띠는데, 이는 **글리코알칼로이드**glycoalkaloid라는 쓴맛의 독성 화합물을 생산하기 때문이다. 다행히도 빛에 노출된 감자 껍질은 엽록소를 합성해 녹색의 경고색을 띤다. 그래서 이런 감자는 먹지 않거나 독성이 있는 바깥쪽을 잘라내면 된다.

페루의 고도 4000미터 이상에서는 쓴맛 감자만 자라는데, 이 감자를 전통적 방법으로 동결 건조한 것을 **추뇨**chuño라 한다.[27] 쓴맛 감자의 독성을 없애기 위해 우선 며칠 밤을 밖에 두어 영하의 기온에 노출시킨 뒤에 한 달간 웅덩이나 개울에 넣어 글리코알칼로이드가 빠져나오도록 한다. 그런 다음 하룻밤 동결 건조하고 발로 으깨어 수분을 빼내고는 마지막으로 10~15일간 햇볕에 널어 말린다. 이 과정을 마친 마른 추뇨는 아무리 오래 저장해도 변질되지 않는다.

잉카인들은 추뇨와 염장해 말린 고기를 충분히 비축했는데, 이는 전 인구가 3~7년 동안 먹을 수 있는 양이었다. 심한 기후 변동과 그로 인한 자연재해에도 불구하고 제국과 군대에 식량을 안정적으로 공급할 수 있었던 것은 이 덕분이었다. 페루 고지대에서는 흉년이 들면 아직도 추뇨를 먹는다. 잉카 제국은 안데스산맥을 따라 콜롬비아 남부에서 칠레 산티아고까지 4000킬로미터에 걸쳐 있었다. 1400년경에 권력을 잡은 잉카인들은 자신들이 정복한 여러 안데스 민족이 수천 년 동안 이룩한 원예학적 성취를 기반으로 삼았다.

잉카인은 식량이 권력이며 태양이 식량의 궁극적 원천임을 뚜렷이 알고 있었다. 망코 카팍 왕조의 창시자는 자신의 아버지가 태양이며 어머니가 달이라고 선포했다. 망코 카팍은 수도 쿠스코에 태양 신전을 지으라고 명령하면서 안데스 농업에서 거둔 잉여 농산물을 석공들의 식량으로 삼았다. 스페인인들이 잉카 제국에 발을 디뎠을 때 그들 앞을 가로막은 것은 커다란 돌덩이를 짜 맞춘 거대한 벽이었다. 벽 바깥쪽은 순금 프리즈로 장식되었으며 출입구에도 금박을 둘렀다. 내부의 신전들 사이에는 태양을 모시는 정원이 있었는데, 그곳을 장식한 실물 크기의 은제 옥수숫대에는 황금 옥수수 이삭이 달려 있었다.[28] 땅에는 크기와 모양이 감자를 닮은 금덩어리가 널브러져 있었다.

잉카인은 행정의 재능과 제국의 권력을 이용해 농업 기술을 의도적으로 전파했으며 제국 전역에서 식물을 작물화했다. 통치에 저항하는 지역 반란이 일어나면 잉카인들은 지역민 수천 명을 현지 작물과 함께 충성스러운 지역으로 강제 이주시켰다.[29] 잉카인들은 작물마다 구체적인 환경적 요건이 있음을 알았기에 이주민이 원래 살던 곳과 비슷한 환경에서 작물을 재배할 수 있도록 장소를 선정했다.

잉카의 평화주의적 제국 정책은 작물을 제국 위아래로 전파하는 효과를 낳았다. 재배되는 채소의 종류가 많아진 덕에 식량 공급이 원활해 잉카 제국은 감자에만 의존한 19세기 아일랜드와 달리 안정성을 누렸다. 안데스산맥에서 재배된 네 가지 감자종 이외에 20종 가까운 뿌리 작물이 작물화되었으며 (페루 바깥에는 알려지지 않았지만) 오늘날에도 여전히 토착민 농부들 손에 재배되고 있다.[30] 오카oca, *Oxalis tuberosa*는 유난히 추위에 강한 식물로, 주름지고 뭉툭한 덩이줄기는 페루와 볼리비아의 고도 3000미터 이상에서 살아가는 농부들의 주식이다. 오카의 덩이줄기는 화사한 빨간색, 분홍색, 노란색, 자주색이다. 페루의 몇몇 채소와 마찬가지로 쓴맛과 단맛의 두 품종이 있다. 단맛 뿌리는 생으로 먹거나 익혀 먹을 수 있으며 말리면 무화과 맛이 난다. 스페인 정복 직후에 사탕수수가 뉴기니에서 들어오기 전까지는 감미료로 썼다. 쓴맛 오카는 추뇨처럼 동결 건조해 저장했다가 먹는다.

안데스의 시장에서 찾아볼 수 있는 또 다른 내한성 작물로 울루코 ulluco, *Ullucus tuberosus*가 있는데, 이 덩이줄기는 껍질이 매끈하고 색깔이 다양하며 그중에는 줄무늬 사탕처럼 생긴 것도 있다. 온대기후에서 정원을 가꾸는 사람이라면 원산지 페루에서 뿌리채소로 기르는 꽃두 종류가 친숙할 것이다. 그것은 칸나*Canna edulis*와 한련nasturtium, *Tropaeolum tuberosum*이다. 농부들은 해충을 구제하기 위해 한련을 울루코, 오카, 쓴맛 감자와 함께 기른다.

또 다른 남아메리카 뿌리채소의 진화에서는 왜 어떤 품종이 작물화되어도 독성을 간직하는지 알 수 있다. 마니옥*Manihot esculenta*은 아마존강 유역 남단에서 작물화된 내건성 작물로, 그곳은 기후가 계절적으로 건조해 저지대 열대우림이 사바나로 바뀐다.[31] 마니옥은 대극과의 떨기나무이며 크고 덩어리진 녹말질 뿌리를 낸다. 열대기후에서 쉽게 재배할 수 있으며, 다른 작물이 잘 자라지 못하는 척박한 산성 토양에서 쑥쑥 자란다. 아마존 우림 변두리가 원산지이긴 하지만 콜럼버스 이전 아마존 유역에 살던 숲 거주민들도 널리 재배했다.[32]

생 덩이줄기는 파내면 며칠 만에 썩지만, 땅속에 내버려두면 2년까지도 먹을 수 있는 든든한 식량 공급원이 된다. 상점에서 파는 마니옥 뿌리는 보존용 왁스를 발랐다. 마니옥이 땅속에서 오래 보존되는 이유는 덩이줄기가 녹말과 **청산글리코시드**cyanogenic glycosides로 이루어졌기 때문이다. 청산글리코시드는 **글리코시드가수분해효소**glycosidase라는 효소에 의해 분해되면 맹독성 시안화물을 방출한다. 식물 세포를 씹거나 으깨어 손상하면 효소가 분비된다. 여느 식물 독성과 마찬가지로 화학 무기는 필요할 때만 동원된다. 청산글리코시드는 마니옥의 전유물이 아니라 2500여 종의 식물에 들어 있으며 그중에는 고사리와 토끼풀처럼 흔한 것도 있다. 쓴맛 아몬드의 냄새도 시안화물에서 비롯한 것이지만, 양이 매우 적을 때는 괜찮으며 심지어 맛있기도 하다. 하지만 마니옥에는 주곡 중에서 유일하게 치사량의 시안화물이 들어 있다.

이런 독성이 있는데도 8억 명 이상이 마니옥을 주식으로 삼는다. 아프리카에서는 카사바라고 불리는데, 400년 전에 도입되어 사하라 이남 아프리카 인구의 절반 가까이를 먹여 살린다. 마니옥 뿌리를 먹으려면 가공을 통해 시안화물을 없애야 한다. 그런데 굽거나 삶으면 독성이 없어지지 않고 오히려 더 위험해진다. 열은 식물 자체의 글리코시드가수분해효소를 파괴할 뿐 청산글리코시드는 고스란히 남기 때문이다. 이렇게 익힌 마니옥을 먹으면 청산글리코시드가 장에 도달했을 때 장내 세균이 만들어내는 글리코시드가수분해효소와 반응해 시안화물을 방출한다. 아마존 원주민은 덩이줄기의 껍질을 벗기고 갈아서 시안화물을 마니옥 즙의 용액에 뽑아낸 뒤에 티피티tipiti라는 압착기로 가루를 쥐어짜 물을 뺀다. 그런 다음 가루를 번철 팬에서 구워 남은 시안화물을 날려 보낸다.

마니옥의 신기한 점은 독성이 있는 '쓴맛' 품종과 더불어 독성이 없는 '단맛' 품종 둘 다 8000년 전 이전에 작물화된 같은 야생종의 후손이라는 것이다. 무독성 품종을 구할 수 있고 쓴맛 품종은 가공이 번거로운데도 농부들이 독성 품종을 기르는 이유는 무엇일까?[33] 농부들에게 물었더니 안정적 식량 공급을 위해서라고 답한다. 쓴맛 품종은 생산성이 높고 덩이줄기의 해충 피해가 적으며 짐승이나 사람에게 도둑맞을 위험도 적다. 단맛 품종과 쓴맛 품종 둘 다 재배하기는 하지만, 도둑을 쫓아낼 수 있는 집 주변 밭에는 단맛 품종을 심고 멀리 떨어진 밭에는 스스로를 지킬 수 있도록 쓴맛 품종을 심는다. 마니옥을 주식으로 삼지 않는 마을에서도 단맛 품종을 기르지만, 다른 작물이 흉년이거나 도둑맞았을 때를 대비한 보조 식량에 불과하다.

야생에서 식물과 천적의 진화적 관계는 군비 경쟁과 같다. 한쪽에서는 식물이 끊임없는 선택을 통해 방어 수단을 개선하고 다른 쪽에서는 적진의 곤충, 진균, 기타 초식 생물이 자연선택을 통해 식물의 방어 수단을 무력화한다. 이 끊임없는 투쟁의 기원은 오래전으로 거슬러 올라간다. 일리노이 함탄층含炭層에서 발견된 화석에서는 3억 년 전에 습한 숲을 지배하던 나무고사리가 공격을 받았음을 알 수 있다.[34] 오늘날과 마찬가지로 곤충이 잎을 갉아 먹고 바늘을 찔러 수액을 빨아 먹고 줄기와 뿌리에 구멍을 뚫었다. 심지어 벌레혹gall을 만드는 곤충도 있었다. 이 곤충들은 피부밑 주사기를 닮은 산란관을 꽂아 식물의 조직 속에 알을 낳았다. 이렇게 하거나 알이 들어 있으면 주변의 식물 세포가 화학적 자극을 받아 벌레혹이라는 덩어리로 커졌는데, 이것은 애벌레의 먹이가 되며 애벌레를 외부의 공격으로부터 보호했다.

진화사에서 이따금 자연선택은 우연히 기발한 혁신을 일으키는데, 그러면 그 개체는 적합도(미래 세대가 되는 자식의 수)가 극적으로 높아지는 이점을 얻는다. 이 사건은 드물지만 획기적이다. 유리한 혁신을 공유하는 신종이 부쩍 증가하기 때문이다. 메뉴에 케이퍼, 무, 브로콜리, 양배추, 물냉이, 로케트, 또는 양념인 겨자, 고추냉이, 서양고추냉이가 있다면 여러분의 음식은 식물과 천적 사이의 화학전에서 이루어진 주요한 혁신의 덕을 보고 있는 것이다. 이것은 글루코시놀레이트의 진화로, 거의 유일하게 십자화목에만 들어 있다(앞에서 나열한 식물은 모두 십자화목이다).

글루코시놀레이트는 청산글리코시드와 마찬가지로 두 화합물로 이뤄진 화학적 방어 수단의 예다. 실제로 식물이 글루코시놀레이트를 만들어내는 생화학적 기전은 청산글리코시드를 만들어내는 기전과 비슷하며 아마도 거기서 진화했을 것이다.[35] 식물에서는 글루코시놀레이트 분자와 **미로시나아제**myrosinase라는 효소가 각각의 방에 저장되어 있다. 세포가 손상되면 두 화합물이 섞여 효소가 글루코시놀레이트에 반응해 **이소티오시아네이트**isothiocyanate, 즉 '겨자기름'을 분비한다. 이 화합물은 많은 곤충, 선충, 진균, 세균에 독성이 있지만 포유류에서

는 종양을 억제하는 효과가 있어서 인체에 이롭다.[36]

십자화목은 8500만~9000만 년 전에 진화했는데, 한동안은 적의 손길에서 벗어났을 것이다. 하지만 글루코시놀레이트가 등장한 지 1000만 년이 채 지나지 않아 흰나비류에서 생화학적 해독 메커니즘이 진화했다. 이 덕에 흰나비 애벌레는 십자화목을 무사히 먹을 수 있었다.[37] 초식동물 진영에서 일어난 이 핵심적 혁신 덕에 1000여 종의 나비 신종이 진화했다. 그동안 공격할 수 없던 식물을 먹을 수 있게 해주는 유전자를 가진 곤충들은 모든 십자화과에 자리 잡았다.[38]

이 새로운 나비 무리는 흰나비아과가 되었다. 그중에서도 개체 수가 많기로 악명 높은 배추흰나비*Pieris rapae*는 모든 농부에게 공공의 적이다. 이 종의 털애벌레는 시안화물에도 저항력이 있다.[39] 이것은 흰나비아과의 조상들이 시안화물을 만들어내는 식물을 먹다가 십자화과로 갈아탄 진화적 흔적인지도 모른다. 이렇듯 식물과 천적의 화학전에서는 식물이 옛 방어 수단에서 새로운 방어 수단을 진화시키고 나비가 이에 질세라 옛 해독 메커니즘에서 새로운 해독 메커니즘을 진화시키면서 서로 엎치락뒤치락했다.

글루코시놀레이트는 화학적으로 범용인 방어용 화합물로, 특히 십자화목 최대의 과인 십자화과(3700종)에서 계속하여 진화했다. 애기장대thale cress는 수명이 짧은 십자화과 야생 식물로, 유전학적으로 흥미로운 연구 대상이다. 애기장대의 지리적 범위를 조사했더니 글루코시놀레이트의 화학적 구조를 바꾸는 유전자에는 두 대립유전자가 있는데, 유럽 남부와 북부에서 상대적 빈도가 달랐다. 이 지리적 변이는 십자화과를 공격하는 진딧물 두 종류의 빈도와 일치한다. 따라서 연구자들은 글루코시놀레이트 유형의 변화가 가장 흔한 진딧물종에 저항하기 위한 애기장대의 화학적 방어 수단에 적응해 자연선택된 것인지 검증하기로 했다.

이를 위해 두 가지 글루코시놀레이트 변이가 50:50인 실험적 애기장대 개체군을 각각 두 종류의 진딧물에 다섯 세대에 걸쳐 노출시켰다. 실험이 끝났을 때 두 집단의 글루코시놀레이트 빈도는 양극단으로 나뉘어 있었다. 유럽 북부의 흔한 진딧물에 노출된 개체군은 다섯 세대 만에 북부에 흔한 글루코시놀레이트의 빈도가 높게 나타났다. 유럽 남부의 흔한 진딧물에 노출된 개체군은 남부에 흔한 글루코시놀레이트의 빈도가 높게 나타났다. 이 실험 결과는 글루코시놀레이트의 지리적 변이가 우점종 천적에 국지적으로 적응한 결과라는 가설을 탄탄하게 뒷받침한다.[40]

생물과 천적 사이의 끝없는 진화적 투쟁은 루이스 캐럴의《거울 나라의 앨리스》에서 붉은 왕비가 묘사한 상황에 비유되기도 했다. 소설에서 앨리스는 거울 나라에서 아무리 빨리 달려도 아무 데도 갈 수 없음을 깨닫는다. 그때 왕비가 앨리스에게 말한다. "자, '여기'에서는, 보다시피, 계속 같은 곳에 있으려면 쉬지 않고 힘껏 달려야 해." 진화생물학에서 붉은 왕비 가설은 생물과 천적 사이의 진화적 군비 경쟁 때문에 양쪽 다 끊임없이 진화하지 않으면 멸종을 피할 수 없다는 것이다.

진화가 끊임없이 일어날 수 있으려면 자연선택이 신무기와 새로운 방어 수단을 빚어낼 수 있도록 유전적 변이가 그때그때 공급되어야 한다. 덩이줄기를 다시 심어 재배하는 감자처럼 영양 생식으로만 번식하는 식물은 유전적으로 똑같기 때문에 천적에게 몰살당하는 것은 시간 문제다. 마니옥도 덩이줄기를 잘라 심는 영양 생식 방식으로 재배한다. 이 진화적 막다른 골목에서 벗어나는 길이 바로 유성 생식이다. 유성 생식은 부모의 유전자를 새로 조합해 자식에게 물려주기 때문에, 자식의 유전자는 부모와도 자식끼리도 다르다.

농부들은 감자를 영양 생식으로 번식시키지만 감자는 본디 유성 생식으로 번식한다. 의도적 감자 육종이 시작되기 전에는 이런 무작위 조합으로 뜻밖의 신품종이 탄생했다. 마니옥도 마찬가지다. 농부들은 가장 큰 모종을 선호하는데 이 때문에 본의 아니게 유전적 변이가 가장 큰 품종이 선택된다. 유전적 변이가 클수록 잘 자라기 때문이다.[41]

유성 생식은 유전적 변이를 유지해 작물이 유행병에 걸릴 위험을 줄일 뿐 아니라 다른 종과의 교잡을 가능하게 한다. 빵밀(4장)과 여러 채소를 비롯한 많은 작물이 교잡으로 생겨났다. 배추속에는 여섯 종의 채소가 있지만, 신기하게도 전부 염색체 개수가 다르다. 흑겨자*Brassica nigra*는 열여섯 개밖에 안 되고 카놀라*B. napus*는 서른여덟 개나 된다. 대체로 이런 변이는 염색체 개수가 다른 식물이 교잡한 결과다. 어떤 부모의 조합에서 이런 잡종이 나왔는지 알아내는 것은 스도쿠 퍼즐을 맞추는 것과 비슷하다. 1935년에 배추속 스도쿠를 푼 사람이 일본인 식물학자(실은 일제강점기 한국인 식물학자 우장춘 박사_옮긴이)인 것은 우연이 아닌지도 모르겠다.

그 식물학자는—영어 이름은 그냥 '유U'다—염색체 개수가 가장 적은 세 종을 삼각형 꼭짓점에 놓고 나머지 세 종을 각 변에 두어 양옆의 두 종과 짝을 이루도록 도표를 그렸다.[42] 야생 양배추(염색체 18개)와 야생 순무(염색체 20개)가 교잡해 카놀라(염색체 38개)가 되었고 흑겨자(염색체 16개)와 야생 양배추는 교잡하여 에티오피아겨자Ethiopian mustard가 되었으며(16+18=34) 흑겨자와 야생 순무는 교잡하여 갓Indian mustard이 되었다(16+20=36).

현대 유전체 분석에서는 유의 삼각형에 그려진 종의 기원을 추적해 몇 가지 사건을 지도에 표시했다.[43] 모든 배추속의 공통 조상은 약 2400만 년 전에 북아프리카에서 진화했다. 그런 다음 꼭짓점의 세 종이 각각 다른 장소에서 진화했다. 흑겨자는 1800만 년 전에 북아프리카 서부에서 진화해 서남아시아로 퍼져 790만 년 전에 야생 양배추와 순무의 공통 조상이 되었다. 이 공통 조상은 254만 년 전에 갈라져 지중해 자생지의 서부에서 야생 양배추로 진화했으며 동쪽에서는 야생 순무로 진화해 약 200만 년 전에 중앙아시아에 이르렀다.

유의 삼각형에 실린 세 교잡종은 각각의 부모 종이 농업의 직간접적 결과로 접촉했을 때 생겨났다. 이를테면 에티오피아겨자는 양배추밭에서 자라던 야생 흑겨자가 작물 양배추와 교잡한 결과인 듯하다.[44] 야생 양배추Brassica oleracea의 인위적 선택과 작물화에서 유래한 채소는 이뿐만이 아니다. 배추B. rapa는 순무와 체채Chinese cabbage를 낳았으며 유채B. napus는 유료油料 작물 카놀라(유채)와 루타바가rutabaga를 낳았다.

이 모든 다양성에도 불구하고 우리가 채소를 먹는 이유는 뭐니 뭐니 해도 영양소, 특히 탄수화물 때문이다. 우리는 채소를 식용으로 바꾸기 위해 인위적 선택과 요리·가공으로 천연 방어 수단을 무력화했다. 그렇다면 요리할 때 방어용 화합물을 첨가하려고 다른 식물을 넣는 것이 모순처럼 보일 수도 있다. 감자 샐러드는 골파를 넣으면 맛이 부쩍 좋아지고 토마토는 바질과 어울리고 콩의 향미는 박하로 높이고 마늘의 쓰임새는 하도 많아서 지면이 모자란다. 흰나비가 배추속의 독성 글루코시놀레이트 냄새를 만찬 초청장으로 여기듯 양념 식물의 화학 무기는 우리를 밥상으로 이끈다. 인류는 이런 양념 식물을 찾아 지구를 누볐다.

9

양념 · 자극

혐오스러운
화학 물질이
어떻게 해서
우리의 입맛을
사로잡았을까?

옥수수, 양배추, 소, 꽃양배추는 인류가 길들이기라는 진화적 힘으로
자연을 바꿨음을 보여주는 산증인이다. 지난 1만 년간 우리는 유전체
를 재조합하고 재구성하고 증가시키고 유전자를 재배열하고 동물을
살찌우고 농산물 시장에서 파는 모든 것을 더 크고 맛있게 바꿨다. 이
것은 과학 못지않은 기술의 개가다. 우리가 자연선택의 유전학적 측면
을 응용 수준까지 이해하기 시작한 것은 100년밖에 안 됐기 때문이다.
기술을 통해서든 과학을 통해서든 우리가 부엌 창밖의 풍경을 새롭게
개조했다는 것은 의심할 여지가 없다. 심지어 아마존 우림 깊숙한 아
메리카 원주민의 텃밭에도 토착민에 의해 작물화된 마니옥, 옥수수,
콩, 고구마, 과일이 펼쳐져 있다. 그렇다면 인간은 먹을 수 있는 자연
을 의식적으로 관리한다고 말할 수 있으리라. 그런데 과연 그럴까? 그
렇지 않으며 우리가 입맛에 휘둘린다는 주장이 있다면, 양념의 매혹은
훌륭한 논거가 될 것이다.

허브는 잎에서 향이 나는 우리 주변의 식물로, 직접 길러서 그때그 때 뜯어 쓸 수 있다. 양념은 자극적인 맛이 나는 씨앗, 진, 껍질 등의 식 물 부위로, 근대가 될 때까지도 드물고 귀했다. 지구를 가로질러 동서 로 여러 손을 거치면서 양념의 원산지는 무지로 그린 지도에 상상으로 표시한 미지의 땅이 되었다. 정향, 생강, 후추, 계피, 메이스, 육두구가 매혹을 풍기는 데는 신비감도 한몫했다. 그리스의 역사가 헤로도토스 는 이렇게 썼다.

그들에 따르면, 우리가 포이니케인들에게 배워 키나모몬이라 부르는 마른 나무 막대기들을 큰 새들이 날라 오는데, 사람이 오를 수 없는 산 절벽에 진 흙으로 지은 보금자리로 나른다고 한다. 그래서 아라비아인들은 다음과 같 은 방법을 생각해냈다. 죽은 소나 당나귀나 그 밖에 다른 운반용 동물의 사 지를 되도록 큼직큼직하게 토막 내어 둥지들이 있는 곳으로 가져가 가까이 놓아두고 멀찍이 물러나는 것이다. 그러면 새들이 내려와 운반용 동물들의 사지들을 둥지들로 날라 간다. 그러면 무게를 감당하지 못한 둥지들이 무 너져 내린다. 그러면 아라비아인들이 다가가 바라던 것을 수거한다. 그렇 게 수집된 육계는 다른 나라들로 수출된다.[1]

아마도 《천일야화》 같은 허구일 것이지만 이 이야기는 계피가 아시 아에서 양념길을 따라 손에서 손으로 전해지면서 중국인의 귓속말이 귀에서 귀로 전해지느라 일말의 진실이 부풀고 뒤섞인 결과일 것이다. 보르네오의 동굴 벽에서 채집한 식용 새집은 동양에서 수 세기 동안 요 리에 쓰였으나, 이것은 흰집칼새류 두 종이 침을 말려 만든 것이지 계피로 만든 것이 아니다. 계피는 스리랑카가 원산지인 나무의 껍질이다.

양념은 식용뿐 아니라 약용으로도 쓰였다. 양념이 어쩌나 드물고 귀했던지, 크리스토퍼 콜럼버스와 페르디난드 마젤란이 미지의 대륙으로 항해한 동기는 양념의 원산지를 찾으려는 것이었다(황금을 찾으려는 욕망도 있었지만). 콜럼버스의 아메리카 '발견'과 마젤란의 첫 세계 일주 둘 다 양념을 찾으려는 항해의 부산물이었다. 아즈텍족을 정복한 에르난 코르테스는 항해를 후원한 스페인 국왕에게 자신이 동양의 향료 제도諸島를 발견할 것이며 그러지 못하면 "폐하께 거짓을 말한 죄인으로서 달게 벌을 받겠노라"고 맹세했다.[2] 하지만 서쪽 항로를 따라 동인도 제도로 향하는 도박은 양념으로는 수익을 낼 도리가 없었다. 멕시코의 대표적 양념이자 당시까지 유럽에 알려지지 않았던 고추는 동양의 양념이나 아메리카 금은의 가격과 상대가 되지 않았기 때문이다.

동서 향료 무역은 유럽 상인들이 원산지를 찾아 시장을 장악하려고 마음먹기 3000년도 더 전에 시작되었다. 기원전 1213년경에 매장된 파라오 람세스 2세의 미라는 복부와 비강에 후추로 방부 처리를 했다.[3] 후추는 남인도의 습한 숲이 원산지인데, 수렵채집인이 채집해 교역을 통해서 서해안으로 보내면 이제나저제나 기다리던 무역상들이 냉큼 실어 인도양을 건넜을 것이다.[4] 인도 동해안의 숲에서 인도 대륙을 지나 서해안 항구에 이르는 육상 교역로는 로마 시대에 확립된 것이 분명하다. 흘린 로마 동전이 길에 떨어져 있었기 때문이다.[5] 인도에서 출발해 바다를 가로지르는 항로는 닭이 아프리카에 도착한 길이기도 하다(7장). 계피는 구약 성경에 언급된 양념이며 비슷한 방식으로 레반트까지 운송되었을 것이다. 기원전 1100년에는 계피 공급량이 충분해져

서 페니키아인들이 계피 추출액을 마개가 달린 작은 병에 담아 지중해 전역에서 팔 정도였다.[6]

동양의 전통적 양념을 하나 더 들자면, 생강은 인도 북동부나 중국 남부에서 온 것으로 추정되지만 야생 근연종이 밝혀지지 않아 정확한 원산지는 알 수 없다. 정향, 육두구, 메이스는 가장 희귀한 양념이었으며 가장 멀리서 왔다. 정향은 인도네시아 북말루쿠 제도의 몇몇 섬에서만 자라는 작은 나무의 꽃봉오리를 말린 것이다. 육두구와 메이스도 인도네시아가 원산지인데, 처음에는 반다족의 섬 몇 곳에서만 발견되었다. 복숭아를 닮은 열매가 익어서 쪼개지면 새빨간 육질씨껍질aril에 둘러싸인 씨앗이 나오는데 이것이 육두구이며, 육질씨껍질을 말려 분리하면 주황색과 갈색으로 변하는데 이것이 메이스다.

양념과 허브는 모두 항균력이 있는데, 어떤 사람들은 고기가 금방 상하기 쉬운 더운 나라에서 양념과 허브를 많이 쓰는 것이 이 때문이라고 주장하기도 했다.[7] 또한 양념을 가장 많이 쓰는 요리는 열대와 아열대 지방에서 찾아볼 수 있는데, 그 이유는 고기를 안전하고 맛있게 하려면 양념이 꼭 필요하기 때문이라는 것이다. 이를테면 루이지애나나 뉴멕시코의 매운 요리를 시애틀이나 보스턴의 순한 요리와 비교해 보라. 인도에서는 남부 요리가 북부보다 매우며 중국도 마찬가지다. 중국 식당에서 궁바오지딩宮保雞丁 같은 가장 매운 요리를 만드는 곳은 중국 남서부 스촨이다. 상한 고기의 맛을 좋게 하려고 양념을 쓴다는 이론의 문제점은 양념이 이 용도로 그다지 쓸모가 없으며 강한 맛 때문에 오히려 역효과를 낸다는 것이다.[8] 게다가 염장, 건조, 훈연, 발효 등이 식품 보존에 훨씬 나은 방법일 뿐 아니라 널리 쓰이고 있다. 기후와 양념 소비의 상관관계에 대해 마크 트웨인은 이런 명언을 남겼다. "과학에는 매혹적인 면이 있으니, 사실을 눈곱만큼 투자하여 추측을 도매금으로 돌려받는다는 것이다." 이 상관관계는 단순히 양념의 지리적 분포로 설명할 수 있을지도 모르겠다. 양념의 원산지는 대체로 열대지역이니 말이다.

마늘과 양파는 항균력이 매우 뛰어난 재료지만 식품 보존에 쓰이지도 않고 열대가 원산지도 아니다. 이 두 가지 경이로운 식물에다 리크leek와 골파 같은 여남은 가지 양념은 모두 부추속*Allium*에 속한다(부추속에는 약 500종이 포함된다).[9] 부추속 식물은 황 화합물을 화학적 방어 수단으로 삼는데, 양파가 쾌감과 고통을 동시에 안겨주는 것은 이 때문이다. 양파나 마늘은 통으로는 냄새가 나지 않는다. 배추속의 글루코시놀레이트와 마니옥의 시안화물과 마찬가지로 양파와 마늘의 화학 무기를 이루는 두 성분이 독성을 발휘하려면 섞여서 서로 반응해야 하기 때문이다. 부추속 식물을 자르거나 으깨면 전구물질과 효소라는 두 가지 성분이 세포 안에 있는 별도의 방에서 분비된다. 마늘을 으깨면 알리인alliin이라는 마늘 전구물질이 알리신allicin이라는 분자로 바뀌는데, 이것이 마늘의 활성 성분이다. 양파에도 비슷한 전구물질이 있어서 처음에는 마늘과 같은 효소에 반응하지만 또 다른 효소에 의한 두 번째 반응이 일어난다. 여기서 만들어지는 분자는 성인 남자의 눈에서도 눈물을 흘리게 한다.

식물이 만드는 수만 가지 화합물의 목적은 주로 ─ 아니면 오로지 ─ 천적으로부터 스스로를 방어하는 것이다. 이 화합물은 허브와 양념의 활성 성분일 뿐 아니라 퀴닌과 아스피린 같은 약재, 아편과 대마 같은 마약, 커피와 차 같은 기호식품으로 쓰이기도 한다. 적은 수단으로 많은 결실을 낳는 진화는 몇 가지 성분을 변화시키는 것만으로 이 화학적 다양성을 만들어냈다. 식물 세포 안에서 여러 화학적 목적지로 통하는 몇 가지 기본적 생화학 경로가 분자의 다양성을 빚는다. 각 경로의 시작은 한정된 개수의 탄소 원자로 구성 요소를 만드는 것이다. 이를테면 여러 양념과 허브에서 향기 나는 화합물을 만드는 **테르페노이드**terpenoid 경로는 맨 먼저 탄소 원자 다섯 개로 기본 구성 요소를 만든다. 탄소 다섯 개로 이뤄진 기본 단위는 레고 블록처럼 조립되어 크기와 구성이 다양한 큰 사슬 또는 뼈대skeleton를 이룬다. 바질, 타임, 오레가노, 로즈메리 같은 박하과 식물 특유의 향은 탄소 뼈대 열 개로 이루어진 테르페노이드인 **모노테르펜**monoterpene에서 만들어진다. 가장 큰 규모의 테르페노이드는 천연고무로, 탄소 다섯 개짜리 단위가 최대 10만 개, 탄소 원자 개수로 따지면 50만 개로 이뤄진 거대한 탄소 뼈대다.[10]

화합물 구성의 두 번째 단계에서는 다중단위 탄소 뼈대를 맞춤형으로 추가하고 재배열한다. 몇 가지 탄소 뼈대를 만들고 이를 다양하게 매만지는 두 단계로 엄청나게 다양한 분자를 만들 수 있다.[11] 테르페노이드 경로에서 만들어지는 화합물만 해도 4만 개 넘게 알려져 있다.[12] 모든 식물은 향 분자를 여러 개 만드는데, 이는 식물 내에서뿐 아니라 식물과 식물 사이에서도 화학적 다양성을 만들어낸다. 그렇기에 잘 가꾼 정원에서는 레몬향, 사과향, 제라늄향, 생강향, 페퍼민트향, 스피어민트향 등 온갖 박하향을 맡을 수 있다. 각 향은 모노테르펜이 다르게 배합된 결과지만, 생화학 경로가 연결되는 방식 때문에 사소한 유전적 변화만으로도 식물마다 전혀 다른 배합과 향을 만들어낼 수 있다.[13] 페퍼민트향과 스피어민트향의 차이는 효소 하나에 영향을 미치는 유전자 단 하나에서 비롯하지만, 그 효과는 철도 선로전환기 손잡이를 당겨 선로를 전환하는 것과 같다. 한 대립유전자는 페퍼민트향이 나도록 모노테르펜을 조합하는 방향으로 이어지고, 다른 대립유전자는 스피어민트향이 나도록 조합하는 방향으로 이어진다.

단 하나의 치명적인 모노테르펜을 만드는 것을 자연선택이 선호할 것 같은데, 박하 같은 허브가 이토록 다양한 방어용 화합물을 만드는 이유는 무엇일까? 근본적 이유는 자연선택이 기존 메커니즘을 매만져 점진적으로 개량하기 때문이다. 그래서 천적은 식물 화학 무기의 사소한 변화만 이겨내면 되며 그렇게 하려는 강한 선택압을 받는다. 이렇듯 진화는 점진적으로 진행되기에 식물이 천적에 맞서 결정타를 진화시킬 수는 없다. 심지어 배추속 식물이 글루코시놀레이트 같은 새로운 종류의 독을 진화시켜도 천적을 피할 수 있는 것은 잠깐뿐이다(8장).

화학적 다양성의 두 번째 이유는 천적들이 모두 진화하는 상황에서 이들 모두를 맞닥뜨려야 할 때 여러 방어 수단을 가지고 융통성 있는 전략을 짜야 유리하기 때문이다. 이를 잘 보여주는 사건이 있다. 미국에서 진균성 질병이 스피어민트의 상업적 생산에 피해를 끼치고 있었는데, 이 질병에 저항력이 있는 품종을 선별하는 과정에서 스피어민트와 페퍼민트의 유전적 차이가 발견된 것이다. 저항력이 큰 스피어민트에서는 페퍼민트 비슷한 향이 났다. 질병 저항력의 원천은 스피어민트향 식물과 페퍼민트향 식물의 모노테르펜 차이였다. 화학적 방어 수단이 다양하면 진화하는 적이나 수가 많은 적에 맞서야 할 때 유리하다.

화학적 방어 수단이 다양한 또 다른 이유는 저마다 다른 환경에 적응해야 하기 때문이다. 프랑스 남부의 지중해 기후에서는 야생 타임의 형태가 여섯 가지인데, 이는 각 형태마다 우세한 모노테르펜 분자가 다르기 때문이다.[14] 여섯 가지 형태(화학형chemotype)의 유전자를 분석했더니 화학적 차이의 원인은 다섯 개의 유전자였다. 각 유전자는 생화학 경로의 한 단계씩을 조절하는데, 이렇게 만들어진 최종 산물은 티몰thymol이라는 모노테르펜으로, 여기서 타임 특유의 향을 낸다. 유전자좌genetic locus(염색체에서 특정 유전자가 차지하는 위치_옮긴이)의 한 우세 대립유전자는 경로의 첫 단계를 단축해 레몬향이 나는 모노테르펜 게라니올geraniol을 만들어낸다. 세 번째 단계를 조절하는 유전자는 만들어진 모노테르펜이 페닐기를 가질지 말지를 결정한다. 이 점을 지나는 경로를 가진 화학형만이 페닐기 모노테르펜을 만들며 타임향이 난다.

프랑스 남부의 야생 타임 개체군을 연구하는 과학자들은 몽펠리에시 근처 생마르탱드롱드르라는 마을 주변에서 화학형들이 매우 뚜렷하게 구분되어 분포한다는 사실을 발견했다. 생마르탱드롱드르는 산으로 둘러싸인 분지에 있는데, 마을 근처에서 자라는 타임 중에는 타임 특유의 향이 나는 것이 하나도 없었다. 사실 고도 250미터 이하에서 자라는 타임은 모두 화학형이 비페닐기였다. 이에 반해 250미터 이상에서 자라는 타임은 모두 화학형이 페닐기였으며 타임향이 났다.

화학형이 이처럼 특이하게 분포한 이유는 마을 근처 분지 바닥과 주변 산의 겨울 온도 차이 때문으로 밝혀졌다.[15] 추운 겨울이면 역전층이 생마르탱드롱드르 주변의 분지에 찬 공기를 붙잡아두는데, 이 공기는 따뜻한 공기보다 밀도가 높아서 아래로 가라앉는다. 페닐기 화학형이 자라는 250미터 이상의 산지는 따뜻한 공기 지대에 있어서 겨울의 추위를 면할 수 있다. 두 영역 사이인 250미터 위아래로 화학형을 실험적으로 이식했더니 페닐기 화학형은 이른 겨울 추위에 동사했다(해에 따라서는 기온이 영하 15도 이하로 내려가기도 한다). 이에 반해 겨울이 따뜻한 장소에서는 페닐기 화학형이 가뭄을 이겨내고 곤충 천적을 물리치고 비페닐기보다 잘 자랐다.

그 뒤에 일어난 반전은 추운 겨울에 적응하는 것이 중요하다는 사실을 뒷받침한다. 생마르탱드롱드르 주변의 화학형들이 처음 관찰된 1970년대에는 매우 추운 겨울이 흔했었으나, 그 뒤로 기후가 온난해져 1988년 이후로는 예년만 한 추위가 한 번도 찾아오지 않았다. 2010년에 화학형 분포를 재조사했더니 1970년대와 달리 분지에 페닐기 타임이 나타나기 시작했다.

지중해 지역은 박하과 식물이 풍부한데, 일반 법칙에 따르면 페닐기 모노테르펜을 함유한 정유를 가장 많이 내는 식물은 가장 더운 장소에서 자란다. 모노테르펜의 배합도 지역에 따라 달라진다. 로즈메리는 너댓 가지 주요 모노테르펜을 함유하는데, 프랑스와 스페인에서는 로즈메리 정유의 주성분이 장뇌camphor이고 그리스에서는 유칼립톨eucalyptol, 코르시카에서는 거의 전적으로 베르베논verbenone이다.[16] 이런 지역적 차이가 나타나는 이유는 밝혀지지 않았다.

지금까지 우리는 허브와 양념의 진화 이야기에서 식물학적 측면만 들여다보았다. 하지만 우리가 애초에 이 식물들에 관심을 가진 이유는 감각에 미치는 영향 때문이다. 진화적 관점에서 보면 대다수 동물을 퇴치하고 중독시키는 식물 화학 물질이 우리에게 정반대 효과를 낸다는 것이 의아하다. 이 매혹적인 해충 퇴치제가 어떻게 지각되는지 살펴보면 모순은 더욱 심해진다. 허브와 양념의 향은 후각 수용체를 자극하는데, 이 수용체는 서로 조응해 뇌가 좋은 냄새와 역한 냄새를 구별하게 해준다(6장). 또한 몇몇 허브와 대다수 양념은 통각 수용체라는 신경 세포 위 통증 센서도 자극한다.[17] 통각 수용체는 통증을 느낄 수 있는 모든 신체 부위에 있다. 얼굴, 눈, 코, 입에 있는 것은 삼차 신경의 갈래를 따라 뇌에 신호를 전달한다. 통각 수용체에는 TRP라는 여러 수용체가 있는데, 이것들은 외부 자극에 반응해 신경 충격nerve impulse을 발생시킨다. 열감, 냉감, 압력, 화학 물질 등 자극의 종류에 따라 다른 TRP 유형이 활성화된다.[18]

양념이 '뜨겁다'거나 '시원하다'고 느껴지는 것은 TRP가 열감과 냉감, 화학 물질 같은 물리적 자극에 반응하기 때문이다. 고추를 먹으면 입에 불이 붙은 것처럼 느껴지는데, 이는 고추의 활성 성분인 캡사이신capsaicin에 자극되는 TRPV1 수용체가 캡사이신과 더불어 열도 감지하기 때문이다. 마찬가지로 박하에서 만들어지는 모노테르펜 멘톨menthol이 시원한 느낌을 주는 것은 냉감을 감지하는 TRPM8 수용체를 자극하기 때문이다.

다른 허브와 양념도 여러 TRP 수용체를 자극하며, 이것이 후각 수용체와 조응해 독특한 향미를 낸다. 후추와 화자오Sichuan pepper는 칠리처럼 TRPV1을 자극하지만 화자오는 TRPA1과 KCNK라는 두 수용체도 자극하는데, 이 때문에 특유의 찌릿찌릿한 맛이 난다. 런던 차이나타운의 한 식당에서 화자오를 처음 맛봤는데, 요리사가 어찌나 많이 넣었던지 입이 쓰라리다 못해 완전히 마비됐다. 그것을 앞으로 일어날 일에 대한 자연의 경고로 받아들였어야 했는데! 식사가 끝나고 바가지를 옴팡 뒤집어써서 속이 쓰라렸으니 말이다.

겨자, 고추냉이, 서양고추냉이의 자극성 성분과 마늘과 생강의 또 다른 자극성 성분은 TRPA1을 강하게 자극하고 TRPV1을 약하게 자극한다. 타임과 오레가노의 모노테르펜은 TRPA3을 강하게 자극하고 TRPA1을 약하게 자극한다. 계피는 TRPA1만 자극하지만, 레몬그래스lemongrass는 TRPM8, TRPV1, TRPA1, TRPV3의 네 가지 수용체를 자극한다(처음 것을 가장 강하게, 마지막 것을 가장 약하게).[19] 이렇듯 허브와 양념의 향미 감각은 코의 후각 수용체와 혀 및 입의 통각 수용체에서 보낸 신호가 뇌에서 저마다 다르게 조합되어 생긴다.

고추를 만진 손으로 몸의 예민한 부위를 건드려보면 TRPV1 수용체가 입의 통각 수용체에만 있는 것이 아님을 알 수 있다. 지독하게 매운 음식을 삼켰을 때 목으로 내려가는 내내 얼얼한 것은 이 때문이다. 공격자에게 고통을 가하기 위해 TRP 수용체를 겨냥하는 것은 식물만이 아니다. 짐승빛거미의 독액에 들어 있는 독소도 TRPV1을 표적으로 삼는다.[20]

TRP 수용체는 진화사적으로 아주 오래되었기에 척추동물뿐 아니라 곤충, 선충, 심지어 효모에서도 찾아볼 수 있다.[21] 식물이 초식동물의 통각 회로를 해킹하려고 겨냥하는 수용체들이 우리의 감각에도 작용하는 것은 이 때문이다. 그런데 우리는 왜 통각 수용체를 자극하고 다른 종에게서 회피 반응을 일으키는 물질에 긍정적으로 반응하는 것일까? 우리는 고추를 비롯해 TRP를 자극하는 양념과 허브를 처음 맞닥뜨렸을 때 대체로 회피 반응을 나타낸다. 하지만 그 뒤의 반응은 전에 맛본 적이 없는 물질이 통각 수용체를 자극했을 때와 같다. 그 물질을 좋아하게 되는 것이다(물론 모두가 그런 건 아니지만). 앞에서 보았듯 쓴맛이 나는 음식도 마찬가지다(5장).

혐오스러운 화학 물질이 어떻게 해서 우리의 입맛을 사로잡았을까? 독이 있을지도 모른다고 경고하는 수용체는 위험을 막는 방어 체계의 제일선에 불과하다. 그 화학 물질에 독이 없는 것으로 드러나면 우리는 그 자극을 회피하기보다는 즐기는 법을 배울 수 있다.[22] 이것이 유익하고 자연선택에 의해 선호되는 이유는 "나한테 독 있어. 먹지 마!"라는 식물의 허풍에 속지 않으면 많은 영양소를 섭취할 수 있기 때문이다. 관건은 양이다. 작은 곤충이 독성 식물을 많이 먹으면 우리 같은 대형 동물이 같은 식물을 조금 먹는 것에 비해 몸무게당 더 많은 단위 독성에 노출된다. 그러므로 타임 잎을 먹는 곤충에게 해로운 것이 우리에게는—음식에 소량 넣었을 때—향미로 느껴질 수 있는 것이다. 하지만 육두구 같은 양념은 과용하면 독이 되기도 한다.

TRP 수용체의 기원은 5장에서 논의한 미각 수용체처럼 오래전으로 거슬러 올라가지만, 수많은 진화적 변화를 거쳤기에 종마다 민감도가 다르다. 일부 종에서 사라진 TRP 유전자도 있고 기능이 달라진 것도 있다.[23] 이를테면 일부 물고기는 냉감 수용체 TRPM8을 잃었다. 우리 같은 포유류에 들어 있는 TRPV1 수용체는 캡사이신에 매우 민감하지만, 조류에 들어 있는 TRPV1 수용체는 둔감해서 통증 반응을 일으키지 않는다.[24]

포유류와 조류의 캡사이신 민감도 차이는 고추에 유리하게 작용한다. 애리조나 남부의 야생 고추로 실험했더니 새들은 익은 고추를 먹고 씨앗을 발아 가능한 상태로 배설하지만 설치류는 익은 고추를 건드리지 않았다.[25] 고추를 맛본 적이 없는 설치류는 캡사이신을 만들지 못하는 품종을 먹었지만, 똥 속 씨앗은 부서져 발아할 수 없었다. 따라서 캡사이신은 설치류가 고추를 먹어 씨앗을 망치지 못하도록 하되 씨앗을 퍼뜨려줄 조류는 쫓지 않는 선택적 퇴치제다.

캡사이신은 고추속에만 있지만 모든 고추속종이 매운 것은 아니며 심지어 같은 종 안에서도 매운 정도가 천차만별이다. 이를테면 고추*Capsicum annuum*의 재배 품종은 전혀 맵지 않은 피망에서 지독하게 매운 청양고추까지 다양하다. 캡사이신 유무를 좌우하는 것은 *Pun1*이라는 유전자 하나지만, 캡사이신을 실제로 만들어낼 수 있느냐는 다른 유전자들과 생장 조건에 따라 달라진다.[26]

야생 타임 개체군에서 페닐기 모노테르펜을 생산하는 것의 분포가 다르듯 야생 고추 개체군도 캡사이신을 생산하는 것의 분포가 다르다. 또한 타임과 마찬가지로 이 변이는 국지적 조건에 적응한 결과다. 고추가 처음 진화한 것으로 추정되는 볼리비아의 야생 고추 캅시쿰 차코엔세*Capsicum chacoense*를 연구했더니 이 개체군은 다형성이 있었다. 즉, 어떤 것은 맵고 어떤 것은 안 매웠다. 매운 고추의 씨앗에 든 캡사이신은 푸사리움속*Fusarium* 진균을 퇴치했다.[27] 이 진균은 습한 환경에서 가장 흔히 발견되었는데, 고추에 구멍을 뚫어 진균이 들어갈 수 있게 해주는 곤충이 서식하기 때문이다. 이런 환경에서는 캡사이신을 만드는 고추가 유리했으며 개체 수도 많았다. 고추가 자라지만 곤충은 없어서 진균 감염이 적은 건조 지역에서는 맵지 않은 고추가 우세했다.

캡사이신이 설치류와 진균 감염으로부터 씨앗을 보호하므로, 진균 감염의 위험이 있든 없든 설치류가 있는 환경에서는 무조건 매운 고추가 유리하리라 생각할 수 있다. 그렇다면 건조한 지역에서 자라는 고추가 안 매운 이유는 뭘까? 그 답은 가뭄이 들었을 때 매운 고추가 안 매운 고추만큼 잘 자라지 못한다는 것이다. 물이 귀할 때 매운 고추가 만든 씨앗의 개수는 안 매운 고추의 절반에 불과했다(하지만 물이 풍부할 때는 차이가 나타나지 않았다).[28] 이 연구는 식물이 자신을 보호하려고 만드는 화학 물질에 비용이 따른다는 사실을 보여준다. 이 경우에는 씨앗을 대가로 치러야 했다. 진화는 수많은 생태학적 요인에 따라 비용과 편익을 저울질한다. 고추의 경우는 곤충이 열매를 공격하고 진균과 설치류가 씨앗에 피해를 주는 것 말고도 토양의 수분 등 온갖 요인이 작용한다.

허브와 양념은 진화의 복잡성과 예측 불가능성, 심지어 역설을 잘 보여준다. 이 식물들은 자신을 밥이라 부르는 동물을 퇴치하려고 자연선택을 통해 무장했지만 우리는 바로 그 독 때문에 그 식물들을 좋아해 요리에 맘껏 넣는다. 양념은 우리가 이따금 감각의 노예가 될 수 있음을 보여준다. 그런가 하면 후식은 우리의 가장 흔한 약점이자 가장 값싼 호사다.

10

후식 · 탐닉

과당이 인간에게는
독성이 있지만
벌새는 과당
없이는 살 수 없는
이유를 진화사의
관점에서 설명할
수 있다.

현대의 르네상스인이자 오페라 연출가이자 미식가 프레드 플로트킨
Fred Plotkin에 따르면, 스위트와인 같은 음악을 쏟아낸 천재 모차르트의
연료는 빈의 케이크와 페이스트리였다.[1] 빈은 페이스트리의 수도이자
후식에 탐닉하는 모든 사람의 최종 목적지다. 이곳은 달짝지근한 사과
속을 넣고 계피로 향을 내어 얇디얇은 반죽으로 둘러싸 구운 뒤에 버
터를 바르고 고운 설탕을 뿌려 만든 아펠슈트루델Apfelstrudel의 본고장
이다. 이 도시에서는 자허토르테Sachertorte의 원조 자리를 놓고 빵집과
호텔이 7년간 법적 분쟁을 벌이기도 했다. 자허토르테는 빈의 유서 깊
은 초콜릿 케이크로 둘이 먹다가 하나가 죽어도 모른다.

후식을 만드는 데는 숱한 요리법과 상상력이 동원되지만, 준비 과
정에 들어가는 온갖 향료와 정성에도 불구하고 기본 재료는 탄수화물
(당과 녹말), 지방, 창의력 세 가지뿐이다. 베이크트 알래스카Baked Alaska
를 예로 들어보자. 이것은 아이스크림을 머랭으로 감싸 구운 것으로,

오븐의 뜨거움과 아이스크림의 차가움을 한번에 느낄 수 있는 근사한 요리다. 베이크트 알래스카를 더 기발하게 뒤집은 요리로 프로즌 플로리다Frozen Florida가 있는데, 이것은 저온물리학자이자 분자요리의 창시자 니컬러스 쿠르티Nicholas Kurti가 발명했다. 프로즌 플로리다 요리법은 마이크로파가 얼음을 통과하는 성질을 이용해 아이스크림 안에 젤리를 넣고 전자레인지에서 데운다. 이런 후식들은 모두 독창적 발명품이지만, 전자는 기본적으로 설탕으로 감싼 지방이고 후자는 지방으로 감싼 설탕이다. 물론 요리책에서 후식을 이런 식으로 묘사하는 것은 부적절하고 불필요한 일이지만, 여기에 후식의 진화적 본질이 담겨 있다. 그것은 바로 열량이다.

우리가 탄수화물과 지방을 그토록 사랑하는 이유를 이해하기 위해 인간 충동의 진화를 깊이 파고들 필요는 없다. 탄수화물과 지방은 결국 순수한 에너지원이며 우리 몸에는 이를 감지하는 특수 미각 수용체가 있다(5장). 맛봉오리의 단맛 수용체는 두 가지를 감지하는데, 하나는 단 음식의 당이고 다른 하나는 침 속의 알파아밀라아제 효소가 녹말질 음식에서 뽑아내는 포도당이다. 화학적으로 볼 때 포도당과 자당 등의 당은 단순탄수화물이며 녹말은 포도당 고분자로 이뤄진 복합탄수화물이다. 뒤에서 살펴보겠지만 단순탄수화물과 복합탄수화물은 영양학적으로 중요한 차이가 있다. 침에는 지방을 분해하는 효소인 리파아제 lipase도 들어 있는데, 여기서 방출되는 지방산도 맛봉오리의 수용체를 자극한다. 이렇듯 진화는 우리가 좋아하는 두 가지 고에너지 식품을 감지할 수단을 마련해두었다.

설탕의 포도당은 보편적인 생물학적 연료로, 살아 있는 모든 것의 에너지원이다. 식물, 곤충, 효모, 인간은 모두 이 생물학적 연료를 교환하거나 훔친다. 포도당은 용액 상태로 동물의 혈관을 이동하며 식물에서는 자당(포도당과 과당으로 이뤄진 당 분자)의 형태로 운반된다. 봄에 설탕단풍나무 수액이 오르면 캐나다 농부들은 자신의 나무에서 달콤한 액체를 받는데, 이것이 자당이다. 수액에는 당이 2퍼센트밖에 들어 있지 않기 때문에, 메이플 시럽을 만들려면 졸여서 당과 향미를 농축해야 한다. 이에 반해 열대 풀 사탕수수의 수액에는 당이 20퍼센트 들어 있다. 사탕수수는 아마도 8000년 전에 뉴기니에서 작물화되었으며 지금은 열대 전역에서 재배된다.[2] 수액이 어찌나 달콤한지 전통적 섭취 방법은 줄기에서 껍질을 벗겨 속을 씹는 것이었다.

꽃꿀의 당은 꿀벌을 비롯한 꽃가루받이 곤충을 꽃으로 유인하는 미끼다. 꽃꿀을 먹는 곤충은 식물이 태양 에너지원에서 만들어낸 당을 선 없는 전력망을 통해 실어 나른다. 길이가 수천 미터에 이르는 이 전력망은 인류를 비롯한 온갖 동물을 열량의 원천으로 인도한다. 꿀벌은 꽃꿀의 수분 함량을 낮추고 당 함량을 80퍼센트 이상으로 농축해 꿀을 만드는데, 이 농도에서는 효모(당을 훔치는 적)에 의한 발효가 일어나지 않는다. 고농도의 당은 방부 효과가 있다. 젤리, 잼, 과일 당절임, 꿀을 냉장고에 보관하지 않아도 되는 것은 이 때문이다.

포도당은 연료로 쓰일 뿐 아니라 (특히 식물에서는) 섬유소 같은 구조 화합물을 만드는 탄소 원자의 공급원으로도 이용된다. 솜사탕은 설탕을 길게 뽑아 만든 것이고 탈지면은 순수한 섬유소(포도당으로 만든 중합체)지만, 화학적으로는 둘 사이에 거의 차이가 없다. 우리에게 솜사탕은 식품이고 탈지면은 소화가 안 되지만, 두 가지 형태의 당과 정반대의 관계를 맺고 있는 생물들도 있다. 소처럼 식물만 먹고 사는 동물은 섬유소를 소화할 수 있을 것 같지만, 실은 어떤 동물도 그런 효소가 없기에 장내 미생물에게 의존한다. 이 세균이 보기에 섬유소는 전채이자 주요리이자 후식이다.

꿀은 후식 메뉴 중에서 가장 오래된 음식이다. 오랑우탄과 침팬지는 벌집을 막대기로 쑤셔 꿀을 뽑아내고 벌 애벌레를 잡아먹어 단맛에다 단백질까지 얻는다. 우리의 대형 유인원 사촌들이 꿀을 먹는 것을 보면 꿀은 우리 조상과 침팬지 조상이 갈라진 500만 년 전 이전부터 사람족 식단의 일부였을 것이다.[3] 물론 이것은 추측이다. 꿀을 먹었다는 직접 증거는 구석기 시대에야 등장한다. 2만5000년 전 매머드 스텝을 누비는 대형 짐승들을 스페인 알타미라 동굴에 그린 미술가들은 작은 옆 동굴에 벌, 벌집, 꿀 채취용 사다리도 그려 넣었다. 아마도 야생 오록스를 주식으로 먹고 후식으로 곁들인 듯하다.

꿀을 채집하는 비슷한 그림이 세계 여러 곳의 구석기 동굴 벽화에 나타나지만, 가장 흔한 곳은 아프리카다. 현대 수렵채집인의 식단을 보면 이런 생활 방식에서 꿀이 얼마나 중요한 식량인지 알 수 있다. 콩고민주공화국 이투리 삼림지대에 사는 에페족은 1년 중 두 달의 우기 동안 거의 꿀, 벌 애벌레, 꽃가루만 먹고 산다. 한 사람이 하루에 일반 크기의 병 세 개 분량의 꿀을 먹는다. 양은 그보다 적지만 1년 내내 꿀을 먹는 탄자니아의 하드자족이 수렵채집인의 전형에 가까울 것이다.[4] 그들이 사는 초지 사바나에는 바오밥나무가 듬성듬성 자라는데, 이 나무의 줄기와 가지의 구멍에 꿀벌이 집을 짓는다. 하드자족은 열량의 15퍼센트를 꿀에서 얻는다. 하드자족을 비롯한 아프리카 수렵채집인은 꿀길잡이새honeyguide와의 경이로운 공생 관계를 이용해 벌집을 찾는다. 꿀길잡이새의 학명은 습성에 걸맞게도 '인디카토르 인디카토르Indicator indicator'(길잡이 길잡이)다.

꿀길잡이새는 곤충을 먹는데, 벌 애벌레와 밀랍도 구할 수 있으면 먹는다. 꿀을 먹지는 않지만 벌집을 찾아다니며, 심지어 추운 아침에도 꿀벌이 나른해 침을 쏘지 못할 때 머리를 벌집 입구에 집어넣어 벌의 활동을 확인한다. 꿀길잡이새는 제힘으로는 꿀벌 둥지 안에 접근하지 못하기에 인간의 힘을 빌리는데, 하드자족 마을로 날아가 독특한 부름 소리를 내면 사람들은 이것이 따라오라는 신호임을 안다. 하드자족도 나름의 소리를 내어 1킬로미터 떨어진 곳에서도 꿀길잡이새를 불러들일 수 있다.

꿀길잡이새와 인간의 관계는 17세기에 처음 기록되었는데, 최근까지도 낭만적 신화로 치부되었다. 하지만 연구에 따르면 아프리카 수렵 채집인들의 말처럼 꿀길잡이새와 인간은 실제로 서로 소통하며 꿀을 찾아 협력한다.[5] 바오밥나무에서 벌집이 발견되면 하드자족은 도끼로 나무 말뚝을 뾰족하게 깎아 가지가 없는 줄기 아랫부분에 박아서 일종의 사다리를 만든 다음 이걸 타고 벌집에 올라간다. 그러고는 양봉가처럼 횃불 연기로 벌을 어리둥절하게 만들고는 도끼로 벌집을 줄기에서 떼어낸다. 꿀길잡이새와 인간의 관계는 서로에게 유익하다. 하드자족 꿀 사냥꾼이 꿀길잡이새를 따라다니면 녀석의 도움을 받지 못할 때보다 벌집을 찾는 시간이 5분의 1로 줄어든다.[6] 게다가 꿀길잡이새가 찾아내는 벌집은 꿀 사냥꾼 혼자 찾는 것보다 훨씬 크고 꿀도 훨씬 많이 들어 있다. 그 대신 꿀길잡이새는 인간의 도움 없이는 얻을 수 없는 식량 자원을 얻는다.

꿀길잡이새와 인간의 관계는 어떻게 진화했을까? 한 가지 가설은 꿀길잡이새가 다른 종과 협력해 길잡이 행동을 진화시켰으며—그런 종으로 벌꿀오소리honey badger가 있는데, 녀석은 잡식성 육식동물로 이따금 벌집을 습격한다—이 행동을 인간이 활용하게 됐다는 것이다. 그럴듯하게 들리기는 하지만, 꿀길잡이새를 관찰한 사람들은 녀석들이 인간 이외의 종을 안내하는 것을 한 번도 보지 못했다. 그러니 둘의 공생 관계는, 심지어 우리 종보다 오래된 습성일 가능성이 있다.

꿀길잡이새와 인간의 관계가 성공하려면 불을 다루는 능력이 꼭 필요하므로, 둘의 공생은 우리의 조상이자 불을 이용해 요리를 했다고 여겨지는 호모 에렉투스 시대에 진화했을지도 모른다. 심지어 더 이전으로 거슬러 올라간다고 주장하는 사람도 있다. 초기 사람족이 허브의 퇴치력과 약효를 이용해 벌을 무력화하고 벌침의 통증을 가라앉혔으리라는 것이다. 오늘날에도 세계 곳곳에서 이런 풍습을 볼 수 있다.[7] 우리가 단것에 이끌려 따갑고 심지어 목숨을 잃을 수도 있는 벌침을 불사하게 된 것이 얼마나 오래되었든, 꿀을 훔치는 동물 때문에 벌이 벌침을 진화시켰다는 것은 의심할 여지가 없다. 침이 없는 벌종이 많긴 하지만, 녀석들은 벌집이 작고 꿀이 적거나 아예 없다.

꿀벌이 탐나는 열량원을 지키듯 식물은 꽃꿀을 도둑으로부터 지킨다. 이 도둑들은 꽃가루받이를 하지 않으면서 꿀만 훔친다. 그리하여 많은 꽃은 자연선택을 통해 꽃꿀을 기다란 대롱 아래쪽에 숨겨, 긴 주둥이를 진화시킨 충실한 꽃가루받이 곤충만 닿을 수 있도록 했다. 꽃꿀에 독을 타기도 한다. 이런 독소가 도둑으로부터 어떻게 꽃꿀을 보호하는지, 아니 보호하기는 하는지 확실치는 않지만, 독의 효과가 선택적인 것을 보면 그런 역할을 할 가능성도 있다. 꿀벌은 독이 있는 꽃꿀을 마다하지 않지만 사람은 이런 꿀을 먹으면 심하게 앓는다. 이렇듯 독성 꽃꿀은 꽃가루받이 곤충을 쫓지 않으면서도 목본초식 포유류가 꽃을 먹어버리지 못하도록 하는 듯하다. 독성 꽃꿀을 만드는 식물로는 만병초*Rhododendron ponticum*를 비롯한 여러 만병초속, 협죽도*Nerium oleander*, 칼미아*Kalmia latifolia* 등이 있다.

고대 그리스의 지리학자 스트라보는 흑해 인근 폰투스(지금의 터키)의 토박이인데, 독초인 만병초*Rhododendron ponticum*의 이름이 '폰투스*Pontus*'에서 왔다. 스트라보의 이야기에 따르면 폰투스 사람들은 만병초가 피었을 때 그 지역에서 채취한 꿀에 독성이 있음을 잘 알았기에 로마 장군 폼페이우스의 군대가 다니는 길에 독이 있는 벌집을 놓아두어 그들을 격퇴했다고 한다. 3개 대대가 달콤한 미끼를 먹고 전투 불능 상태가 되어 단 한 사람에게 도살당한 것이다.

꿀은 건강에 좋다는 이미지가 있고 순수한 쾌감을 주기 때문에, 꿀에 독이 있을 수도 있다는 주장은 현대 들어서까지 의심을 샀다. 《브리태니커 백과사전》1929년 판에서는 고대 로마의 저술가 대大플리니우스가 《박물지》에서 흑해의 '광밀狂蜜'을 서술한 것을 조롱조로 언급했다.[8] 광밀의 신경독 효과가 만병초, 진달래, 협죽도의 꽃꿀에서 비롯한다는 플리니우스의 지적은 옳았다. 이 식물들은 모두 잎에 독이 있는 것으로 알려져 있었다. 하지만 《브리태니커 백과사전》은 이렇게 상상의 나래를 펼쳤다. "이 옛 저술가들이 묘사한 증상들은 과식 때문일 가능성이 다분하다." 터키에서는 지금도 광밀에 의한 중독이 이따금 일

어나는데, 중년 남성이 정력을 되살리려는 헛된 희망으로 섭취한 경우가 대부분이다.[9]

자연의 시장에서 당질 수액을 '운반하거나 훔치거나 예금하거나 쓸 수 있는 액체 화폐'라고 한다면 지방은 은행에 예금한 즉, 몸 안에 고이 간직해 필요할 때 꺼내 쓸 수 있는 돈이다. 버터의 지방은 당에 비해 무게당 두 배의 열량을 낸다. 지방은 대다수 음식에 재료로 들어간다. 맛있는 후식의 요리법에 지방이 하나도 들어가지 않는 경우는 드물다. 지방은 그 자체로 맛있을 뿐 아니라, 많은 향미 분자가 지용성이어서 이것들이 후각 수용체에 전달되려면 지방이 필요하다.

지방은 형태가 다양한데, 그중 하나는 식물이 씨앗에 공급할 에너지의 저장고다. 초콜릿이 입안에서 사르르 녹는 것은 체온에서 녹는 지방과 촉진제 역할을 하는 알칼로이드 테오브로민이 카카오 *Theobroma cacao* 씨앗에 들어 있기 때문이다. 이 조합에 당을 첨가하면 중독성을 띤다 해도 이상할 것이 없다. 후식 자체가 열량 초과 섭취의 원인은 아니지만, 칼로리 폭탄 케이크는 오늘날 과체중이나 비만이 주된 건강 문제인 이유를 잘 보여준다.

필수 에너지의 농축 공급원인 당과 지방을 우리가 거부하지 못하는 것은 진화적으로 전혀 수수께끼가 아니지만, 이것을 섭취하는 것이 우리에게 그토록 나쁜 이유는 무엇일까? 탄수화물과 지방이 많은 식품과 음료, 그리고 에너지를 거의 소비하지 않는 좌식 생활은 전 세계 비만 유행의 주요인이다. 미국 성인 인구의 3분의 1이 비만이다(체질량 지수 30 이상). 체질량 지수는 몸무게(킬로그램)를 키(미터)의 제곱으로 나눈 비율이다. 한편 미국 성인의 3분의 1은 과체중이다(체질량 지수 25~30).

따라서 미국 인구의 3분의 2는 섭취하는 열량이 태우는 열량보다 많으며 잉여 에너지를 지방으로 저장한다.[10]

많은 선진국이 비슷한 상황이다. 영국 남성의 3분의 2가 과체중이거나 비만이며 서유럽 인구 전체의 과체중·비만 비율은 61퍼센트다.[11] 북아메리카와 서유럽에서 여성의 과체중 비율은 남성보다 약간 낮지만 비만 비율은 약간 높다. 아시아는 이 정도로 심각하지는 않다. 일본 남성의 4분의 1 이상과 여성의 18퍼센트가 과체중이지만, 비만 비율은 서구에 비해 매우 낮다(3~5퍼센트).

개발도상국마다 편차가 크긴 하지만 과체중은 많은 나라에서 골칫거리다. 이집트에서는 남성의 71퍼센트와 여성의 80퍼센트가, 멕시코에서는 67퍼센트와 71퍼센트가 과체중이거나 비만이다. 다른 개발도상국은 비율이 낮지만, 개발도상국 전체 인구로 따지면 규모가 엄청나며 전 세계 비만 인구의 62퍼센트가 개발도상국에 산다. 기아는 근절되지 않았지만, 통계는 개발도상국을 빈곤, 영양 결핍과 짝짓는 통념과 전혀 다른 결과를 보여준다.[12] 인도는 두 종류의 영양실조를 겪고 있다. 많은 인구가 굶주리는 와중에 너무 많이 먹는 인구가 늘고 있는 것이다.

과체중은 대사 증후군의 주요 위험 인자다. **대사 증후군**metabolic syndrome이란 홍조처럼 비만 주위에 몰려드는 질병 떼로, 고혈압, 심혈관 질환, 제2형 당뇨병, 중성 지방 및 나쁜 콜레스테롤 혈중 농도의 상승 등이 있다. 제2형 당뇨병은 우리 몸에서 혈당이라는 연료를 조절하는 시스템에 문제가 생긴 것이다. 정상적 상황에서는 탄수화물을 섭취할 때 혈중 포도당 농도가 치솟고 췌장이 이에 반응해 인슐린이라는 호르몬을 혈류에 분비한다. 이를 통해 인체의 세포들이 포도당을 얻고 잉여 포도당을 지방으로 바꾼다. 이 과정은 혈당이 낮아지고 인슐린 생산량이 감소하고 인체가 공복 상태로 돌아가는 되먹임 고리를 이룬다. 제2형 당뇨병은 인체의 세포들이 오랜 기간에 걸쳐 인슐린에 반응하지 않게 되는 만성병이다. 제2형 당뇨병이 진행되면 혈중 인슐린 농도와 포도당 농도를 조절해야 할 되먹임 고리가 망가져 두 농도가 높아진다.

제2형 당뇨병의 증가는 진화적 차원의 건강 문제인데, 그 이유는 질병 감수성이 유전되기 때문이다. 이것이 우리의 수수께끼다. 제2형 당뇨병은 남녀 모두의 생식력을 약화시키고 수명을 약 11년 감소시키므로 질병 감수성을 일으키는 유전적 변이는 자연선택에 의해 오래전에 인구 집단에서 사라졌어야 한다. 그런데도 당뇨병의 발병률이 높은 걸 보면 그런 일은 일어나지 않았다. 이것은 두 가지로 설명할 수 있다. 첫째, 당뇨병 유전자는 매우 최근까지도 해롭지 않았을 수 있다. 이 유전자는 과체중인 사람에게만 악영향을 끼치기 때문이다. 오늘날처럼 비만이 문제가 되기 전에는 이 유전자를 가진 사람이 병에 걸릴 만큼 비만해지는 경우가 드물었다. 이 가설에 따르면 문제는 유전자 자체가 아니라 제2형 당뇨병 감수성 유전자와 과체중의 조합이다.

또 다른 가설은 오늘날 제2형 당뇨병 감수성을 높이는 유전자가 한때 우리에게 유익하던 조건의 부산물이라는 것이다. 이 주장은 1962년 제임스 닐James Neel이 처음 내놓았다. 미시간대학교의 의학자이던 닐의 애초 목표는 당뇨병이 유전되는 이유를 설명하는 것이었다.[13] 그는 같은 식사를 해도 남보다 더 많은 에너지를 지방으로 저장하도록 하는 유전적 구성(유전자형genotype)을 물려받는 사람들이 있다고 주장했다. 이 유전자형은 식량 공급이 들쭉날쭉하던 구석기 시대에 유리하게 작용했을 것이다. 그는 이것을 절약의 이점에 빗대어 **절약 유전자형**thrifty genotype이라고 불렀다. 돈을 절약하면 궂은 날을 대비해 저축할 수 있듯 절약 유전자형은 배고픈 시기를 대비해 지방을 저축한다. 닐의 가설에 따르면 절약 유전자형은 식량이 주기적으로 부족할 때는 진화에 의해 선호되었으나 식량이 풍족한 현대에는 유해하게 바뀌었다. 현대에는 이 유전자형을 가진 사람들이 지방을 너무 많이 저장해 질병에 걸린다는 것이다.

처음 제시된 지 60년 가까이 지난 지금, 절약 유전자형 가설은 현대의 당뇨병 유행에 대한 설명으로 여전히 널리 제시되고 있다. 1962년 이후 관련된 모든 과학 분야에서 큰 진전이 있었기에 이제는 이 가설이 얼마나 증거에 부합하는지 따져볼 수 있다. 우선 우리가 생리학적으로 구석기인이며 (그를 비롯한 사람들이 생각하기에) 풍요와 기근을 번갈아 겪던 수렵채집인의 삶에 적응했다는 제임스 닐의 전제를 들여다보자. 이 주장은 두 부분으로 나눌 수 있다. 첫째는 구석기 시대에 기근이 흔했다는 가정이고 둘째는 춘궁기에 뚱뚱한 것의 이점이 나머지 시기에 뚱뚱한 것의 위험보다 크다는 가정이다. 두 가정 다 논란의 여지가 있다.

증거는 두 종류다. 하나는 아프리카 남부의 산족(부시먼) 같은 현대 수렵채집인 사회의 생활 양식이고—이들은 우리의 구석기 조상들과 비슷하게 살고 있다고 추정된다—다른 하나는 비만 유전자다. 생존 방식에 따른 기근의 빈도를 비교한 최근 연구에 따르면 수렵채집인 사회는 비슷한 환경의 농업 사회에 비해 기근을 덜 겪었다.[14] 농업은 위험과 이익이 큰 생존 방식이다. 풍년이 들면 인구가 부쩍 증가할 수 있고 흉년에는 극심한 식량 부족을 겪을 수 있기 때문이다. 수렵채집인이 기아에 덜 취약한 이유는 인구가 적으며 더 넓은 범위의 식량에 의존하기 때문이다. 게다가 현생 수렵채집인의 체질량 지수는 예외 없이 정상 범위의 마른 쪽 끝(약 20)이며 (현대인의 생활 양식과 식단을 받아들이기 전에는) 궁핍한 시기를 대비해 지방을 저장하는 성향을 전혀 나타내지 않는다.[15]

따라서 구석기 식단(1장)과 마찬가지로 석기 시대 조상들의 삶에 대한 이 가정은 사실이라기보다는 만화영화 〈고인돌 가족Flintstones〉류의 허구에 가깝다. 하지만 애초의 발상을 수정할 수 있다면 절약 유전자형 가설을 몽땅 내다 버리지 않아도 된다. 농업이 인류에게 기근을 가져왔다면 농업 사회에서—그 이전이 아니라—절약 유전자형의 이점을 확인할 수 있을 것이다. 닐의 가설을 이런 식으로 수정하면 절약 유전자형은 기근이 일어나기 쉬운 생존 방식인 농업의 등장 이후에 진화했는지도 모른다.

이 수정 버전이 옳으려면 절약 유전자형은 더 빠르게 진화하고 전파되었어야 한다. 농업이 시작된 신석기 시대는 기껏해야 1만2000년 전이기 때문이다. 하지만 그 시기에 일어난 변화는 이것만이 아니다. 지난 1만2000년 사이에 일어난 많은 유전적 변화를 대상으로 대규모 인간 유전체 연구가 진행되었지만, 제2형 당뇨병 성향을 높이는 유전자형이 전파되었다는 증거는 하나도 없었다.[16] 사실은 정반대다. 유전적 증거에 따르면 신석기 시대 이후로 작용한 자연선택은 일부 인구

집단에서 제2형 당뇨병의 위험을 (높이는 것이 아니라) 낮추는 대립유전자를 선호했다.[17]

어쩌면 그런 유전자가 전파되지 않았을지도 모른다. 지금이야 제2형 당뇨병이 전 세계적 유행병이지만 제임스 닐이 설명을 시도하던 1962년에만 해도 희귀병이었기 때문이다. 1962년에는 왜 어떤 가문이 다른 가문보다 제2형 당뇨병에 취약한지 묻는 게 의미가 있었으나 전체 인구의 상당 부분이 과체중의 위험에 처한 지금은 이 질문의 타당성이 부쩍 줄었다. 사실, 이제는 제2형 당뇨병 성향을 일으키는 유전자를 찾을 게 아니라 몇몇 운 좋은 사람들에게서 발병을 예방하는 유전자를 찾아야 한다고 말할 수도 있다.

절약 유전자형 가설의 종말은 진화생물학이 제2형 당뇨병 유형의 원인을 밝혀낼 수 없다는 뜻일까? 아니, 그렇지 않다. 문제의 다른 측면으로 눈을 돌려보자. 우리가 물어야 할 질문은 왜 어떤 사람들이 제2형 당뇨병에 더 취약한가가 아니라 왜 대다수 사람이 취약하도록 인간 생리가 진화했는가다. 여기에 동반되는 또 다른 질문은 인류의 식단에 어떤 변화가 일어났기에 이러한 전 세계적 취약성이 단 몇십 년 만에 나타났는가다. 캘리포니아대학교 샌프란시스코 캠퍼스의 내분비학자 로버트 러스티그Robert Lustig 박사에 따르면 두 질문의 답은 한 단어로 나타낼 수 있다. 그것은 **과당**fructose이다.[18]

과당은 포도당과 함께 자당 분자를 이루는 쌍둥이로, 둘 중에서 더 달콤하고 더 치명적이다. 과당은 포도당보다 무게 대비 두 배 달고, 과일에 들어 있는 과당은 우리 같은 동물을 사정없이 유혹한다. 과일은 익을수록 더 달콤해지고 더 향기로워져, 자신을 날라줄 동물을 끌어들인다. 이런 식으로 식물의 씨앗은 생장을 촉진하는 똥 속에 담긴 채 발아에 유리한 장소로 이동한다. 그렇다면 과일은 식물의 유전자라는 귀중한 짐을 감싼 일회용 포장지다. 과일의 영양소는 택시비이고, 택시비를 챙기는 새와 박쥐와 영장류는 택시이며, (식물의 관점에서) 목적지는 미래 세대를 위한 확실한 장소다.

식품 및 음료 회사도 과일과 같은 수법을 쓴다. 그들은 효소를 이용해 옥수수 시럽의 포도당 일부를 과당으로 전환해서 **고과당 옥수수 시럽**high-fructose corn syrup(HFCS)을 만든다. HFCS는 아주 값싸고 아주 달고 맛이 기막히기 때문에 제조업체들은 많은 가공식품과 대부분의 소다에 HFCS를 첨가한다. 과당 소비량은 지난 30년간 두 배로 증가했으며, 이것이 비만과 대사 증후군 발병에 주요한 역할을 한다는 증거가 수두룩하다.[19]

식단과 몸무게 증감에 대한 통념은 신체가 열량의 은행 계좌와 비슷하다는 것이다. 찰스 디킨스의 소설《데이비드 코퍼필드》에서 미코버 씨는 데이비드에게 "일 년에 금화 스무 냥을 벌어서 금화 열아홉 냥에 은화 열아홉 냥과 구리동전 여섯 냥만 쓴다면 그 사람은 행복하겠지만, 금화 스물한 냥을 쓴다면 그 사람은 정말 불행할 것"이라고 충고했다. 여기서 '불행' 대신 '기아'를, '행복' 대신 '뚱뚱함'을 넣으면 돈과 열량이 꼭 맞아떨어진다. 사실 비유와 그 모형은 둘 다 똑같이 그럴듯하고 똑같이 널리 인정되고 똑같이 틀렸다.

틀린 이유도 비슷하다. 돈은 경제 주체들에게 그저 흘러들었다 흘러나오는 것이 아니다. 돈을 보관하고 찍어내고—혹은 평가절하하고—빌려줄 수 있는 중앙은행이 돈의 흐름을 조절한다. 이것이 국가 경제가 돌아가는 방식이다. 마찬가지로 몸은 열량 섭취와 열량 소비의 증감에 수동적으로 반응하는 것이 아니라, 열량을 얼마나 빨리 소비하고 저장하고 연소할지를 비롯한 전체 과정을 조절한다.[20] 식품 섭취는 총체적 요인들이 세부 사항에 영향을 미치는 복잡한 과학적 현상이다. 심리학자들에 따르면 메뉴와 식기의 디자인, 음식 이름, 접시 색깔, 유리잔 모양, 배경 음악, 실내조명 등 식당의 여러 요소가 우리에게 영향을 미친다.[21] 이런 영향은 실제 음식의 냄새를 맡거나 맛을 보기도 전에 작용한다!

이런 미묘한 영향과 별개로, 우리가 먹는 양과 식품 속 열량에 일어나는 변화를 조절하는 호르몬이 세 가지 있다. **그렐린**ghrelin은 위가 비었을 때 신호를 보내고, 췌장에서 분비하는 **인슐린**은 혈당치를 줄여야 할 때 신호를 보내며, 지방 세포가 만드는 **렙틴**leptin은 지방 저장 용량이 한계에 도달했을 때 신호를 보낸다. 이 세 가지 호르몬 신호를 받아들이는 곳은 뇌의 시상하부로, 이곳에서 몸의 에너지 경제를 조절하는 균형 유지 활동이 일어난다. 과당의 문제는, 엄연한 당이고 열량도 포도당과 같은데도 인체가 당으로 인식하지 못해 에너지 섭취와 저장을 제한하는 조절 호르몬을 활성화하지 않는다는 것이다.

보통의 오렌지 주스 한 잔에 들어 있는 당 12그램을 따라가면서 포도당과 과당의 대사 과정이 어떻게 다른지 살펴보자. 오렌지 주스의 자당은 위에서 50:50 성분인 과당과 포도당으로 나뉜다. 포도당은 식품으로 감지되어 굶주림 호르몬 그렐린을 억제하기 시작하지만, 과당은 이런 효과가 없기에 과당의 열량은 "멈춰! 배불러."라는 반응을 일으키지 않은 채 자유롭게 몸속으로 입장한다. 그런 다음 당은 혈류에 들어가 몸을 순환한다. 포도당은 인체의 모든 장기에서 연료로 쓰지만, 과당은 간에서만 대사할 수 있다. 따라서 포도당은 모든 장기가 나눠 쓰지만, 과당은 사실상 전부 간으로 간다. 말하자면 여러분이 음료수로 섭취한 열량의 절반이다. 간은 포도당 부하의 약 20퍼센트도 처리하기 때문에, 여기에 과당까지 감안하면 일반적인 가당 음료의 열량 중 60퍼센트를 간이 대사해야 한다. 과당은 간을 혹사한다.

하지만 과당이 끼치는 해악은 단지 커피 스푼으로 측정되는 것이 아니다. 한 스푼의 과당이 일으키는 생리적 효과는 같은 양의 포도당보다 큰데, 이는 위의 포만감 센서뿐 아니라 연료 경제를 관할하는 그밖의 메커니즘이 과당을 감지하지 못하기 때문이다. 혈중 포도당은 췌장에서 인슐린을 생산하도록 자극해 몸의 장기들이 당을 이용하거나 지방으로 저장하도록 한다. 지방 세포는 렙틴 호르몬을 생산하는데, 열량을 초과 저장해 렙틴 수치가 올라가면 시상하부에서 그만 먹으라는 명령을 내린다. 하지만 과당은 인슐린을 촉발하지 않기에 과당의 열량은 렙틴의 연쇄적 상승을 일으키지 않고 시상하부에 신호를 보내 중단 명령을 내리게 하지도 않는다. 그래서 우리는 꾸역꾸역 먹는다.

과당이 투명 망토를 둘러 과식 경계병의 감시를 피하긴 하지만, 최악의 만행은 따로 있다. 뚱뚱해지는 것만 해도 충분히 나쁜 일이지만, 과당은 훨씬 은밀하고 흉악한 짓을 저지른다. 대사 증후군을 앓는 비만 환자에게 식단의 과당을 같은 열량의 녹말성 식품으로 대체하도록 했더니 몸무게가 줄고 9일 만에 대사 상태가 개선되기 시작했다.[22] 이것은 과당이 대사 증후군에 미치는 영향을 열량 함량만으로는 설명할 수 없다는 뜻이다. 뭔가 다른 일이 벌어지고 있다. 로버트 러스티그는

과당을 **독소**toxin라고 부른다.[23]

독소는 필수 대사 과정을 방해해 목숨을 위협하는 성분이다. 모든 독소의 특징은 투여량에 따라 효과가 달라진다는 것인데, 과당의 해로운 효과도 마찬가지다. 과일을 통째로 먹을 때처럼 천천히 혈류에 흘러드는 소량의 과당은 간에서 처리할 수 있다. 하지만 대량의 과당을 정기적으로 섭취하면 간에 위험 수준의 지방이 쌓여 대사 증후군과 제2형 당뇨병의 다양한 증상이 나타난다. 안타깝게도 주서기나 스무디 기계를 통과한 과일은 위에서 통과일이 아니라 매우 단 음료수처럼 행동하는데, 이것은 통과일에서 과당의 흡수를 지연시키는 섬유질이 기계적 공격을 받아 제 역할을 못 하기 때문이다.

이런 의문이 들 것이다. 그런데 이게 진화와 무슨 상관이지? 질문해줘서 고맙다. 요점은 우리의 현대적 조건을 설명하려 할 때 말린 주크Marlene Zuk가 말하는 **구석기 환상**paleofantasy[24]에 빠지지 않도록 주의해야 한다는 것이다. 물론 우리는 진화사의 제약을 받으며, 과당이 인간에게는 독성이 있지만 벌새는 과당 없이는 살 수 없는 이유를 진화사의 관점에서 설명할 수 있다. 절약 유전자형 가설로 돌아가서 과당과 대사 증후군에 대해 우리가 아는 사실을 접목하면, 닐이 일부 당뇨병 환자에게서 본 것은 거의 모든 사람이 가진 취약성 패턴의 극단적 사례에 불과함을 알 수 있다. 진화는 운명이 아니라 가능성이다. 이를 보여주는 식품이 많지만 치즈만 한 것은 없다.

II

치즈·낙농

우유는 가장
자연적인
식품이지만 치즈는
역설적이게도 가장
인공적이다.

우유는 인간의 섭취를 위해 진화한 것이 분명한 유일한 식품이다. 치즈는 이 진화의 선물을 다른 생물과 나눈 결과다. 이 생물들은 치즈에 담긴 에너지 일부를 가져가는 대신 무궁무진한 향미를 선사한다. 젖샘에서 이따금 나오는 넉넉한 분비물은 모든 새끼 포유류의 생존에 무척 중요하므로, 여러분은 포유류의 조상이 젖 없이 어떻게 살 수 있었을지 의문이 들지도 모르겠다. 어떤 적응에 대해서도 같은 질문을 던질수 있다. 찰스 다윈은《종의 기원》에서 자연선택에 의한 진화가 점진적 과정이며 자연은 도약하지 않고 작은 단계를 누적해 매우 오랜 기간에 걸쳐 거대한 변화를 이룬다고 주장했다. 실제로 그는 점진성이 자연선택에 의한 진화의 본질이라고 생각했으며 이를 자기 이론의 시금석으로 여겼다. "만약 현존하는 복잡한 기관이 무수히 연속적이고 미세한 변형에 의해 만들어질 수 없다는 것이 증명된다면 내 이론은 완전히 무너질 것이다."[1]

동물학자 성 조지 마이바트St. George Mivart는—그는 용을 무찌른 신화 속 기사 성 게오르기우스와 이름이 같았기에 그에 걸맞게 살아야 한다고 생각했을 것이다—이 측면에서 다윈의 이론을 끈질기게 공격했다. 그는 포유류의 오래전 조상에서 막 나타난 젖샘이 하도 초보적이어서 젖먹이에게 소용없었으리라고 주장했다. "어떤 짐승의 새끼가 우연히 비대해진 어미의 피부샘에서 영양소가 거의 없는 액체가 찔끔 찔끔 흘러나오는 것을 우연히 빨아먹은 덕에 죽지 않았으리라는 것이 가당키나 한가?"[2] 유도 신문이라는 게 있다면 바로 이럴 것일 거다.

마이바트는 젊은 시절에 다윈 이론을 지지했지만, 훗날 진화론을 버리지 않으면서도 종교적 신념 때문에 자연선택의 보편성에 이의를 제기했으며 자연선택 이론에서 신의 설계나 지령을 찾아볼 수 없다고 공격했다. 다윈은 1872년에《종의 기원》최종판인 6판을 쓰다가 마이바트의 여러 비판에 답하기 위해 장 하나를 새로 써야겠다고 마음먹었다. 다윈은 7장에서 이렇게 썼다. "젖샘은 모든 포유류 집단에 공통되며 생존에 필수 불가결하다. 따라서 젖샘은 극히 이른 시기에 발달했음이 틀림없다." 하지만 다윈은 초보적 젖샘이 새끼에게 가치가 없으리라는 마이바트의 문제 제기가 부당하다고 말한다. 오리너구리에게 이미 그런 장기가 있음이 알려졌다는 이유에서였다. 새끼 오리너구리는 어미의 피부에 있는 도관에서 직접 젖을 빨아 먹는다. 오리너구리의 피부에는 젖꼭지가 없기 때문에 새끼 오리너구리는 마이바트가 가당치 않다고 말한 행동을 실제로 한다.

오리너구리는 알을 낳는 신기한 포유류 집단인 **단공류**monotreme에 속한다. 단공류는 초기 포유류를 닮았으리라 생각된다. 오리너구리는 오스트레일리아 야생에서만 발견되며 야행성이어서 낮에는 깊은 굴속에 숨어 있다. 1872년에만 해도 오리너구리가 알을 낳는다는 사실은 확인되지 않은 소문에 불과했다. 오리너구리가 초보적 젖샘을 가졌을 뿐 아니라 알도 낳는다는 사실을 다윈이 확실히 알았다면, 그는 오리너구리가 포유류의 난생 조상과 젖꼭지 달린 후손 사이의 이행기를 나타내는 잔존종임을 훨씬 확고하게 주장할 수 있었을 것이다.

다윈의 추측대로 젖을 분비하는 샘은 피부의 모낭 옆에 있는 땀구멍과 해부학적으로 비슷하며 땀구멍의 특수한 형태로 진화한 것이 거의 확실하다.[3] 젖먹이기의 기원이 오래전으로 거슬러 올라간다는 추측도 옳았다. 유전적·생화학적 증거에 따르면 젖먹이기는 최초의 포유류가 등장한 약 2억 년 전보다 훨씬 이전에 시작되었다.[4] 이에 대한 증거는 오리너구리를 비롯한 모든 종의 젖에 똑같은 유전자가 만들어낸 똑같은 기본 성분들이 들어 있다는 것이다. 이것이 가능하려면 모든 포유류가 처음부터 온전한 젖먹이기 세트를 갖춘 공통 조상에서 유래했어야 한다. 이 복잡한 세트가 진화하는 데도 시간이 걸렸을 테니 젖먹이기는 2억 년 전보다 훨씬 오래전에 기원했음이 틀림없다. 역설적으로 들리겠지만, 조류의 알이 조류에 선행하듯 포유류의 젖샘과 젖은 포유류에 선행한다.

포유류의 젖은 젖먹이에게 영양을 공급하고 젖먹이를 보호하는 두가지 상호 의존적인 기능을 하는 독특한 액체다. 영양을 공급하는 것은 젖에 들어 있는 단백질, 지방, 당(젖당), 칼슘, 기타 무기질이고 젖먹이를 보호하는 것은 항균 작용을 하는 여러 항체와 효소다. 이런 성분은 새끼 포유류가 갓 태어나 처음 먹는 젖인 초유에 특히 풍부하다. 초유에는 어미의 면역 세포도 들어 있다.

젖의 탄수화물 성분은 모든 세포가 이용할 수 있는 보편적인 당인 포도당이 아니라 유별난 당인 젖당의 형태가 대부분인데, 이는 이례적 현상이다. 포유류는 왜 소화해야만 쓸 수 있는 탄수화물을 새끼에게 먹이는 것일까? 젖이 고에너지 포도당 음료처럼 즉효가 있으면 새끼에게 더 좋지 않겠는가? 젖당은 바로 그 성질 때문에 포도당보다 유익하다. 세상은 포도당에 굶주린 세균과 효모로 가득하지만, 젖당을 이용할 수 있는 세균은 몇 종류 안 된다. 젖샘이 세균이나 효모에 감염되면 어미와 젖먹이가 어떤 곤경에 빠질지 상상해보라. 실제로 양조업자들은 효모가 젖당을 발효시키지 못하는 성질을 이용해서 맥주에 젖당을 첨가해 단맛을 내는데, 이런 맥주를 '밀크 스타우트milk stout'라고 한다. 만일 젖당 대신 포도당이나 자당을 넣으면 효모에 의해 알코올로 바뀌어버릴 것이다.

새끼에게 유별난 당을 먹이는 데는 문제가 하나 있다. 당을 분해할 수 있는 유별난 효소가 새끼에게 필요하다는 것이다. 새끼 포유류의 위에는 바로 이 일을 하는 효소인 **락타아제**lactase가 들어 있다. 새끼가 자라 젖을 떼면 필요 없어진 락타아제는 분비량이 점차 줄다 아예 없어진다. 성체가 먹는 음식에는 젖당이 들어 있지 않다. 이 때문에 포유류는 어릴 때 어미의 젖에 든 젖당을 먹고 자랐더라도 성체가 되면 젖당을 정상적으로 소화하지 못한다. 젖당을 소화하지 못하는 것은 인간 성인에게도 정상적 조건이다. 젖당 불내증이 있는 사람이 발효되지 않은 생우유를 마시면 장내 세균이 젖당을 포식하면서 가스를 발생시켜 설사와 위경련이 일어난다. 여러분에게 젖당 내성이 있다면 그것은 어른이 되어도 락타아제를 계속 생산하도록 하는 대립유전자를 가졌기 때문이다. 이런 돌연변이가 생겨서 전파되는 것은 여러분 각자의 가족 내력이다.

약 1만 1000년 전 서남아시아에서 소와 양을 가축화한(7장) 최초의 농부들은 고기뿐 아니라 젖도 이용했을 것이다. 하지만 성인은 젖을 먹지 않았을 것이다. 최초의 농부들은 오늘날 서남아시아에 사는 후손들처럼 젖당 내성이 없었을 테니 말이다. 그 대신 그들은 오늘날의 그 지역 사람들과 마찬가지로 젖을 이용해 요구르트를 만들었을 것이다. 요구르트는 젖산균 종균을 젖에 넣어 만든다. 젖산균은 대다수 세균과 (심지어) 우리 몸의 세포와 달리 젖당을 에너지원으로 쓸 수 있는 희귀한 능력이 있다. 젖산균은 젖당을 먹고서 생장 노폐물로 젖산을 배출한다. 유산균속*Lactobacillus*이 젖당을 모조리 먹어치우기 때문에 이렇게 만든 요구르트는 젖당 내성이 없는 사람이 먹어도 안전하다.

요구르트 제조는 젖이 새끼의 식량으로 진화하면서 가지게 된 성질을 활용한다. 젖의 단백질은 두 종류가 있다. **카세인**casein은 젖에 산을 가했을 때 응고되지만 **유청단백질**whey protein은 여전히 용해되어 있다. 카세인 분자 하나하나는 작은 섬유로, 이것이 뭉쳐 미셀micelle이라는 나노 크기의 둥근 털공을 이룬다. 카세인 미셀은 젖에 부유물로 떠 있을 때는 빛을 산란해 흰색을 띠게 하지만 이것을 제거하고 남은 유청단백질은 투명하다.

젖에 떠 있던 카세인이 산성화되어 고체의 **커드**(유즙에 산 또는 응유 효소인 레닌이나 펩신 등을 넣었을 때 생기는 응고물_옮긴이)로 바뀌는 것은 어미와 새끼 둘 다에게 적응적 기능이 있다.[5] 젖은 젖샘에서 새끼에게로 자유롭게 흐를 수 있지만, 새끼의 위에 도달해 산성 환경을 만나면 카세인이 응고한다. 이래야 하는 이유는 카세인이 소화되려면 여러 시간이 걸리는데 부유물 상태에서는 유실될 수 있기 때문이다. 이에 반해 용액에 남아 있는 유청단백질은 더 쉽고 빠르게 소화할 수 있다.

치즈를 만들 때도 젖산균 종균을 쓰는데, 이 때문에 치즈도 젖당이 없다. 또한 카세인 미셀의 용해도를 줄여 쉽게 응고하도록 송아지의 위에서 추출한 레닛rennet이라는 효소를 이용한다. 레닛은 엉겅퀴 등의 식물로도 만들 수 있다.

고고학 유적에서 발견된 사금파리의 젖 잔존물로 보건대 7000년 전에는 서남아시아 전역, 특히 소를 치던 곳에서 낙산물酪産物이 이용되었음을 알 수 있다.[6] 가장 오래된 그릇에 어떤 낙산물이 담겨 있었는지는 알 수 없지만, 치즈보다는 요구르트였을 가능성이 크다. 치즈는 나중에 발전했기 때문이다. 치즈 제조 설비가 발견되는 것은 최초의 낙농용 도자기가 등장한 지 약 1000년 뒤다. 그러다 약 6000년 전에 새로운 그릇이 등장했는데, 여기에는 작은 구멍이 많이 뚫려 있었다. 이 그릇 조각에 유지방 잔존물이 묻어 있었는데, 아마도 그릇을 체로 사용해 젖당을 함유한 유청으로부터 지방이 풍부한 커드를 분리하는 방식으로 커드 치즈를 만들었을 것이다.[7]

서남아시아에서 낙농을 발명한 사람들과 마찬가지로 유럽 최초의 신석기 농부들도 성인이 되면 젖당 내성이 사라졌을 것이다.[8] 하지만 약 7500년 전 유럽 중부와 발칸반도 사이에서 성인도 락타아제를 생산하도록 하는 돌연변이가 생겨났다.[9] 성인이 되어도 젖당 내성을 유지하게 해주는 이 돌연변이는 유럽 북부에 퍼져 유럽 출신 사람들의 진화적 유산이 되었다. 이것은 그들이 지금 사는 곳과는 무관하다. 이를테면 유타주에서는 성인 인구의 90퍼센트 이상이 젖당 내성을 가지고 있다.

젖당 내성 돌연변이가 유럽에서는 이토록 빨리 퍼졌는데 정작 낙농업의 고향에서는 진화해 전파되지 못한 이유가 무엇일까? 질문의 첫 번째 부분보다는 두 번째 부분이 대답하기에 수월하다. 서남아시아에서는 젖에서 젖당을 제거해 커드 치즈와 요구르트를 만드는 기술이 발명된 덕에 젖당 내성이 없는 사람도 낙산물을 안전하게 먹을 수 있었기 때문이다. 따라서 이런 식으로 젖을 이용하는 사람들에게서는 젖당 내성 돌연변이가 생겼더라도 그렇지 않은 사람들에 비해 진화적 이점이 없었기에 전파되지 못했을 것이다. 낙농업이 시작된 서남아시아 사람들의 젖당 내성 대립유전자 비율이 낙농업 전통이 전혀 없는 극동 사람들만큼 낮은 것은 이 때문일 수밖에 없다.[10] 남은 문제는 왜 유럽에서는 낙농 기술에도 불구하고 젖당 내성이 진화했는가다.

젖당 내성이 유럽 중부에서 북쪽으로 재빨리 퍼진 것은 인간에게서 일어난 양의 자연선택positive natural selection의 가장 강력한 예 중 하나다. 젖당 내성 대립유전자의 전파 속도로 추정컨대 정상 대립유전자에 비해 최대 15퍼센트 더 유리했을 것이다. 하지만 어떻게 퍼졌는지는 설명이 되지만 이유는 아직 모른다. 젖당 내성의 이점이 매우 크다는 진화적 증거에도 불구하고 생우유를 마시는 것에 영양 면에서 정확히 어떤 유익이 있는가를 명토 박기란 여간 힘든 일이 아니다. 이를테면 필수 비타민인 비타민D나 칼슘을 공급한다는 주장도 있고, 유럽 북부에서처럼 흉년이 들었을 때 구황 식량 역할을 한다는 주장도 있다.[11]

생명 자체의 기원을 비롯해 많은 진화적 사건을 이해하려 할 때의 문제는 이것이 유일무이한 사건일 수 있다는 것이다. 이 때문에 진짜 원인과 우연의 일치를 구분하기 힘들다. 하지만 젖당 내성은 여러 번 진화했기에 그런 문제가 없다. 젖당 내성은 사우디아라비아에서도 발견되는데, 유럽과 같은 유전자이기는 하지만 돌연변이가 다르다.[12] 사우디아라비아에서는 젖소를 키우지 않지만 유목민 베두인족은 낙타 젖을 마신다. 아랍 사막의 건조한 환경에서 젖당 내성이 진화한 데는 젖의 식품 가치 못지않게 수분 함량이 중요하게 작용했을 것이다. 동아프리카에서도 수분 공급원으로서의 역할이 젖당 내성의 자연선택에 관여했을 가능성이 있다. 이 지역에는 탄자니아, 케냐, 수단의 목축민들이 우유를 마실 수 있도록 해주는 대립유전자가 세 가지 있다. 동아프리카의 세 돌연변이는 서로 독립적이며 유럽과 사우디아라비아의 돌연변이와도 다르다. 따라서 젖당 내성의 진화는 적어도 다섯 차례 독립적으로 일어났다. 전 세계 인구의 3분의 1가량은 젖당 내성이 있다. 하지만 나머지 사람들에게는 딱딱한 치즈가 있다(영어 'hard cheese' 에는 '불운'이라는 뜻이 있다_옮긴이).

젖이 포유류가 얻을 수 있는 가장 자연적인 식품이라면 치즈는 반대로 가장 인공적인 식품일 것이다. 우리가 먹는 모든 식품은 아무리 고도로 사육되고 재배되었더라도 자연에서 가까운 친척을 찾을 수 있다. 하지만 치즈는 다르다. 한 종의 산물이 아니라, 아니 두 종의 산물도 아니라 수십 가지 세균과 진균으로 이뤄진 소우주의 산물이기 때문이다. 생물학적으로 말하자면 치즈는 **미생물체**microbiome, 즉 미생물의 군집이다. 자연에서 이와 가장 가까운 미생물체는 토양에서 찾아볼 수 있다. 토양은 진균, 세균, 그리고 죽은 물질과 서로를 먹는 미생물로 가득하다.

빠르고 저렴한 DNA 염기서열 분석 방법이 개발되면서 미생물체 전체의 다양한 세균과 진균을 식별하기가 훨씬 쉬워졌다. 그 덕에 치즈 미생물체를 탐구하는 과학자들은 빅토리아 시대 박물학자들이 12구경 장총과 포충망을 가지고 아마존 우림에 처음 들어간 이래 일찍이 보지 못한 속도로 새로운 발견을 쏟아내고 있다. 이를테면 아일랜드 치즈를 조사한 소규모 연구에서는 그전까지 치즈에서 보지 못한 세균 다섯 속이 발견되었다.[13] 새로운 속이 발견된 것의 의미를 실감하려면, 여러분이 밥상에 앉았는데 치즈 도마 앞에 사람속뿐 아니라 오스트랄로피테쿠스, 침팬지, 고릴라까지 앉아 있다고 생각해보라.

치즈에 들어 있는 미생물 중에는 연질 치즈에 있는 페니킬리움 카망베르티 *Penicillium camemberti*처럼 다른 데서는 한 번도 발견된 적 없는 것도 있다. 녀석은 흙이나 똥, 치즈 생산자의 피부에 자생하던 조상에서 갈라져 나와 이 특수한 서식처에서 진화했다. 더 신기한 것은 여러 세척 치즈의 껍질에서 발견된 해양성 세균이다.[14] 이 세균들은 치즈 생산자들이 제품을 다룰 때 쓰는 바닷물에 들어 있다가 치즈에 섞여들었는지도 모른다.

스트렙토코쿠스 테르모필루스 *Streptococcus thermophilus*는 모짜렐라 치즈와 요구르트를 만드는 데 쓰이며 상업적으로 중요한 젖산균이다. 이 세균은 인체에 무해하지만 원래는 연쇄상구균 인두염과 폐렴을 일으키는 고약한 세균인 연쇄상구균 *Streptococcus*과 한통속인 병원균에서 진화했다.[15] 모짜렐라 치즈와 요구르트를 먹어도 안전한 것은 스트렙토코쿠스 테르모필루스가 우유에서 살아가는 데 적응하는 과정에서 해로운 유전자가 돌연변이에 의해 비활성화되었기 때문이다.

스코폴라리옵시스 브레비카울리스*Scopulariopsis brevicaulis*라는 치즈 곰팡이는 낙농장에서 제 몫을 하지 않을 때는 피부와 토양, 밀짚, 그리고 캥거루쥐가 볼주머니에 넣어둔 씨앗에서 빈둥거리고 있었다. 이에 반해 친척뻘인 스코폴라리옵시스 칸디다*Scopulariopsis candida*는 치즈 환경과 더 밀접하게 연결된 듯하다. 하지만 책의 페이지 사이에서도 발견된다.[16] 스코폴라리옵시스 칸디다가 소설을 좋아하는지 비소설을 좋아하는지는 아직 밝혀지지 않았다.

페니킬리움 카망베르티가 치즈에서만 발견되는 데 반해 로크포르 치즈의 푸른 얼룩을 만드는 페니킬리움 로크포르티*Penicillium roqueforti*는 안 가는 데가 없는 떠돌이다. 이 진균은 사일리지(작물을 베어서 저장탑이나 깊은 구덩이에 넣고 젖산을 발효시켜 만든 사료_옮긴이), 브리오슈, 과일 조림, 나무, 딸기 소르베에서 발견되며 냉장고 내벽에서도 살아간다. 블루 치즈는 여러 나라에서 생산되지만, 모두 페니킬리움 로크포르티 균주로 만든다. 프랑스의 로크포르와 블뢰 도베르뉴, 이탈리아의 고르곤졸라, 덴마크의 다나블루, 영국의 스틸턴에서 시료를 채취해 이 곰팡이의 유전자를 분석했더니 각 계통은 현저히 달랐다. 이는 각 블루 치즈 생산지의 야생 진균으로부터 독자적으로 배양되었음을 시사한다.[17] 치즈를 대접하는 막간에 손님들에게 수수께끼를 내고 싶다면 블루 치즈와 돼지의 공통점이 뭐냐고 물어보라. 지방으로 가득하고 맛있다는 것 말고도 페니킬리움 로크포르티와 돼지(7장)는 둘 다 여러 번에 걸쳐 용균화用菌化·가축화되었다(이 책에서는 미생물 길들이기를 '용균화'로 번역했다_옮긴이).

　치즈 만들기의 첫 단계는 젖산균 종균으로 우유의 젖당을 젖산으로 바꾸고 새끼 포유류의 위에서 산이 하는 역할을 흉내 내어 커드를 응고시키는 것이다. 전통 방식으로 수제 치즈를 만들 때 주로 쓰는 생유에는 젖산균 종균을 비롯한 수백 가지 세균종이 들어 있어 자연스럽게 치즈 제조 과정이 시작된다.[18] 산업적 규모의 치즈 생산에 쓰이는 살균 우유에는 젖산균 종균을 넣어주어야 한다. 그다음 일어나는 일은 우유에 어떤 세균과 진균이 들어 있고 이 미생물 군체가 어떻게 발달하느냐에 달렸다.

　치즈 생산자들은 주로 네 가지 손잡이를 써서 치즈 미생물체의 발달을 조절하고 최종 향미를 좌우한다. 페니킬리움 로크포르티나 페니킬리움 카망베르티 같은 미생물을 직접 넣을 수도 있고, 치즈의 주위 온도를 조절할 수도 있고, 소금을 이용해 유효 수분 함량을 조절할 수도 있고, 저장 시간을 달리할 수도 있다.[19] 이런 기본적인 환경 변수를 정해주면 나머지는 미생물이 알아서 한다. 젖산균 종균의 대표 선수는 락토코쿠스 락티스Lactococcus lactis로, 커드의 카세인 단백질을 먹고 100여 종류의 조각으로 분해해 치즈의 독특한 맛과 향을 낸다.[20]

　락토코쿠스 락티스는 치즈 제조에서 중요한 역할을 맡고 있지만, 놀랍게도 젖에서 사는 미생물에 필수적인 유전자가 없는 야생 계통에서 진화한 듯하다. 락토코쿠스 락티스의 야생종 조상은 식물에서 살았으며 젖당을 먹는 데 필요한 락타아제 유전자와 카세인을 분해하는 데 필요한 유전자가 없었다.[21] 우리는 진화를 느린 과정으로 생각하는 데 익숙하지만, 선택압이 높고 세대 시간이 짧으면 매우 빨리 변화가 일어날 수 있다. 락토코쿠스 락티스종의 닐 암스트롱에게는 이 두 가지 조건이 맞아떨어졌을 것이다. 그는 신세계에 처음 발을 디뎌 후손들의 서식처를 결정했다. 그의 착륙 지점이 치즈로 만들어졌다는 소문이 있었으나 닐 암스트롱의 판단은 달랐다. 아마도 달빛에 기대어 우유에 처음 발을 디딘 개척자 세균은 암스트롱이 틀렸다고 생각했겠지만. 최초의 락토코쿠스 락티스는 어떻게 우유를 치즈로 바꿨을까?

미생물 진화에서는 빠른 증식 말고도 중요한 게 또 하나 있다. 세균에서는 매우 흔하지만 다세포 생물에서는 훨씬 드문 그 과정은 바로 **수평적 유전자 전달**horizontal gene transfer이다. 우리는 유전자가 부모에게서 자식에게 수직적으로 전달되는 것을 정상적 유전이라고 생각한다. 세대 간의 유사성은 여기서 비롯한다. 이에 반해 수평적 유전자 전달은 같은 세대의 개체끼리 DNA를 전달하는 것이다. 사람으로 치면 젖당 불내증인 사람이 만원 버스에 타서 젖당 내성이 있는 사람들과 대여섯 정류장을 함께 가다가 버스에서 내렸더니 생우유를 소화하는 능력을 얻고 이 능력을 수직적 유전을 통해 모든 후손에게 넘겨줄 수 있는 것과 같다. 버스를 아무리 오래 타도 이런 일은 일어나지 않겠지만 옆자리 승객에게서 바이러스가 옮을 수는 있는데, 이것은 세균 사이에서 일어나는 수평적 유전자 전달과 다르지 않다.

바이러스는 자신의 유전 물질(DNA나 RNA)을 세포에 집어넣고 세포의 DNA 복제 기전을 전용해 더 많은 바이러스를 만들도록 할 수 있다. 비슷한 방식으로, 플라스미드plasmid라는 DNA 조각은 자신을 세균 세포에 집어넣어 새로운 유전자와 새로운 능력을 상대방에게 전달할 수 있다. 락타아제가 없는 역설적 우유 세균 락토코쿠스 락티스가 우유에서 살아가는 데 필요한 유전자를 얻은 것은 이런 방법을 통해서다. 락토코쿠스 락티스는 소의 소화관이라는 차량에서 플라스미드를 얻었을 것이며, 이 요긴한 유전자를 내어준 동료 승객은 우유를 발효할 유전적 조건을 갖춘―숙주가 젖먹이 송아지였다면 이미 그 능력을 써먹었을 테고―틀림없이 다른 종의 세균이었을 것이다.

락토코쿠스 락티스가 젖 유전자를 얻은 사연이 러디어드 키플링의 상상에서 튀어나온 듯한 헛소리로 들릴지도 모른다. 하지만 친애하는 독자여, 이것은 결코 우화가 아니다. 유전자 획득 과정의 중요한 부분들이 이미 실험으로 재현되었으니, 과학자들은 싹 난 콩에서 락토코쿠스를 분리해 우유에 넣은 다음 몇 시간 뒤에 표본을 채취해 생우유에서 새로 배양했다. 이 과정을 약 5개월에 걸쳐 (세균 세대로) 1000세대 반복했다. 실험이 끝났을 때 락토코쿠스 락티스는 마치 우유 토박이처럼 젖당을 발효하고 카세인을 분해하고 있었다.

락토코쿠스 락티스는 우유에서 살아갈 능력을 진화시켰을 뿐 아니라 옛 생활 방식에 필요한 몇 가지 유전자를 잃었다. 이제는 식물에 들어 있는 당을 발효할 수 없었으며 예전에 스스로 만들던 아미노산 몇 가지도 합성할 수 없었다. 식물의 당은 젖당으로 대체되었으며, 아미노산은 여전히 필요했지만 젖단백질을 분해해 얻을 수 있었다. 그러니 아미노산을 합성하는 데 쓰던 유전자는 필요가 없었다.[22] 다윈은 이 실험 결과를 고대했을 것이다. 중요한 기능도 쓰지 않으면 없어진다는 주장을《종의 기원》에서 여러 쪽에 걸쳐 전개했으니 말이다.[23] 게다가 이런 변화에 깔린 유전학에는 두 배로 흥미를 느꼈을 것이다. 오늘날 우리가 이해하는 유전학은 1859년에는 아직 존재하지 않았기 때문이다.

치즈 배양 조직의 젖산균 종균이 젖당을 모두 써버리고 치즈의 화학 조성을 바꾸면 다른 세균과 진균이 자리를 잡고 증식한다. 이 미생물의 활동은 더 많은 변화를 이끌어내어, 미생물체의 발달에 따라 향미를 더한다. 이를테면 에멘탈 같은 스위스 치즈에서는 젖산균이 만들어낸 젖산이 **프로피온산균**propionic acid bacteria(PAB)의 먹이가 되는데, 이로 인해 에멘탈 치즈 특유의 견과 향미가 난다.[24] 젖산이 쌓이면 젖산균의 증식이 억제된다. 젖산은 사실상 노폐물이기 때문이다. 따라서 스위스 치즈에서 젖산을 먹어 없애는 프로피온산균의 존재는 젖산균의 증식을 촉진한다. 젖산균과 프로피온산균의 호혜적 관계를 **상리공생**mutualism이라고 한다.

상리공생은 진화생물학에서 지대한 이론적 관심을 받고 있는데, 그 이유는 자연선택이 이기심만을 선호한다는 통념에 도전하기 때문이다. 이기적 유전자의 조종을 받는 개체가 어떻게 협력할 수 있을까? 이론상으로 이런 종류의 관계는 속임수의 진화에 당하기 쉽다. 받기만 하고 주지 않으면서 남들의 협력적 행동을 악용하는 개체가 있으면 상리공생이 무너지거나, 심지어 애초에 시작도 못 할 수 있기 때문이다. 스위스 치즈의 젖산균-프로피온산균 상리공생은 이 문제에서 벗어나는 길을 보여준다. 이 경우에 상리공생이 안정된 이유는 프로피온산균이 젖산균의 노폐물을 먹으므로 속임수를 쓸 수 없기 때문이다.

다른 젖산균과의 상리공생은 더 복잡하다. 스트렙토코쿠스 테르모필루스와 락토바킬루스 불가리쿠스Lactobacillus bulgaricus는 요구르트 발효 과정에서 협력해 서로의 증식을 촉진하는 물질을 만들어낸다.[25] 스트렙토코쿠스 테르모필루스는 젖단백질을 분해하는 유전자를 잃고 락토바킬루스 불가리쿠스가 분비하는 아미노산과 펩티드에 의존한다. 한편 락토바킬루스 불가리쿠스는 스트렙토코쿠스 테르모필루스만이 만들어내는 여러 유기산을 이용한다. 젖산균-프로피온산균 상리공생과 달리 여기서 교환되는 물질은 노폐물이 아니다. 그렇다면 이런 협력 관계는 어떻게 시작될까?

세균 간 협력의 진화를 이해하는 열쇠는 이 단세포 생물들이 칠칠 찮다는 것이다. 이 때문에 다른 세포에 유익한 필수 자원들이 어쩔 수 없이 주변으로 배출된다. 그리하여 각각의 세균은 남들이 흘린 필수 자원을 이용함으로써 자원 생산에 드는 에너지 비용을 아낄 수 있다. 이렇게 아낀 에너지는 번식 속도를 증가시키는 또 다른 기능에 쏟을 수 있기에 세균에게 이롭다.

이런 상황에서, 가령 단백질을 분해하는 데 필요한 유전자를 없애는 돌연변이는 이 기능이 예전에 필수적인 것이었더라도 개체에게 유익할 것이다. 사라진 기능은 다른 세균이 대신하므로 돌연변이는 아낀 자원을 다른 데 활용할 수 있다. 이제 다른 필수 분자를 생산하던 세균종에서도 같은 과정이 일어난다고 가정해보자. 그러면 두 쌍의 세균종은 상호 의존을 진화시키게 된다. 여기에 관여하는 것은 세균 개체의 번식 속도를 증가시키는 형질에 자연선택이 작용하는 과정뿐이다. 이런 종류의 협력은 자기희생이 아니라 상호 이익에서 비롯한다.

치즈에는 협력만 있는 것이 아니다. 경쟁도 있다. 락토코쿠스 락티스를 비롯한 젖산균은 **살세균소**bacteriocin라는 작은 단백질을 만들어내는데 이것은 다른 세균에게는 독성을 나타내지만 자신에게는 무해하다.[26] 살세균소는 세균끼리의 전쟁 무기로 진화했지만, 어쩌다 보니 치즈 생산에서 중요한 역할을 하게 되었다. 음식물을 상하게 하는 세균이 치즈에 터를 잡지 못하게 하기 때문이다. 그 덕에 치즈 군체의 세균 구성이 안정된다. 실제로 가공 치즈의 변질을 막기 위해 넣는 식품 첨가물 니신nisin은 젖산균에서 분리한 살세균소다.

치즈를 만드는 진균은 치즈 미생물체의 다른 구성원을 겨냥한 화학 무기도 가지고 있다. 푸른곰팡이속*Penicillium*에 속한 두 치즈 진균인 블루 치즈의 페니킬리움 로크포르티와 연질 치즈의 페니킬리움 카망베르티가 공유하는 DNA 구간이 있는데, 여기에는 효모를 죽이는 독소를 생산하는 유전자와 항진균 단백질을 생산하는 유전자, 항균제로 여겨지는 물질을 생산하는 유전자가 들어 있다.[27] 이 유전자 묶음은 치즈에 살지 않는 페니킬리움 로크포르티 계통에는 없다. 이는 치즈 미생물체에 속한 또 다른 진균으로부터 수평적 유전자 전달을 통해 반복적으로 얻었음을 시사한다. 어느 진균에게서 얻었는지는 아직 밝혀지지 않았지만.

치즈 미생물체는 복잡한 구조를 이루고 있지만, 놀랍게도 최초의 성분을 적절히 넣기만 하면 치즈 생산자가 네 가지 손잡이만 가지고 똑같은 종류의 치즈를 끝없이 만들어낼 수 있다. 치즈 생산 전통을 통해, 자연에서는 발견되지 않지만 어느 자연적 미생물체 못지않게 안정적인 미생물체가 형성되었다. 치즈 미생물체에서 진화한 살세균소, 항생제, 상리공생은 치즈의 구성을 안정시켜 재생산에 기여한다.

우유는 가장 자연적인 식품이지만 치즈는 역설적이게도 가장 인공적이며 자연에서 대응물을 찾을 수 없다. '인공적'이라는 단어는 식품에 대해서는 경멸적으로 쓰이지만 치즈는 맛있는 인공물에 대해 두려

위할 것이 아무것도 없음을 보여준다. 인류와 진화적으로 얽히는 동안 한 번도 인공적 변화를 겪지 않은 식품은 아마도 못 먹을 식품일 것이다. 우유와 치즈를 보면 인류의 진화와 우리가 먹는 종의 진화가 서로 의존하고 있음을 똑똑히 알 수 있다. 유럽, 동아프리카, 사우디아라비아에서 젖당 내성이 빠르게 진화한 것은 소와 낙타를 가축화한 이후였다. 고작 6000년 전, 낙농으로 인해 미생물 세계에서 새로운 세균과 미생물체가 차출되었다. 우리의 또 다른 발효 산물도 미생물의 세계에 빚을 지고 있다. 하지만 이 산물의 진화적 뿌리는 치즈보다 훨씬 오래 전으로 거슬러 올라간다. 물론 지금은 코르크 마개를 뽑을 시간이다.

맥주와 포도주 · 양조

알코올이 우리를
단단히 사로잡은
것은, 좋든 나쁘든
우리가 독소인
에탄올에 내성을
진화시켰기
때문이다.

인간, 알코올, 효모는 오랜 술친구보다 더 친한 사이다. 포도와 곡물에서 효모가 만들어내는 작은 알코올 분자인 에탄올에는 향정신성 약물의 어마어마한 힘이 있다. 알코올은 기분을 들뜨게도 가라앉게도 할 수 있고, 재치를 부리게도 잠재우게도 할 수 있고, 욕정에 불을 붙일 수도 열정의 불을 꺼뜨릴 수도 있고, 시비를 걸게도 곯아떨어지게도 할 수 있다. 이토록 모순적이고 엉뚱하고 매력적인 욕망의 대상이라면 연인을 매혹시키고 미치게 하고 노예로 부리기에 충분하리라.

알코올은 우리를 꽁꽁 묶었다. 알코올이 우리를 단단히 사로잡은 것은, 좋든 나쁘든 우리가 독소인 에탄올에 내성을 진화시켰기 때문이다. 알코올은 이 점에서 그 밖의 향정신성 약물과 다르다. 아편, 대마, 코카인은 신경계의 천연 물질을 흉내 내어 뇌에 작용한다. 식물들이 오피오이드, 카나비노이드, 코카인 같은 향정신성 화합물을 진화시킨 것은 초식동물과의 군비 경쟁에서 승리하기 위해서였다. 이 성분들이 우리에게 작용하는 것은 동물들의 뇌 화학 구조가 비슷하기 때문이다. 헤로인 중독자는 양귀비·털애벌레 전쟁의 민간인 사상자다.

이에 반해 에탄올은 인체 대사에서 기능적 대응물이 전혀 없는 독소다. 스트리크닌strychnine이나 비소arsenic 같은 독성 물질도 마찬가지이지만, 에탄올이 순수한 독소라면 포도주, 맥주, 증류주는 약국의 유독물 캐비닛에 보관된 애매한 혼합물이다. 에탄올과 여느 독성 물질의 차이점은 우리가 식품 속 에탄올에 아주 오랫동안 노출되었다는 것이다. 대형 유인원의 대표 메뉴가 과일 칵테일이니 말이다. 과일은 침팬지의 주식이며 500만 년 전 이전 침팬지·인류 공통 조상의 식단에서도 중요한 음식물이었을 것이다. 익은 과일이 있는 곳에는 효모가 있으며 효모가 있는 곳에는 알코올이 있다. 우리는 대형 유인원great ape이자 포도 유인원grape ape이다.

익어가는 포도 표면의 흰 가루에는 미생물 막이 있는데, 물자가 비축된 요새 둘레에 진을 친 포위군처럼 포도를 둘러싸고 있다. 포도를 수확해 발효를 위해 으깬 포도즙에는 수백 종류의 진균과 세균이 들어 있다.[1] 숙성 중인 치즈 미생물체에서처럼(11장), 포도즙이 발효되면 미생물종들이 온갖 탄수화물 스뫼르고스보르드(스웨덴식 뷔페_옮긴이)를 놓고 다투면서 노폐물로 서로를 중독시키며 흥했다 쇠했다 한다. 가장 인기 있는 음식은 당이고 가장 고약한 무기는 에탄올이다.

양조업자가 일부러 넣지 않았더라도 포도 미생물체의 발효 과정에서 맨 위에 올라서는 미생물이 있는데, 그것이 효모다. 나머지 경쟁자를 모두 물리치고서 당을 섭취하고 알코올을 생산하는 이 효모의 이름은 양조효모Saccharomyces cerevisiae다. 데케라Dekkera, 피키아Pichia, 클로에케라*Kloeckera* 같은 근사한 이름의 B급 효모 여남은 종이 양조를 측면 지원하지만, 양조효모가 만들어내는 또한 양조효모만이 견딜 수 있는 알코올의 농도가 높아지면서 대부분 사멸한다.[2]

양조효모가 주 임무를 맡기 때문에, 발효 음료의 진화사가 시작된 시기는 포도나 곡물을 작물화한 1만 년 전이 아니라, 현생인류가 등장한 20만 년 전도 아니라, 심지어 대형 유인원이 분화한 1000만 년 전도 아니라, 열매 맺는 꽃식물이 나타난 1억2500~1억5000만 년 전 백악기다. 이때 현대 양조효모의 조상이 열매의 당을 섭취하기 시작했으며 이것을 공기가 있는 곳에서 에탄올로 바꾸는 능력을 진화시킴으로써, 음료 산업과 (짭짤한 부수입원인) 제빵 산업의 신기원을 열 수 있는 유전학적 토대를 마련했다.[3]

양조효모가 당을 에탄올로 열심히 바꾸는 것은 기이한 현상이다. 왜 여느 효모처럼 당을 생장에 직접 이용하지 않고 에탄올 생산에 에너지를 낭비할까? 그 답은―이미 눈치 챘겠지만―경쟁자인 효모와 세균이 당을 섭취하지 못하도록 하는 무기가 바로 에탄올이라는 것이다. 양조효모가 에탄올을 만들 때 쓰는 도구는 **알코올탈수소효소**alcohol dehydrogenase(ADH)라는 효소다. 이 효소를 부호화하는 ADH 유전자는 약 8000만 년 전에 두 벌이 되어 현대 양조효모에서 볼 수 있는 두 개의 ADH 유전자가 되었다.[4] 두 개의 ADH 효소는 전체 단백질을 이루는 348개의 아미노산 중에서 스무남은 개만 다른데도, 하는 일은 정반대다. *ADH1* 유전자로 부호화된 효소는 최초의 열매 진화와 함께 시작된 원래 기능을 계속 수행해 에탄올을 만든다. 그런데 두 번째 유전자 (*ADH2*)로 부호화된 효소는 에탄올을 **아세트알데히드**acetaldehyde로 바꾸는데, 이것은 효모 대사에 쓰인다.

원래 *ADH* 유전자가 두 벌이 된 것은 중요한 진화적 발전이었다. 단일 유전자 시기에 양조효모의 전략은 '이웃을 거지로 만들기beggar my neighbor'라 부를 수 있을 것이다. 자신이 차지한 당의 일부를 에탄올로 바꾸는 희생을 치러 경쟁자를 굶주리게 하고 중독시켰기 때문이다. 두 번째 유전자가 진화해 첫 번째 유전자가 만든 에탄올을 아세트알데히드로 전환할 수 있게 되면서 새로운 전략이 도입되었는데, 이를 '만들고 축적하고 소비하기make-accumulate-consume'라고 부른다. 이제 에탄올은 무기이자 식량 저장고가 되었다. 에탄올을 아세트알데히드로 바꾸는 반응에는 산소가 필요하다. 그러니 효모가 ADH2를 이용해 에탄올을 섭취함으로써 ADH1의 고생을 헛수고로 돌리지 못하게 하려면 발효통에 공기가 들어가지 못하게 해야 한다.

포도주를 빚는 것은 과일이 썩을 때 일어나는 천연 발효 과정을 길들인 것에 불과하다. 우리의 영장류 조상은 이따금 알코올이 함유되어 있던 과일을 주식으로 삼았는데, 우리가 에탄올에 내성을 가지고 에탄올 제조에 관심을 갖게 된 것은 이런 식단에서 비롯한다. 이 가설은 최근까지도 추측에 지나지 않았지만 유전적 증거 덕분에 입증을 눈앞에 두고 있다. 알코올 내성의 원천은 옛 친구 알코올탈수소효소의 인간 버전 ADH4다. ADH4는 간에서 에탄올 농도가 높아지면 에탄올을 대사한다. ADH4를 부호화하는 유전자의 진화를 재구성했더니 모든 술고래 영장류의 소중한 친구는 1300만~2100만 년 전에 지금의 형태로 돌연변이를 일으켰다.[5] 이것은 오랑우탄과 인류의 마지막 공통 조상이 살았던 시기와 얼추 맞아떨어진다. 우랑우탄에게 절대 맥주를 권하지 마시길. 고마워하지 않을 테니까. 반면에 더 가까운 친척인 고릴라는 우리와 같은 *ADH4* 돌연변이를 가지고 있다. 하지만 고릴라와 한잔하고 싶다면 다시 생각해보기를 권한다.

ADH4 돌연변이는 효소의 단백질 염기서열에서 아미노산 단 하나를 바꿨다. 이 책 두 쪽에서 단어 하나만 바꾼 셈이다.[6] 그런데도 그 덕에 알코올 분해 능력이 40배 커졌다.[7] 이 변화는 두 가지로 유익했을 것이다. 첫째, 이 변화는 우리의 진화사에서 고국 아프리카의 기후가 건조해지고 나무가 적고 사바나가 많은 초지에 영장류가 적응하면서 땅위에서 더 많은 시간을 보내게 된 시기에 일어났다. 땅에서 주운 상한 과일은 나무에서 딴 것보다 에탄올이 들어 있을 가능성이 컸기 때문에, *ADH4* 돌연변이는 요긴한 혁신이었다. 개인적으로는 나무를 쏘다니는 것보다는 술집을 쏘다니는 게 낫다고 생각하지만, 수상생활樹上生活의 감소가 *ADH4*의 진화에 중요하게 작용했다는 증거는 순전히 정황적이며 검증하기도 힘들다.

ADH4 돌연변이가 가져다주었을 두 번째 이점은 첫 번째보다 쉽게 판단할 수 있다. 효율적 알코올 해독 효소를 진화시키면 식량 공급이 증가하는데, 이는 상한 과일을 안전하게 먹을 수 있게 되었기 때문일 뿐 아니라 알코올이 그 자체로 에너지가 풍부한 식품이기 때문이다. 에탄올에는 같은 양의 탄수화물보다 두 배 가까운 열량이 들어 있다. 그러니 술배에 대한 농담은 탄탄한 근거가 있는 셈이다. 물론 의학적으로 보면 그런 농담에는 어두운 면이 있다. 생물학자 로버트 더들리Robert Dudley는 인류의 알코올 선호와 알코올 의존증의 뿌리를 과일을 먹던 조상들에게서 찾을 수 있다고 주장했다.[8] *ADH4*의 진화사는

우리가 알코올을 견디도록 적응했다는 가설을 분명히 뒷받침하지만, 왜 어떤 사람은 중독되는데 어떤 사람이 그러지 않는지 설명하지는 못한다.

주량과 과음 위험도는 사람마다 문화마다 천차만별이다. 이 변이 중 일부의 유전적 바탕은 ADH1B라는 또 다른 알코올탈수소효소다.[9] ADH1B를 부호화하는 유전자의 돌연변이는 중국과 일본에서 많이 관찰되는데, 인구의 75퍼센트가 *ADH1B*2*라는 대립유전자의 사본을 적어도 하나 가지고 있다. 서남아시아에서도 5분의 1이 같은 대립유전자를 가지고 있지만, 유럽인과 아프리카인에게서는 드물다. *ADH1B*2*를 가진 개인은 과음하거나 알코올 의존증에 걸릴 가능성이 훨씬 낮다.[10] 언뜻 보기에는 역설적인 듯하다. 이 돌연변이는 에탄올의 대사 속도를 100배로 증가시키기 때문이다. 대형 유인원의 진화 초기에 ADH4 효소의 활동을 증가시킨 *ADH4* 돌연변이 덕에 우리가 알코올 내성을 얻고 알코올을 (덜이 아니라) 더 마시는 성향을 갖게 되었음을 떠올려보라. ADH 효소는 둘 다 에탄올을 아세트알데히드로 바꾸는데, 이 때문에 욕지기와 두통이 생기고 숙취를 겪는다. 어떻게 해서 ADH 효율을 증가시키는 두 유전자의 돌연변이가 이토록 다른 결과를 가져오는 것일까?

그 이유는 두 효소가 서로 다른 알코올 농도에서 활동하기 때문이다. ADH4는 고농도의 알코올에서 작용하는 반면에 ADH1B는 저농도에서 작용한다. ADH1B는 저농도의 에탄올에서 작용하기 때문에, *ADH1B*2* 대립유전자가 만들어낸 효소의 효율이 클수록 술을 한 잔만 마셔도 아세트알데히드가 급격히 증가하는데, 이는 아주 괴로운 일이다. 그래서 이 대립유전자가 있는 사람들은 좀처럼 과음하지 않는다. 이런 사람들은 심혈관 질환이나 특정 유형의 뇌졸중을 겪을 가능성도 매우 적다.[11] 이에 반해 (*ADH1B*2*가 있으면서도 그 효과를 무시하기 때문이든 이 대립유전자가 없기 때문이든) 술을 더 많이 마시는 사람들은 ADH4 덕에 습관성 음주를 통해 알코올 내성을 키울 수 있다. 하지만 건강은 나빠질 수밖에 없다.

간을, 알코올을 처리해 아세트알데히드로 만드는 물통이라고 상상해보라. 아세트알데히드는 독성 물질이기 때문에, 물통에 들어 있는 양을 면밀히 살펴야 한다. 물통에 쌓이는 아세트알데히드의 양에 영향을 미치는 세 가지 요인은 (1) 얼마나 많은 알코올이 혈류를 따라 들어오는가, (2) 알코올이 ADH 효소에 의해 얼마나 빨리 아세트알데히드로 바뀌는가, (3) 아세트알데히드가 얼마나 빨리 대사되는가다. 마지막 단계는 간에서 **아세트알데히드탈수소효소**acetaldehyde dehydrogenase(ALDH)라는 세 가지 효소를 통해 이루어진다. 여러분이 술을 적당히 마셨거나 여러분의 효소가 알코올과 아세트알데히드를 재빨리 처리한 덕에 전체 과정이 순조롭게 돌아가면 아무것도 혈류로 돌아가지 않고 숙취를 겪지도 않는다. 하지만 모두가 그렇게 운이 좋은 것은 아니다.

어떤 사람들은 ALDH 유전자에 돌연변이가 있는데, 이것은 아세트알데히드를 대사하는 효소의 활동을 감소시킨다. 두 가지 돌연변이가 알려져 있는데, 하나는 유럽 북부에서 다른 하나는 동아시아에서 발견된다.[12] 동아시아 돌연변이의 대립유전자는 최대 40퍼센트의 빈도로 나타날 수 있다. 이 유전자를 가진 사람은 ALDH 효소가 제대로 작동하지 않기 때문에, 술을 마시면 아세트알데히드가 금세 쌓인다. 이런 사람의 단점은 술을 마시자마자 숙취를 겪는다는 것이지만, 이 대립유전자 사본이 하나만 있는 사람은 숙취가 싫어서 알코올 의존증에 빠지는 일이 매우 드물다는 장점도 있다. 부모에게 사본을 하나씩 받아서 두 개를 가진 사람은 최악의 숙취를 경험하며 이 때문에 알코올 의존증에 빠질 가능성이 전무하다.

따라서 여러분이 동아시아 태생이라면 술이 잘 받지 않을 가능성이 매우 크다. 이것은 ADH1B의 효율을 높이는 대립유전자와 ALDH의 효율을 낮추는 대립유전자를 가져서 술을 마시면 아세트알데히드가 금세 쌓일 가능성이 크기 때문이다. ADH1B 효소는 아세트알데히드가 생성되는 속도를 조절하고 ALDH 효소는 아세트알데히드가 분해되는 속도를 조절하므로, 여러분에게 두 대립유전자가 다 있다면 나는 여러분이 술을 입에도 안 댄다는 쪽에 돈을 걸겠다. 이 대립유전자가 왜 동아시아에 더 흔한지는 아직 밝혀지지 않았지만, 알코올 섭취와는 무관할 것이다. ADH와 ALDH는 대사의 다른 측면에도 관여하기 때문이다.

식품 중에는 알코올과 함께 섭취하면 아세트알데히드의 생성이나 제거에 영향을 미쳐 불쾌감을 유발하는 것이 있다. 두엄먹물버섯 *Coprinopsis atramentaria*은 알코올과 함께 섭취할 때만 독성을 나타내는데, 코프린coprine이라는 화합물이 ALDH를 비활성화해 음주한 지 몇 분 안에 심한 숙취를 일으킨다.[13] 알코올탈수소효소가 들어 있는 식품도 알코올과 상호작용할 가능성이 있다. 락토코쿠스 충앙젠시스 *Lactococcus chungangensis*라는 젖산균으로 만든 연질 치즈에는 ADH

와 ALDH가 적잖이 들어 있다.[14] 생쥐에게 이 치즈와 에탄올을 먹였더니 혈중 알코올 농도가 낮아졌다. 치즈를 만들 때 락토코쿠스 중앙젠시스를 넣는 일은 거의 없지만, 만일 이 젖산균이 인기를 끌면 포도주 파티와 치즈 파티의 풍경이 완전히 달라질 것이다. 적어도 생쥐 세계에서는.

효모, 과일, 영장류의 오랜 진화적 관계로 보건대 인류가 식물 재배법을 터득하고 나서 발효 음료가 등장한 것은 예정된 수순이었다. 최초의 곡물은 빵을 만들기 위해서가 아니라 맥주를 빚기 위해서 재배되었다는 주장도 있다.[15] 맥주는 영양이 풍부할 뿐 아니라 알코올 발효를 통해 물에 들어 있을지도 모르는 유해균을 억제한다. 중국 북부 허난성의 초기 신석기 유적 자후에서 출토된 도자기 항아리에서 발효된 쌀, 꿀, 과일의 잔존물이 발견되었는데, 이는 지금까지 발견된 발효 음료의 고고학적 증거 중에서 가장 오래된 직접 증거다.[16] 9000년 묵은 이 술은 포도나 산사나무 열매로 빚었다. 이것이 우리가 아는 가장 오래된 사례이기는 하지만 (심지어 중국에서도) 처음이었을 리는 없다.

중국에는 재래종 야생 포도가 많지만 유럽에는 비티스 비니페라 *Vitis vinifera*가 유일하다. 이 종은 수천 년간 포도주 빚는 데 쓰던 작물 포도의 후손이다. 야생 포도는 드물지만, 북아프리카와 라인강 사이에서 아직도 찾아볼 수 있다. 그런데 재배종 포도와 야생종 조상 사이에는 여러 중요한 차이점이 있다. 야생에서는 수꽃과 암꽃이 다른 나무에 피기 때문에, 야생종 포도나무 중에서 열매를 맺는 것은 절반뿐이며 수나무는 수정과 착과(과실나무에 열매가 열림_옮긴이)에만 필요하다.[17] 이에 반해 작물화된 포도나무의 꽃은 자웅동체여서 모든 나무에서 포도가 열린다. 재배되는 포도는 야생종에 비해 알이 굵고 당 함량이 많으며 송이가 크다.

비티스 비니페라로 포도주를 빚은 최초의 고고학적 증거는 이란 북부 자그로스산맥의 한 신석기 마을에서 발견되었는데, 7000년 전(BP) 항아리 안에 포도와 나무 진resin 잔존물이 들어 있었다. 나무 진은 전통적으로 아세트산균을 억제하기 위해 포도주에 넣는다.[18] 고대에는 몰약을 같은 용도로 썼으며 현대 그리스의 레치나 포도주도 나무 진이 함유되어 특유의 맛이 난다. 이 유적에서 북쪽으로 약 1000킬로미터 떨어진 아르메니아 아레니 마을 근처 캅카스산맥의 동굴에서 6000년 전 포도주 압착 발판이 발견되었다.[19] 이 발판은 경사진 바닥에 진흙을 발라 표면을 평평하게 해서 땅에 묻은 항아리 입구와 만나도록 했다. 발판 주변에서는 포도주를 발효하고 저장하기에 알맞은 커다란 항아리와 포도, 포도 껍질, 줄기의 마른 잔존물이 발견되었다. 항아리 중 하나와 바닥의 수거통에는 적포도의 화학적 잔여물이 들어 있었다. '기원전 4000년 적포도주'라는 고대 라벨을 찾지는 못했지만, 이 증거는 아레니가 알려진 세계 최초의 양조장임을 똑똑히 보여준다. 아레니에서는 아직도 포도주를 생산한다. 뉴욕에서 이 포도주를 구입한 이언 태터솔Ian Tattersall과 롭 드살Rob DeSalle은 《포도주의 자연사A Natural History of Wine》에서 "새빨간 열매와 검은 체리 맛이 나며 질감이 기억에 남아 더 마시고 싶어진"다고 평했다.[20]

니콜라이 바빌로프(4장)는 포도가 본디 캅카스에서 작물화되었다고 주장했는데, 이곳에서는 지금도 야생 포도나무가 많이 자란다. 현재의 유전학을 이용해 포도가 최초로 작물화된 연대와 장소를 명토 박을 수 있으면 좋겠지만 쉬운 일은 아니다. 작물화가 이뤄진 뒤에 야생종이 서식 범위 전역에서 재배종을 수정시켜 시조 작물의 명백한 유전적 특징을 뭉개기 때문이다. 긍정적인 측면으로는, 야생종의 유전자가 재배종에 들어오면서 (꺾꽂이를 통한 번식으로 균일성을 추구하는 포도 농장의 성향을 상쇄해) 포도나무의 유전적 다양성을 유지하는 데 도움이 되었다는 것을 들 수 있다.

한계가 있긴 하지만 유전학은 1만 년 전 캅카스에서 시작된 포도 작물화가 남으로 비옥한 초승달 지대에 전파되어 5000년 전에 이집트에 도달한 뒤에 서쪽으로 지중해를 거쳐 유럽 남부에 이르고 약 2500년 전에 프랑스에 도달했다는 고고학적 증거를 뒷받침한다.[21] 몇몇 포도 연구자에 따르면 포도 유전자를 지닌 떨기나무에는 비티스 비니페라가 캅카스뿐 아니라 지중해 연안 서부에서 독자적으로 작물화되었다는 증거가 숨겨져 있다고 한다. 하지만 이 책을 쓰는 지금, 결론은 아직 미지수다.[22]

포도주 신비주의와 **테루아르**terroir(자연 환경으로 인한 포도주의 독특한 향미_옮긴이) 국수주의 때문에 사르데냐, 랑그도크, 스페인에서 2차 작물화가 일어났다고 주장하는 사람도 있다. 하지만 캅카스산맥 요새에서 자라는 태곳적 덩굴나무에 대한 조지아인의 (정당한) 자부심에 도전장을 내밀 수 있는 곳은 아직 하나도 없다.[23] 모든 덩굴손은 이 조상 나무에게 엎드려 절해야 마땅하다. 사실 모든 사람이 그렇듯 모든 포도나무는 유전자가 대대로 전달되고 장소에 적응하고 개체가 환경에 의해 형성된 산물이다. 재배 포도 품종이 1만 종에 이르는 것으로 추정되는 비티스 비니페라의 다양성은 인류의 다양성에 필적할 만하다. 하지만 포도나무가 구사하는 진화적 수법 중에는 우리에게 없는 것이 하나 있으니, 그것은 바로 클론 증식이다.

로마 시대 이후로 포도나무는 선택된 포도 품종의 가지를 밑나무에 접붙여 번식시켰다. 이 때문에 특정 품종에 속한 포도알은 전부 단일 클론의 열매다. 신품종 개발은 기존 품종을 교배하고 자손을 선별해 새 포도를 접붙이기로 클론 번식시키는 방법을 통해 이루어졌다. 신품종의 부모는 전통적으로 현지에서 구할 수 있는 품종에서 선택되었으므로 포도 품종은 서로 연관된 클론의 집단으로 묶여 있다. 이를테면 스페인 북부에서 자라는 포도 품종의 유전자를 분석했더니 모두가 서로 밀접하게 연관된 품종이었다. 로마 시대 이후에 양조용 포도 농장이 가톨릭 전파를 따라 유럽 전역에 퍼졌다. 영성체에 쓸 포도주를 공급하기 위해서였다. 스페인 품종의 첫 클론은 프랑스에서 순례길을 따라 피레네산맥을 넘어 스페인의 산티아고 데 콤포스텔라에 전해진 것으로 보인다.[24]

클론에서는 이따금 나머지와 다른 돌연변이 싹sport이 저절로 생기기도 한다. 포도 품종은 이런 식으로 진화하는데, 이때의 선택은 돌연변이 싹을 번식시킬지 말지 결정하는 농부에게 달렸다. 피노는 샴페인과 부르고뉴 포도주에서 쓰는 오래되고 '고귀한noble' 포도로, 이 방법을 통해 여러 신품종으로 진화했다. 이렇게 만들어진 피노 클론이 프랑스에서만 64종이나 등록되어 있다. 포도 클론의 돌연변이는 대부분 **전이성 인자**transposable element라는 떠돌이 DNA 조각으로 인해 생긴다.[25] 전이성 인자는 유전체 여기저기로 이동하고 스스로를 복제해 수를 엄청나게 불릴 수 있는 DNA 염기서열 부위다. 포도 유전체에는 전

이성 인자가 40퍼센트 들어 있으며 우리는 절반이 전이성 인자로 이루어졌다.[26]

전이성 인자는 '도약 유전자jumping gene'로 불리기도 하지만, 여느 유전자와 달리 단백질을 부호화하는 주요 기능을 하지 않는다. 그럼에도 진화적으로 매우 중요한데, 이는 전이성 유전자가 돌연변이를 일으켜 기능 유전자에 끼어들면 해당 유전자가 비활성화되거나 바뀌기 때문이다. 피노 블랑Pinot Blanc(흰색), 피노 그리Pinot Gris(회색) 같은 여러 피노 신품종 클론을 만들어낸 흔한 돌연변이는 포도의 색깔을 변화시킨다. 피노 누아Pinot Noir와 그 밖의 흑포도·적포도 품종이 검은색을 띠는 것은 안토시아닌anthocyanin이라는 색소 때문이다. 피노 블랑, 피노 그리를 비롯한 백포도에 색소가 없는 것은 전이성 인자로 인한 돌연변이 때문에 안토시아닌 생성을 조절하는 유전자가 비활성화되었기 때문이다.[27]

전이성 인자는 기능 유전자에 끼어들 수도 있고 빠져 나와 반대 효과를 낼 수도 있다. 껍질이 붉은 루비 오쿠야마Ruby Okuyama와 플레임 머스캣Flame Muscat은 백포도인 이탈리아Italia와 뮈스카 달렉상드리Muscat d'Alexandrie의 변종에서 이런 식으로 유전자 기능이 복원된 것이다. 백포도를 만들어내는 클론은 백색(돌연변이) 대립유전자 사본이 두 개이지만, 피노 누아, 시라Syrah, 메를로Merlot 같은 대부분의 적포도·흑포도 품종은 백색 대립유전자 사본이 하나밖에 없다.[28] 여기서 안토시아닌 하나는 좋지만 둘은 너무 많음을 알 수 있다. 이것을 설명할 수 있는 방법은 색소 생성이 포도나무에 무리를 주기 때문에 자연선택이든 인위적 선택이든 아니면 둘 다이든 간에 안토시아닌 생성 유전자의 사본 하나를 끄는 클론을 선호한다는 것이다.[29] 이 가설은 아직 검증되지 않았다.

접붙이기는 포도 품종의 유전적 동일성(유전자형)을 보존하는 방법이지만 우연한 계기로 뜻밖의 유익이 드러났다. 1860년대 남프랑스에서 새로운 포도 질병이 등장했을 때였다. 포도 잎이 너무 일찍 떨어지고 포도가 가지에서 말라비틀어지고 뿌리가 썩었다. 새로운 질병이 으레 그렇듯 처음에는 원인을 알아내기가 힘들었다. 죽은 포도나무에는 범인의 흔적이 전혀 남아 있지 않았다. 그러다 몽펠리아대학교 식물학과 교수 쥘 에밀 플랑숑Jules Emile Planchon에게 번득이는 아이디어가 떠올랐다. 그는 감염 지역 가장자리의 아직 건강한 포도나무의 뿌리를 조사했다. 뿌리에는 진딧물처럼 생긴 벌레들이 잔뜩 달라붙어 수액을 빨고 있었다.

이 벌레는 그때까지 유럽에 알려지지 않은 종이었다. 플랑숑은 이 곤충의 복잡한 생활환을 해독하려고 10년 가까이 분투하다 마침내 녀석의 생활환이 무려 18단계로 이루어졌음을 알아냈다. 한편 질병은 계속 퍼져나가 프랑스 전역의 포도밭을 쑥대밭으로 만들고 스페인, 독일, 이탈리아에까지 진출했다. 머지않아 미주리주 공식 곤충학자 찰스 라일리Charles Riley가 유럽의 포도밭을 망가뜨리는 곤충의 소식을 들었다. 그는 뉴욕주에 있는 미국 포도밭의 잎에서 산다고 보고된 곤충과 같은 것인지도 모르겠다고 생각했다. 한 가지 이해할 수 없는 점은 미국의 곤충이 포도 잎을 공격하는 반면에 프랑스의 곤충은 포도 뿌리에 서식한다는 것이었다. 1871년에 라일리는 프랑스를 찾아서 직접 벌레를 보았다. 미국과 프랑스에 있는 곤충은 똑같은 종이 분명했다. 이 곤충은 현재 닥튤로스파이라 비티폴리아이*Daktulosphaira vitifoliae*로 알려져 있으며 필록세라phylloxera라고도 불리는 포도뿌리혹벌레다.[30]

라일리는 다윈의 초창기 추종자였기에 포도뿌리혹벌레 문제를 진화론적 관점에서 바라보았다. 그는 포도뿌리혹벌레의 원산지인 미국의 포도나무가 녀석의 피해에 저항하도록 적응했으리라 추론했다. 그렇다면 비티스 리파리아*Vitis riparia*처럼 저항력이 있는 미국산 밑나무를 수입해 유럽의 비티스 비니페라 품종을 접붙이기하면 유럽의 포도뿌리혹벌레 문제를 해결할 수 있을 터였다. 1873년에 플랑숑은 미국을 순회하면서 비티스 비니페라를 심은 미국의 포도밭을 둘러보았다. 유럽 이민자들이 고국의 포도주를 재현하려는 헛된 희망으로 심은 것이었다. 이 포도밭들은 병해를 면하지 못했지만 텍사스의 야생 포도에 접붙인 유럽산 포도는 무럭무럭 자라고 있었다.[31] 그는 비티스 비니페라를 미국에서 재배하는 유일한 방법은 미국에 자생하는 밑뿌리에 접붙이는 것뿐이라는 말을 들었다. 처음에 프랑스인들은 병을 준 미국이 약을 줄 것이라 믿지 않았지만, 결국 포도뿌리혹벌레에 저항력이 있는 밑뿌리에 비티스 비니페라를 접붙이는 방법으로 유럽의 양조업과 자기네 옛 품종을 구할 수 있었다. 라일리는 공을 인정받아 레지옹 도뇌르 훈장을 받았다.

라일리는 진화론적 통찰을 발휘해 미국 콩코드 포도(미국산 종과 포도뿌리혹벌레에 취약한 유럽산 비티스 비니페라의 접목이 아니라 교잡종으로, 당시에는 포도뿌리혹벌레의 공격을 받고 있지 않았다)에서 포도뿌리혹벌레가 미국 품종을 공격하는 형태로 진화할지도 모른다고 경고했다.[32] 한 세기 뒤에 라일리의 예언은 사실로 드러났으며, 이제는 미국 콩코드 포도에 특수하게 적응한 포도뿌리혹벌레가 존재한다.

포도뿌리혹벌레 위기로 인해 유럽 포도주 품종의 유전적 다양성은 손실을 입었다. 모든 클론을 미국산 밑뿌리에 접붙일 수는 없었기 때문이다. 영영 사라졌다고 생각된 품종 중에는 카르메네르Carmenere라는 적포도가 있었다. 하지만 19세기 프랑스 포도나무가 전 세계에서 인기를 끈 덕에 훗날 포도뿌리혹벌레가 없는 중국과 칠레에서 보존된 품종이 발견되었다.[33]

인간이 알코올 음료 성분의 진화에 미친 영향은 포도에 국한되지 않는다. 우리의 갈증은 효모의 유전체에도 흔적을 남겼다. 양조효모는 전 세계에 퍼져 있지만, 현지의 음료를 빚는 데 쓰이는 계통들은 각 지역의 야생 효모에서 독자적으로 용균화되었다.[34] 유럽산 포도주를 빚는 데 쓰이는 효모 균주는 지중해 연안에서 공통으로 기원했지만, 몇몇은 미국에도 나타나 그곳 양조장에서도 같은 일을 하고 있다. 일본의 사케는 현지 품종의 양조효모로 만들며, 중국의 황주, 나이지리아의 야자술, 브라질의 럼주도 마찬가지다. 각 효모는 현지의 야생 양조효모 개체군으로부터 독자적으로 발탁되었는데, 이는 이 종이 우리가 만들어준 생태 틈새에―그곳이 어디이든―얼마나 훌륭히 적응했는가를 보여주고 또 보여준다.

세계 곳곳에서 용균화되어 쓰이는 효모들이 어디서 왔는지 알아내기 위해 포도밭과 양조장, 야생에서 표본을 채집했는데, 야생 표본에서 양조효모의 자연사가 지닌 뜻밖의 일면이 드러났다. 지중해 연안에서는 과일이 특정 계절에만 나기 때문에, 효모가 나머지 시기를 어디서 보내는지, 뭘 먹고 사는지가 늘 수수께끼였다. 하지만 지금은 효모가 참나무 껍질에서 1년 내내 산다는 사실이 밝혀졌으며, 아마도 수액을 먹고 살 것이다.[35] 말벌의 소화관에서도 양조효모가 발견되었다. 말벌은 익은 포도를 먹는데 수확기 포도밭에 가장 많기 때문에, 효모의 야생 개체군과 포도밭 개체군의 생태적 고리 역할을 한다.[36] 말벌의 효모는 성체가 애벌레를 먹일 때마다 다음 세대로 영구히 전달된다.

요즘은 선별한 효모 균주를 배양해 포도주와 맥주에 넣기 때문에 야생 개체군과 유전자 교환이 일어날 여지가 적다. 하지만 양조업자 중에는 아직 야생 효모를 쓰는 사람도 있다. 오리건주 뉴포트의 로그 양조장은 '양조효모'라는 이름을 문자 그대로 받아들여 양조업자의 수염에서 배양한 '야생' 효모로 발효한 맥주를 생산한다.[37] 심지어 수염을 말끔히 깎고 술을 빚는 양조장에도 — 그런 곳이 있다면 — 효모는 늘 있다. 포도주는 포도 수확 철에만 생산할 수 있지만 맥주 양조는 보리 수확 철에 국한되지 않기 때문이다. 보리를 비롯해 맥주 양조에 쓰이는 곡물은 보존성이 좋아서 필요할 때면 언제나 양분을 내어줄 수 있다. 언제일지 모르지만, 싹이 틀 때 자식에게 영양을 공급하는 것이야말로 씨앗이 자연에서 하는 일이니 말이다. 발아한 곡물은 맥주 양조의 첫 단계이기도 하다. 낟알이 발아되어야 효모가 쓸 당을 배출하는 데 필요한 효소가 활성화되기 때문이다.

자연환경과 양조 환경은 저마다 다른 적응을 필요로 하며 저마다 다른 자연선택 조건을 효모에 부여한다. 양조효모는 포도주 환경에 적응해 세 개의 분리된 외래 DNA 조각을 얻었다. 여기에는 다른 효모종에서 수평적 유전자 전달로 얻은 유전자 39개가 들어 있다.[38] 이 유전자들은 발효 중인 포도즙에 함유된 다양한 당, 아미노산, 질소 화합물을 포도주 효모가 이용하도록 돕는 등 양조와 관련된 중요한 기능을 한다. 이 현상은 미생물 유전체가 얼마나 유동적인지 보여준다. 미생물 사이에서는, 유성 생식으로는 교잡할 수 없을 만큼 유연관계가 먼 종끼리 유전자를 주고받는 일이 흔하다.

플로르flor 효모라는 특수한 양조효모 계통은 포도주 환경에 대한 적응을 한 차원 끌어올렸다.[39] 이 계통은 여러 백포도주의 숙성 과정에 관여하는데, 통에서 숙성하는 셰리 등의 주정 강화 와인이 대표적이다. 플로르 효모는 포도주의 포도당과 산소가 고갈되고 에탄올 농도가 최대로 올라간 발효 마지막 단계에 증식하도록 적응했다. 정상 효모는 이런 조건에서 증식하지 못하지만 플로르 효모는 여기서 무럭무럭 자란다. 포도주의 포도당 농도가 낮아지면 *FLO11*이라는 유전자의 발현이 활성화되는데, 이 유전자는 플로르 효모 세포의 표면이 발수성을 띠도록 한다. 그러면 플로르 효모는 서로 달라붙어 CO_2 기체 방울을 붙잡고 포도주 표면으로 떠오른다. 이 세포들은 수면에서 플로르라는 생물막을 형성한다(여기서 이 계통의 이름을 땄다). 플로르 효모는 통 맨 위에서 포도주와 공기 사이에 떠 있으면서 두 세계에서 가장 좋은 것을 취한다. 아래쪽 포도주에서는 에탄올을 얻고 위의 공기에서는 산소를 얻는데, 이 덕에 에탄올을 에너지원으로 이용할 수 있다.

양조효모는 낮은 온도에서는 여느 효모만큼 발효를 잘하지 못하지만, 효모 중에서 가장 술꾼이다. 낮은 온도의 발효 과정에서 발견된 효모는 양조효모와 기타 사카로미케스종의 교잡종으로, 양쪽의 강점을 결합해 저온 발효도 훌륭히 해낸다. 이 교잡종은 라거 맥주의 발효 과정에서 여러 차례 독자적으로 진화했다. 사카로미케스 칼스베르겐시스*Saccharomyces carlsbergensis*라는 라거 효모가 코펜하겐 칼스버그 양조장의 발효통에 들어와 살게 된 전체 사연은 아직도 정확히 밝혀지지 않았다('칼스베르겐시스'라는 종명은 '칼스버그'에서 왔다).[40] 유전적 관계를 통해 지금껏 밝혀진 일부 사연에서는 노르웨이 영웅 신화의 분위기가 풍긴다.

유전자 분석에 따르면 사카로미케스 칼스베르겐시스는 안 끼는 데가 없는 술꾼 양조효모와 추위에 강한 사촌 사카로미케스 에우바야누스*Saccharomyces eubayanus*의 교잡종이지만, 후자의 기원은 두 가지로 추정된다. 사카로미케스 에우바야누스는 아르헨티나 남쪽 끝 파타고니아의 남부너도밤나무Southern beech 껍질과 아시아의 티베트 고원에서 발견되었다. 두 장소에서 발견된 사카로미케스 에우바야누스 계통은 둘 다 사카로미케스 칼스베르겐시스의 유전체 중에서 양조효모와 일치하지 않는 부위와 99퍼센트 이상 닮았다. 따라서 남아메리카 남단과 아시아 꼭대기의 두 한대 지역 출신 중에서 누가 라거 효모에게 추위 적응 유전자를 줬는지 알아내려면 솔로몬의 지혜와 더 많은 법의학적 증거가 필요할 것이다. 누가 부모이든 더 큰 수수께끼는 이 유전자가 저 외딴곳에서 어떻게 유럽으로 왔느냐는 것이다.

1845년 칼스버그 양조장 창업주 야코프 크리스티안 야콥센Jacob Christian Jacobsen이 독일 뮌헨의 슈파텐 양조장에서 맥주용 효모를 입수했다. 이 독일산 효모 종균에 사카로미케스 에우바야누스가 들어 있었는지 아니면 양조효모와의 교잡종이 들어 있었는지는 알 수 없지만, 사카로미케스 칼스베르겐시스가 될 유전적 원재료가 들어 있었음은 분명하다. 이 효모 배양물은 38년간 칼스버그 맥주를 빚는 데 쓰였다.

맥주잔 받침을 뒤집어서 재빨리 계산해보니 그 기간 동안 매주 새 술을 빚었다면 약 2000회의 계대배양이 이루어졌고 수만 세대의 효모가 선택의 대상이 되었을 것이다. 그렇다면 첫 발효에 쓰인 효모가 어떤 것이었든 38년 뒤에 남은 것은 칼스버그 양조장에서 완전히 용균화된 셈이다. 그러다 1883년에 칼스버그 연구소의 미생물학자 에밀 크리스티안 한센Emil Christian Hansen이 사카로미케스 칼스베르겐시스의 순수 배양에 성공했다. 이 덕에 맥주의 품질을 유지할 수 있게 되고 양조장의 얼굴이 바뀌며 훗날 초국적 기업으로 성장할 토대가 마련되었다.

칼스버그 효모의 이야기를 안데르센 동화풍으로 바꾸면 주정뱅이 망나니가 머나먼 나라에서 온 방랑자에게 감화되어 새사람이 되고, 그의 착하고 재주 많은 후손들이 세계적 명성과 부를 거머쥐었다는 식이 될 것이다. 마찬가지로 포도 유전자가 겪은 우여곡절은 26부작 텔레비전 드라마의 소재가 될 만하다. 등장인물의 이름만 사람으로 바꾸면, 구원舊怨을 되풀이하는 야합, 성전환, 역병, 오래전에 잃어버린 친척의 귀환 등 흥미진진한 드라마로 손색이 없다. 진정한 사랑의 길처럼 진화의 경로도 결코 곧게 뻗어 있지 않다.

술은 더불어 마셔야 제격이다. 친밀감을 북돋우고 대화의 장벽을 허물고 재치를 부리게 해주니 말이다. 포도주를 마시면 누구나 재치가 많아진다. 적어도 사람들은 그렇게 생각하고 싶어 한다. 푸짐한 음식에 술을 넉넉히 곁들이면 단순한 저녁 식사가 잔치로 바뀐다. 잔치는 진화와 식품에 대한 우리의 탐구를 사회적 영역으로 이끈다.

잔치·사회

식욕은 만족시킬
수 있지만,
명예욕은 대개
그럴 수 없다.

음식을 나누는 것은 인간적 행위다. 잔치에서든 굶주릴 때든 마찬가지다. 나누려는 충동은 인간 심리에 단단히 새겨져 있지만, 그렇다고 해서 모두가 음식을 평등하게 얻을 수 있는 것은 아니다. 말이야 쉽지. 음식은 사회관계와 얽혀 있으며, 이로 인해 온갖 복잡한 문제가 결부된다. 잔치와 기근의 땅이자 오스트랄로피테쿠스 아파렌시스 루시의 고향이자 사람속의 요람 에티오피아의 역사는 이를 가장 뼈저리게 보여준다.

1887년 에티오피아 황제 메넬리크 2세의 세 번째 왕비 타이투 베툴이 새 수도 아디스아바바에 갓 건설된 교회를 축성하려고 잔치를 열었다. 잔치는 메넬리크 2세의 군사적 위업에 걸맞은 어마어마한 규모로 계획되었다. 그는 식민 본국 이탈리아 군대를 비롯한 이웃 나라를 물리치고 거의 2000년 전에 건국한 고대 왕국의 지위에 가깝도록 에티오피아의 권위를 회복시켰다. 산꼭대기에서 도시를 내려다보는 은토

토 마리암 교회 마당에 세워진 거대한 천막에서 타이투 왕비는 역사에 기록될 잔치의 개회를 선언했다.

손님들이 닷새에 걸쳐 먹어치운 '윗(스튜)'에는 황소, 암소, 양, 염소 5000여 마리의 고기가 들어갔다.[1] (오늘날까지도 에티오피아는 아프리카 어느 나라보다도 가축이 많다.)[2] 왕실 귀빈에게는 "고추로 양념한 다진 소고기볶음, 잘 익힌 양갈비와 양고기를 넣은 후추 스튜, 매콤한 소스로 살짝 익힌 소고기, 강황을 넣은 양갈비탕, 완두콩을 갈아 후추를 넣은 소스로 요리한 소고기"가 대접되었다.[3]

윗은 은저라에 싸서 먹는다. 은저라는 토종 곡물 테프teff의 가루를 발효해 빚은 커다란 납작빵으로 구멍이 숭숭 뚫려 있다. 바구니 1000개가 손님들 사이를 돌며 주방 다섯 곳에서 만든 은저라를 풀어놓았다. 고춧가루로 양념한 버터가 담긴 커다란 진흙 항아리 45개도 손님 사이로 오고 갔다. 갈증이 나면 역시 항아리 45개에 든 벌꿀술 떼쯔tej로 달랬다. 떼쯔 항아리가 비면 높은 곳의 떼쯔 저장고에 달린 관 열두 개에 연결해 중력으로 채웠다. 신분이 낮은 손님들은 맥아를 구워 만든 훈연 맥주를 마셨다.

타이투는 남편이 정복한 모든 영토의 요리를 식탁에 올렸으며 이 잔치는 신민과 손님에게 요리로 충격과 공포를 안기려는 통치 전략이었다. 사관史官은 떼쯔의 향과 갓 구운 은저라가 어우러져 손님들의 혼을 빼놓았다고 기록했다. 하지만 이 잔치는 길조가 아니라 기근의 전조였다. 뒤이어 다섯 해 동안 가뭄과 우역牛疫으로 인해 소의 90퍼센트와 인구의 3분의 1이 죽었다.[4]

에티오피아는 적어도 기원전 250년 이후로 걸핏하면 가뭄과 기근을 겪었으나, 최악의 기근은 최근에 일어났다. 설상가상으로 가뭄, 분쟁, 인구 증가, 환경 파괴, 전체주의 정부의 퍼펙트스톰까지 겹쳤다. 이 요인들이 정점에 이른 1983~1985년에는 800만 명이 기근을 겪었으며 60만~100만 명이 목숨을 잃었다.[5] 압도적인 규모의 기근 앞에서는 남을 도우려는 마음을 품기 힘들었다. 에티오피아 가정의 3분의 1은 굶주린 친척들에게 식량과 돈을 나눠주었지만 대부분은 혼자 먹고살기에도 급급했다.[6] 사람들은 친척을 외면하는 불명예를 피하려고 아예 그들을 피했다. 정부는 늑장을 부렸지만, 수척한 남녀노소의 모습이 텔레비전에 방송되자 전 세계에서 도움의 물결이 일었다. 1984년 말이 되었을 때 서구 사람들은 기아 문제 해결을 위해 1억5000만 달러 이상을 기부했는데, 지금으로 치면 4억5000만 달러 가까운 금액이었다.[7]

이 비극은 사람들이 식량을 나눌 수 있거나 식량을 살 여유가 있을 때 낯선 타인조차도 기꺼이 돕는다는 것을 보여준다. 식량을 나누는 것은 **이타행**altruism의 대표적 예다. 이타행이란 자신이 손해를 보면서 남을 돕는 행위를 일컫는다. 자연선택을 단순하고 (논란의 여지가 있지만) 피상적으로 해석하면 자원을 낯선 타인과 공유하는 것은 적응적 행동이 아니다. 따라서 여기에는 별도의 진화적 설명이 필요하다. 어떤 사람은 '왜 남을 돕느냐'라는 물음 자체를 불경하게 여길 수도 있겠지만, 인간이 어떻게 해서 공유와 돌봄을 진화시켰는지 묻는 것은 이런 사회적 형질에 타격을 입히는 것이 아니다. 인간이 어떻게 해서 인간적 존재가 되었는지 묻는 것이다.

이타행의 진화를 설명하는 것은 진화론 초기부터 까다로운 과제였다. 《인간의 유래와 성선택》에서 다윈은 '도덕적 미덕'을 가진 사람들에 대해 이렇게 말했다. "같은 집단 내에서 이런 미덕을 가진 사람의 수가 증가하도록 하는 조건은 너무 복잡하여 뚜렷이 밝혀낼 수 없다."[8] 이기적 유전자가 지배하는 세상에서 어떻게 이타행이 진화할 수 있을까? 이에 대해 세 가지 설명이 제시되었다. 첫 번째는 **친족 선택**kin selection으로, 그 바탕은 (가설적인 '이타행 유전자'를 비롯한) 우리 유전자가 우리 자신에만 있는 것이 아니라 친척에게도 사본으로 존재한다는 개념이다. 이를테면 형제자매의 유전자는 부모에게서 물려받았기에 절반이 같다.

　20세기의 위대한 생물학자이자 박식가 J. B. S. 홀데인은 촌철살인의 명구를 남겼다. "사촌 여덟 명이나 형제자매 두 명을 위해서라면 목숨을 내놓겠다."[9] 사촌은 형제자매보다 유연관계가 멀어서 공유하는 유전자가 8분의 1밖에 안 되므로 친족 선택의 수지收支를 맞추려면 여덟 명이 있어야 한다. 홀데인은 개인적으로도 극단적 이타주의자였다. 제2차 세계대전 기간에 그는 파손된 잠수함에서 선원들이 무사히 탈출하는 방법을 알아내려고 위험한 실험을 몸소 감행하기도 했다.[10] 그가 친족 아닌 사람을 위해서도 자신을 희생했을 것임은 능히 짐작할 수 있다.

　영국의 또 다른 진화학자 W. D. 해밀턴W. D. Hamilton은 친족 선택 개념을 정식화하여, 유전된 이타적 형질이 전파되려면 공여자가 치르는 비용이 '피공여자가 얻는 이익 곱하기 근연도relatedness'보다 작아야 함을 입증했다. 홀데인은 위의 명구에서 자신(공여자)이 치르는 비용과 사촌들(피공여자)이 얻는 이익이 같다고 암묵적으로 가정했다. 각 사촌은 혈연도가 8분의 1이므로 여덟 명의 이익은 홀데인의 자기희생과 맞먹는다. 실제로 홀데인의 예에서는 이타행의 비용과 이익이 일치하는

데 그치지만, 해밀턴의 규칙에서는 친족이 받는 이익의 합이 공여자가 치르는 비용을 초과해야만 한다. 사촌 아홉 명이면 충분할 것이다.

사람들이 식량을 나누는 이유를 친족 선택으로 설명할 수 있을까? 이 물음에 제대로 대답하려면 식량 나눔의 비용과 이익을 측정해 해밀턴의 법칙에 부합하는지 확인하는 실험을 해야겠지만 그건 결코 쉬운 일이 아니다. 진화의 계산에서는 비용과 이익을 적합도 단위로 측정하는데, 이것은 미래 세대에 기여하는 자녀의 수를 나타낸다. 여러분과 모든 손님이 음식을 친척과 나누는 경우의 적합도와 혼자 식사할 경우의 적합도를 측정하려 한다고 생각해보라! 해밀턴의 규칙은 검증하기가 여간 까다롭지 않으니 우리는 정황 증거에 의존할 수밖에 없다.

여러 인류 사회를 비교 연구했더니 가장 일관된 패턴은 촌수에 따라 우선권을 주는 나눔이었다. 한 논문에서는 비꼬는 투로 이렇게 표현했다. "인류학자들은 의견이 일치하는 경우가 거의 없지만 촌수가 인간 사회를 구성하는 핵심 특징 중 하나라는 것은 인정한다."[11] 이 패턴은 친족 선택에서 예상되는 결과와 일치한다. 하지만 모든 인류학자들이 그렇게 생각하는 것은 아니다. 한 인류학자는 수렵채집인이 산수에 능하지 못하기에 해밀턴의 규칙을 행동의 지침으로 삼을 수 없으며 동물이 사촌의 근연도가 8분의 1임을 계산하는 것은 아예 말이 안 된다고 반론을 제기했다. 리처드 도킨스는 특유의 예리함을 발휘해 이렇게 말했다. "달팽이의 껍데기는 완전한 대수 나선을 그리는데, 도대체 어디에 달팽이가 대수표를 가지고 있단 말인가?"[12]

해밀턴의 규칙은 수렵채집인의 《삼강오륜》이나 (심지어) 그들의 유전자에 기록된 지시 사항이 아니다. 그것은 상대방에 대해 각기 다른 종류의 행동을 취하는 개인들 사이의 진화적 경쟁에서 점수를 매기는 방법이다. 친척과 나누려는 성향이 유전적으로 결정되어 있다면 해밀턴의 법칙은 언제 이것이 친족 선택에 의해 선호되는지 알려준다. 친족 선택은 자연선택의 특수한 형태에 불과하다. 노파심에서 말하자면, 친족 선택은 족벌주의를 (설명할 수는 있을지라도) 도덕적으로 정당화하지 않는다. 인간 사회는 그보다 훨씬 복잡하며 부당한 대우를 처벌하는 경우도 많다.

동물 사회에는 친척을 편애하는 성향이 널리 퍼져 있지만, 젖을 뗀 뒤에는 심지어 새끼와도 먹이를 나누지 않는 경우가 있다. 영장류의 절반가량은 새끼와 먹이를 나누며 이 중 절반가량은 성체들끼리도 먹이를 나눈다.[13] 새끼와 먹이를 나누지 않는 영장류는 성체들과도 나누지 않는다. 이는 나눔 행동의 진화에서 새끼와의 나눔이 (친족 아닌 개체를 비롯한) 성체와의 나눔보다 우선함을 시사한다. 이것은 진화적 변화의 점진적 성격에서 예상되는 바다. 나눔은 가장 가까운 친족(새끼)에게서 시작되어 다른 성체, 특히 잠재적 짝에게로 발전한다. 속담에도 있듯 자선은 집에서 시작된다. 따라서 친족 선택이 식량 나눔의 진화적 바탕이라는 정황 증거가 있긴 하지만, 이걸로 모든 것을 설명할 수는 없다. 우리는 친족 아닌 사람과도 음식을 나누기 때문이다. 왜 그러는 것일까?

두 번째 유형의 설명은 친척 아닌 사람과의 나눔이 진화한 이유를 **호혜주의**reciprocity의 관점에서 설명한다. 호혜주의는 직접적일 수도 있고 간접적일 수도 있다. 직접적 호혜주의는 내가 당신에게 음식을 나눠주면서 다음에 내가 굶을 때 당신이 내게 음식을 나눠주리라 기대하거나 당신과 섹스를 할 수 있으리라 기대하는 것이다. 이에 반해 간접적 보상은 우정, 상호 부조, 평판 같은 무형의 형태를 띠기도 한다. 생물학자들은 호혜주의에 기반한 행동을 '호혜적 이타행'이라고 불렀지만, 이 표현은 이율배반이어서 잘 쓰이지 않는 추세다. 미래의 보상을 기대하는 행동은 엄밀한 의미에서 이타적이지 않다. 나는 월말에 월급을 받으리라는 기대를 갖고 일하지만 나도 내 고용주도 자신을 이타주의자로 여기지는 않는다. 하지만 이것을 뭐라고 부르든 직접적 호혜주의로 식량 나눔을 설명할 수 있을까?

사람들에게 왜 친구와 음식을 나누느냐고 물으면 그들은 결코 이익을 기대해 그렇게 한다고는 말하지 않을 것이다. 하지만 한발 더 나아가 결코 은혜를 갚지 않는 사람과 친구가 되거나 친구 관계를 유지할 거냐고 물으면 다들 '아니요'라고 답할 것이다. 로마의 웅변가 키케로는 누구를 믿어야 할지 아는 것이 삶과 죽음을 좌우하는 폭력의 시대에 이렇게 썼다. "은혜에 보답하는 것보다 더 중요한 의무는 없다. 은혜를 잊는 사람을 신뢰하는 사람은 아무도 없다."[4]

공교롭게도 로마의 저술가 소小플리니우스가 은혜를 저버린 친구를 책망한 편지가 남아 있다. 그는 친구가 저녁 초대에 응하지 않자 이렇게 썼다.

친애하는 셉티키우스 클라루스여, 그대는 저녁 식사에 오겠노라 약속해놓고 나타나지 않았군! 상추(한 사람당 한 접시씩), 달팽이 세 마리, 달걀 두 개, 죽, 올리브, 비트, 호박, 양파, 그 밖에도 그대가 부러워할 만한 요리가 천 가지나 그대를 기다리고 있었네. 희극이나 시 낭독이나 수금 연주를, 아니면

나의 아량으로 세 가지 모두를 들을 수도 있었다네. 하지만 그대는 딴 사람 만찬에 가기로 했지. 거기서 뭘 주던가? 굴, 돼지 새끼보, 성게, 카디스 출신의 무희였겠지![15]

아마도 이런 뜻이었으리라. "나의 세련된 상차림에 비하면 어쩌나 조잡한가."

우정을 단순한 호의의 교환이 아닌 신뢰 관계로 정의하더라도 호혜주의는 우정의 토대다. 수렵채집인이 어떻게 식량을 공유하는지 비교한 자료가 이를 잘 보여준다.[16] 어떤 부족은 상대방이 은혜를 갚으리라 기대하며 만일 은혜를 갚지 않으면 따돌리는 반면, 또 어떤 부족은 더 간접적으로 주고받기를 하는 듯하다. 그런 경우에는 모두가 상대방이 나누리라 기대하며, 주고받는 것을 깐깐하게 따지지 않는다. 이처럼 식량 나눔과 사회관계를 조직하는 방식은 다를 수 있지만, 둘 다 직접적이든 간접적이든 호혜주의에 바탕을 둔다.

호혜적 이타행 가설이 처음 발표된 1970년대에는 동물 사회에 이런 종류의 행동 사례가 많다고 생각되었다.[17] 하지만 동물의 동기를 분명히 해석하기란 여간 어려운 일이 아니며, 동물의 행동을 자세히 들여다보니 다르게 설명할 수 있는 경우도 많았다. 탄자니아 곰베 국립공원의 침팬지들은 제인 구달의 최초 연구로 유명해졌는데, 이 침팬지들이 원숭이를 사냥해 전리품을 나누는 방식은 해석의 어려움을 잘 보여준다.

사냥은 대체로 수컷 침팬지 무리가 집단에서 멀리 떨어진 원숭이를 발견했을 때 시작된다. 침팬지 한 마리가 원숭이를 추격하고 무리의 다른 침팬지들이 호응하는데, 이들은 뭉쳐 다니지 않고 흩어져 원숭이의 예상 도주로를 차단하거나 매복한다. 이런 사냥에 대한 최초의 해석은 사냥이 끝난 뒤에 고기를 나누어 먹을 수 있으리라 기대해, 침팬지들이 상보적 역할을 하는 협력적 행위라는 것이었다. 침팬지 무리의 수컷은 서로 친척 관계이기에, 이런 협력이 어떻게 진화했는가는 친족 선택으로 설명할 수 있다.

그런데 관찰 자료를 더 얻을 수 있게 되자 훨씬 개인주의적인 해석이 등장했다. 침팬지 한 마리가 원숭이를 쫓을 때 나머지 침팬지들에게 최상의 전략은 예상 도주로를 막거나 매복하는 것이다.[18] 각 침팬지는 자신이 먹잇감을 잡기를 바란다. 원숭이를 잡는 침팬지가 가장 많은 몫을 차지하기 때문이다. 침팬지의 사냥 방식은 인류가 사냥하는 방식을 닮았다는 점에서 일사불란한 행위처럼 보이지만, 실은 각 침팬지가 자신의 이익을 위해 이기적으로 행동한 결과에 불과한지도 모른다.

침팬지가 자신이 획득한 식량을 다루는 법도 원숭이 사냥에 대한 이런 개인주의적 해석을 뒷받침한다. 여기서 직접적 호혜주의가 작용한다면 고기를 기꺼이 나눌 것이라 기대할 수 있지만, 곰베에서 원숭이를 죽인 침팬지는 늘 먹잇감을 독차지했으며 남에게 시달릴 때만 나눠주었다.[19] 녀석은 원숭이를 혼자 먹으려고 무리에게서 달아나 아무도 오를 수 없는 가지에 올라갔다. 대체로 다른 침팬지들은 녀석에게 몰려들어 먹잇감 일부를 뺏으려 하거나 녀석이 먹지 못하도록 손으로 입을 틀어막았다. 이러니 원숭이 사체를 가진 침팬지는 먹잇감을 독차지하기 힘들었으며 고기의 일부를 내어준 뒤에야 시달림에서 벗어났다. 이 행위에는 **묵인된 절도**tolerated theft라는 이름이 붙었다.

곰베의 침팬지들은 이따금 친족 아닌 개체와도 기꺼이 고기를 나눴지만, 왜 특정 개체를 우대했는지는 분명히 알 수 없는 경우가 대부분이다.[20] 아마도 인간 관찰자는 알지 못하는 우정이 있었을 것이다. 곰베 무리의 우두머리 수컷만이 자신이 잡은 고기를 암컷들에게 꾸준히 주었는데, 이는 먹이 나눔이 성적 관계에 바탕을 두고 있음을 시사한다.

침팬지 사회에서는 인간 사회처럼 문화적 차이가 나타난다. 다른 곳에서 관찰된 (암수를 막론한) 침팬지의 먹이 나눔에서는 이것이 동맹의 형성에 더 큰 역할을 하는 것으로 보인다. 우간다 손소에서는 이 행위가 어떻게 진화했을지 보여주는 인상적인 증거가 관찰되었다. 밭쥐에서 인간에 이르는 포유류에서 호르몬 **옥시토신**oxytocin은 공격성을 낮추고 어미와 새끼 간, 교미 상대 간의 사회적 유대 형성에 역할을 한다.[21] 손소의 야생 침팬지들을 연구했더니 식량을 나눌 때 공여자와 피공여자 모두 소변의 옥시토신 수치가 높아졌다(소변 중 옥시토신 농도는 혈중 농도를 반영한다). 따라서 먹이 나눔은 침팬지들의 (혈연이든 아니든) 사회적 유대 관계가 커지는 직접적 효과를 발휘했다.

먹이 나눔에 대한 옥시토신 반응은 어떻게 해서 이 행위가 (친척과든 친척 아닌 개체와든) 사회적 유대를 강화할 수 있는가를 보여줄 뿐 아니라 어미가 새끼와 먹이를 나누는 것에서—이때는 옥시토신이 둘의 애착을 보장하는 접착제 역할을 한다—성체 간의 식량 나눔이 진화한 메커니즘을 보여준다. 엄밀히 말해 옥시토신의 역할은 사회적 유대를 강화하는 것이 왜 자연선택에 의해 선호되는지 알려주지 않는다. 그보다는 어미가 새끼를 먹일 때처럼 사회적 유대 강화가 이로운 상황에서 어떻게 생리 작용이 적합도를 높이는 행동 쪽으로 동물을 이끄는지를 보여준다. 옥시토신은 유전자의 하인이지 주인이 아니다. 호르몬이 우리를 성 행동으로 이끄는 방식도 이와 마찬가지다.

침팬지의 먹이 나눔은 타이투 왕비의 북적거리는 잔치나 소小플리니우스의 외로운 식탁과 동떨어진 것처럼 보일지도 모르지만, 침팬지가 우리의 조상이 아니라 사촌이더라도 우리 자신의 식습관이 어떻게 진화했는지에 대해 침팬지의 습성을 참조할 수 있다. 친족 선택의 분명한 결과로 친척에게 식량을 나눠주는 쪽을 선호한다는 점에서 침팬지와 인간은 같다. 식량을 나누는 것이 유리할 때 그렇게 함으로써 사회적 유대를 형성하도록 호르몬이 작용하는 것도 마찬가지다. 하지만 이렇게 생물학적으로 기본적인 수준을 넘어서면, 인간과 침팬지의 비교에서는 둘의 진화적 유사성보다는 차이가 더 뚜렷이 드러난다.

곰베 침팬지들에게서 관찰된 묵인된 절도는 사람들이 식량을 나누는 방식과 다르다. 그렇다고 해서 절도나 구걸이 전혀 없다는 뜻은 아니다. 사람들은 친족 아닌 사람과도 기꺼이 식량을 나누는 반면에 대다수 침팬지는 들볶일 때만 그렇게 한다는 뜻일 뿐이다. 인간 행동의 가장 본능적인 측면은 어린아이들에게서 볼 수 있을 것이다. 비교 실험에 따르면 어린아이들은 기꺼이 서로 음식을 나누는 반면 침팬지들은 그러지 않으려고 한다.[22] 이 차이는 어떻게 진화했을까? 어쩌면 침팬지와 인간이 식량을 찾는 방법이 달라서인지도 모른다.

침팬지는 사회적 동물이지만 먹이를 찾을 때는 따로 다니고 먹는 것도 혼자 먹는다. 이것은 주식인 과일이 숲 지붕 여기저기에 흩어져 있고 과일 하나하나는 나눠 먹기에는 너무 작기 때문이다. 침팬지들이 다른 침팬지가 먹는 것에 관심을 가지고 구걸이나 절도를 시도하는 것은 매우 큰 과일이나 원숭이 사체 같은 드문 경우에 국한된다. 나무에서 살던 우리 조상들도 오래전에 이런 식으로 식량을 찾았을 수도 있지만, 아프리카 들판에 내려온 뒤로 우리는 훨씬 큰 사냥감을 쫓아다녔다. 그 이후로 우리는 한 번도 대형 사냥감을 마다하지 않았다.

매머드 스텝에 살던 호모 사피엔스는 자신이 들어가 살 수도 있을 만큼 커다란 먹잇감을 사냥했는데, 이런 포식자가 또 어디 있겠는가? 대형 동물을 사냥하려면 서로 협력해야 한다. 구석기 동굴 미술가들이 그린 대형 동물을 보고도 인류가 사회적 사냥꾼이었다는 사실이 믿기지 않는다면 같은 벽에 찍힌 손자국이 결정적 증거가 될 것이다.

대형 먹잇감의 사냥은 인간의 사회성이 진화한 덕에 생긴 엄청난 결과다. 대형 먹잇감은 사냥꾼들의 협력을 요할 뿐 아니라, 협력하는 사냥꾼 모두가 배불리 먹을 수 있을 만큼 커다란 결실을 가져다준다. 먹잇감이 풍족하면 독차지하려고 다툴 필요가 없다. 심지어 침팬지도 협력의 비용이 아주 적으면 서로 돕는다. 이것은 협력하고 결실을 나누는 성향이 인간에게서 어떻게 진화했는가에 대한 가설로 이어진다. 그것은 서로 도와야만 배를 채울 수 있는 세상에서 자연선택이 어떻게 우리의 심리를 빚어냈는가다.

피자를 잘라 친구들과 나눠 먹거나 중국집에서 식탁 위의 돌림판을 돌리는 것은 논밭에서 재배된 음식을 나누는 것이지만, 식사의 진화적 기원은 훨씬 오래전으로 거슬러 올라간다. 함께 먹는 습관도, 논밭과 식당을 경영하는 데 필요한 협력도 모두 공동 사냥이라는 오래된 유산을 바탕으로 한다. 논밭과 식당은 가족 사업인 경우가 많은데, 이는 우리의 심리 구조 안에 친족 선택이 자리하고 있음을 상기시킨다. 호혜주의도 우리의 심리에 뚜렷한 흔적을 남겼다.

식당에서 종업원과 눈을 마주치려다 실패하고 만 경험이 (나처럼) 있다면 침팬지도 그런 일에는 젬병이라는 소식을 위안으로 삼길. 인간은 타인의 시선에 극히 민감하다. 여러분이 누군가를 처다보면 그 사람은 여러분이 가시각 끄트머리에 있어도 자신을 향한 눈길을 알아차린다. 이것이 가능한 이유는 눈동자 한가운데에서 흰자위와 뚜렷한 대조를 이루는 검은자위가 여러분이 어느 방향을 처다보는지 똑똑히 알려주기 때문이다. 침팬지의 눈에는 흰자위가 없어서 누가 자기를 보고 있는지 쉽게 알지 못하며 별로 개의치도 않는다.[23] 여러분 생각이 맞다. 그 종업원은 여러분을 알아차리지 못한 것이 아니다. 응대하고 싶지 않은 것일 뿐. 아니면 침팬지이거나.

사람의 눈은 보는 용도로만 설계된 것이 아니다. 보이는 용도로도 설계되었다. 우리는 눈을 이용해 남에게 자신이 보고 있다는 신호를 보낸다. 여기에는 어떤 진화적 이점이 있을까? 실험 증거로 뒷받침되는 한 가지 가설은 사회적 거래에서 상대방을 처다보면 상대방이 거짓말을 하지 못하도록 할 수 있다는 것이다. 이것은 매우 강력하고 무의식적인 효과여서 심지어 눈을 찍은 사진만 가지고도 행동을 바꿀 수 있다.[24] 대학교 휴게실 내에 커피를 비치해둔 곳의 양심 상자 위에 눈 사진을 붙였더니, 사회적으로 중립적인 꽃 사진을 붙였을 때에 비해 모금액이 세 배로 늘었다. 집에서 직접 실험해보시길.

커피값 실험은 내가 상대방을 보고 있음을 상대방이 아는 것에 뚜렷한 이점이 있다는 것을 보여준다(다른 실험에서도 남의 눈길을 의식하는 것은 쓰레기를 버리지 않는다든가 운전자가 건널목에서 보행자에게 양보한다든가 하는 친사회적 행동에 비슷한 영향을 끼쳤다). 하지만 주시당하는 사람은 왜 그렇게 반응할까? 사회 규범을 사적으로는 얼마든지 무시하면서도 공적으로는 지키는 모습을 보이는 것에 어떤 이점이 있을까? 남들이 여러분을 어떻게 생각하느냐가 중요하다는 것에서 답을 찾을 수 있다. 셰익스피어 희곡에서 협잡꾼 이아고가 오셀로에게 말한다.

경애하는 장군님, 남자, 여자의 명예는

그들의 영혼이 가진 보석 그 자체죠.

내 돈 훔치는 자는 쓰레기를 훔치며

있다 없다 할 수 있는, 누구도 소유하는

수천만의 노예죠. 하지만 제 명예를

훔친 자는 부자가 되는 것도 아니면서

저를 가난하게 만들죠.[25]

평판이 전부다. 신뢰가 있어야 성공할 수 있는 모든 사회관계에서 평판은 이 관계를 보증하는 보증금이다. 이아고의 말마따나 평판(명예)이 돈보다 귀한 이유는 모든 관계에 영향을 미치기 때문이다. 희곡의 중심을 이루는 오셀로와 아내 데스데모나의 가장 중요한 관계도 평판에 달렸다. 생물학자가 이 연극을 보면 이아고가 데스데모나의 평판을 떨어뜨리고 남편의 마음에 그녀의 정절에 대한 의심의 씨앗을 심음으로써 부부의 적합도를 0으로 낮춘다고 말할지도 모르겠다. 이아고는 데스데모나를 죽게 하지만, 살인은 오셀로의 손에 이뤄진다. 오셀로는 회한으로 괴로워하고 이아고는 흡족해한다. 평판은 이아고처럼 간접적으로 관계에 작용하지만, 직접적으로 작용할 때 못지않은 효과를 발휘한다.

평판은 사회적 자산이며, 경제적 자산과 마찬가지로 벌어야 하고 잃을 수 있으며 거래할 수 있다. 잔치를 베푸는 사람에게 그 잔치가 어떤 가치를 가지는지 해석하는 한 가지 방법은 남아도는 음식을 베풀어 손님들에게 평판을 얻는다고 보는 것이다. 식욕은 만족시킬 수 있지만, 명예욕은 대개 그럴 수 없다.

일단 배를 채우고 나면, 음식을 나누는 것은 직접적으로 적합도를 유지하는 문제가 아니라 적합도에 간접적으로 영향을 끼칠 수도 있는 사회적 보상을 얻어내는 문제가 된다. '길버트와 설리번' 오페라 시리즈의 대본을 쓴 W. S. 길버트W. S. Gilbert는 식사에 대해 이런 말을 남겼다. "중요한 것은 식탁 위에 무엇이 있는가가 아니라 의자 위에 무엇이 있는가다." 물론 의자 주인들을 감동시키려면 식탁 위에 있는 것도 꽤 중요할 테지만. 수 세기에 걸쳐 국왕, 황제, 재벌은 누가 더 호화로운 잔치를 베푸는가를 놓고 다퉜다.

기원전 63년에 로마 최대 부호 중 한 명인 세르빌리우스 룰루스Servilius Rullus는 로마 집정관 키케로를 위해 연회를 열었다. 첫 번째 코스가 어찌나 근사했던지 박수갈채가 절로 나왔다. 그런 다음 요리사가 에티오피아 노예 네 명을 이끌고 나타났는데, 노예들이 든 커다란 은쟁반에는 커다란 멧돼지가 놓여 있었고 엄니에는 대추야자 바구니가 달려 있었으며 페이스트리로 만든 새끼 멧돼지들이 주위를 장식했다. 노예들이 쟁반을 내려놓는 동안 손님들은 기대감으로 침이 고인 채 숨죽이며 바라보았다. 멧돼지를 갈라 열자 두 번째 멧돼지가 통째로 들어 있었고 그 멧돼지 안에 세 번째 멧돼지가 들어 있었다. 칼을 댈 때마다 점점 작은 동물이 나오더니 마지막으로 작은 새가 피날레를 장식했다.

멧돼지 '아 라 트루아옌a la Troyenne'(그리스 신화의 트로이 목마에 빗대어 훗날 프랑스의 미식가들이 붙인 이름)이 로마에서 어찌나 화제를 불러일으켰던지 커다란 멧돼지를 내놓기를 망설이던 가정들에서도 트로이 돼지는 흔한 요리가 되었다.[26] 이 요리가 흔해지고 얼마 지나지 않아 규모가 점점 커지더니 멧돼지 아 라 트루아옌을 한번에 세 마리, 네 마리, 여덟 마리, 급기야 스무 마리까지 내놓기에 이르렀다.

2000년 뒤에 고고기기engastration—요즘 요리사들은 이렇게 부른다—열풍이 일면서 칠면오닭리조turducken라는 요리가 등장했다. 이것은 칠면조 속에 오리를 넣고 그 속에 닭을 넣은 요리다. 그나저나 이 안쓰러운 이름을 지은 사람은 첫음절이 똥을 연상시킨다는 사실을 알아차리지 못했나보다(영어 'turd'는 '똥'을 뜻한다_옮긴이). 그 뒤로 고고기기의 필연적 팽창이 시작되었다.[27] 영국의 요리사 휴 펀리휘팅스톨Hugh Fearnley-Whittingstall은 2005년 자신의 텔레비전 방송에서 열 마리 구이를 선보였다. 이것은 8킬로그램짜리 칠면조에 거위, 오리, 청둥오리, 호로호로새, 닭, 꿩, 자고새, 비둘기, 멧도요를 넣은 요리다. 2년 뒤에 영국 데번의 한 농산물 상점에서는 성탄절 열이틀을 상징하는 열두 마리 구이를 판매하기 시작했다. 125명이 먹기에 충분한 분량이었다.

고고기기 열풍에서 우리는 일단 식량이 남아돌면 식욕이 명예욕에 자리를 내준다는 사실을 알 수 있다. 세 마리 구이로는 굶주림을 달랠 수 있지만 명예욕은 새 세 마리나 돼지 세 마리로는 달랠 수 없다. 본질적으로 충족 불가능한 욕구이기 때문이다. 굶주림은 조절 회로의 음의 되먹임negative feedback에 의해 충족된다. 굶주림을 자극하는 호르몬은 먹으면 꺼진다. 이에 반해 지위에 대한 인간의 관심은—아마도 구석기 시대에 사냥감을 어떻게 나눌지에 대한 관심에서 비롯했을 것이다—또 다른 종류의 회로를 만들어낸다. 이것은 사회적 상호 작용의 연결망으로, 양의 되먹임positive feedback을 형성하기 쉽다.

앰프의 게인을 너무 키웠을 때 스피커에서 굉음이 울려 퍼지는 것이 바로 양의 되먹임 때문이다. 마찬가지로 사회적 연결망에서도 양의 되먹임은 걷잡을 수 없는 결과를 가져올 수 있다. 내가 세 마리 구이를 내놓으면 손님들 사이에서 지위가 올라가지만, 그들 또한 신세를 갚아야겠다고 생각한다. 모두가 세 마리 구이를 내놓으면 나는 남과 같아진다. 그래서 한 걸음 더 나아가 네 마리 구이를 선보인다. 네 마리 구이가 새로운 규범이 되면 나는 한 걸음 더 나아가야 한다. 하지만 그러다 열 마리 구이까지 가는 수가 있다!

양의 되먹임은 언제나 정상의 한계를 넘어서 극단으로 치닫는 경향이 있다. 미국 북서부의 아메리카 원주민에게서는 지위를 추구하다가 도를 넘은 사례를 찾아볼 수 있다. 그들은 전통적으로 **포틀래치**potlatch라는 잔치를 열어 베풀기 경쟁을 했다.[28] '포틀래치'는 손님들이 음식을 가져오는 '포틀럭potluck' 파티의 어원이지만, 원래의 잔치는 현대의 소박한 파티와 딴판이었다. 포틀래치 잔치의 목적은 경쟁자들 앞에서 부와 너그러움을 과시해 지위를 승인받는 것이었다. 부족의 우두머리들은 경쟁자들을 초대해 선물 공세를 퍼부음으로써 지위와 명성을 얻었다. 선물로는 담요, 생선, 해달 가죽, 카누가 있었으며 무늬로 장식한 구리판은 선물의 용도로 만든 것이 분명했다.

손님들은 훗날 포틀래치를 열어 더 값진 선물로 보답하지 못하면 체면을 잃었다. 이 의례는 급기야 재산을 일부러 파괴하는 지경에 이르렀는데, 추장들은 담요와 카누 같은 귀중품을 경쟁자의 불에 던져 평판을 얻고 상대방을 궁지에 몰기도 했다. 어떤 연회장에서는 천장의 조각품에서 귀한 기름이 끊임없이 흘러나와 불이 계속해서 활활 타도록 했다. 손님들은 이글거리는 불길을 애써 외면했으며, 살갗을 잃는 한이 있어도 체면은 잃지 않으려 들었다. 잿더미가 되어 무너져 내린 연회장은 포틀래치의 성공을 보여주는 최종적 증거였다.

이런 규모로 선물 경쟁을 벌이는 것이 비합리적으로 보일지도 모르지만, 포틀래치는 특이 현상이 아니며 식량이 남아돌 때만 일어난다. 뉴기니에서도 고구마가 도입되어 잉여 식량이 생기자 비슷한 관습이 나타났다.[29] 미국 북서부에서는 식량이 부족해지면 포틀래치가 중단되었다. 식량과 평판은 둘 다 강력하며 상호 의존적이다. 심지어 아무도 굶주리지 않고 사회적 평판이 권력, 부, 섹스와 자유롭게 교환되는 사회에서도 평판의 중요성에 대해 질문을 던지는 것은 의미 있는 일이다. 그 답은—적어도 부분적으로는—사냥에서의 협력과 잔치에서의 나눔을 통해서다.

이것이 사실이라면 우리가 대형 동물을 사냥하면서 상호 의존을 통해 협력적 행동을 진화시켰다는 가설로 식탁 예절의 많은 부분을 설명할 수 있다. 운동 경기에서 숭배와 전쟁에 이르는 모든 집단 활동, 공동체나 국가나 평등을 토대로 한 모든 숭고한 정치 이념, 이를 떠받치는 민주주의 제도와 법의 지배는 궁극적으로 맛있는 스테이크에서 공정한 몫을 얻으려는 고대의 욕망에서 비롯한다.

미
래
의

식
량

우리는
미래에 더 많은
사람을 먹여
살려야 할 뿐
아니라
지속 가능한
방식으로 먹여
살려야 한다.

"내일 뭐 먹지?" 매일 밥을 차려야 하는 사람은 늘 이 질문을 던진다. 하지만 더 멀리 미래를 내다보면 이 질문이 새롭게 들릴 것이다. 식량의 미래 진화를 좌우할 두 가지 요인은 인구 증가와 기후 변화다.[1] 인구 증가는 새삼스러운 현상이 아니지만, 기후 변화가 겹치면 (추정치인) 100억 인구를 먹여 살리기가 훨씬 힘들어질 것이다. 기온 상승, 강수 형태의 변화, 잦은 가뭄, 그리고 최종 결과인 해수면 상승은 우리가 식량 생산 체계와 작물을 그에 맞게 적응시키지 못할 경우 식량 안전을 위협하는 요인이다.[2] 게다가 현재의 관행 농업은 온실가스 배출량의 상당 부분을 차지하면서 기후 변화를 가중하고 있다. 따라서 우리는 미래에 더 많은 사람을 먹여 살려야 할 뿐 아니라 지속 가능한 방식으로 먹여 살려야 한다.

　이 거대한 문제들의 기원은 우리와 식량이 진화한 역사에서 찾을 수 있다. 신석기 시대에 농업이 발명되면서 인류는 어마어마하게 도약

할 수 있었다. 지난 250년간 인구 성장을 지탱한 것은 밀, 감자, 옥수수, 카사바 같은 주곡 작물의 전 세계적 확대였다. 따라서 (동식물 육종의 형태로 이루어진) 진화는 우리가 맞닥뜨린 문제에 적어도 일부의 책임이 있다고 말할 수 있다. 하지만 진화는 문제의 해결에도 필수적이다. 오스트레일리아의 시인 A. D. 호프A. D. Hope는 인류의 진화사를 시로 요약했다. 시작은 사냥이다.

> 신화의 시대에는 어떤 사냥꾼도
> 허리띠를 채울 필요가 없었지.
> 잡아도 잡아도 다 못 잡을
> 사냥감이 초원을 누비고 다녔으니까.
> 그는 밤마다 고기로 배를 채우고
> 가죽 위에서 자식을 만들었지.
> 물론 이러다 보니
> 결국 인간이 사냥감보다 많아지고 말았다네.[3]

하지만 걱정하지 말라고 시인은 말한다. 그 뒤에 농업이 발명되었으니까.

> 문제 없어: 인간의 발명은
> 최악의 실수에서 승리를 낚아챌 수 있으니.
> 머지않아 소고기와 돼지고기가
> 야생 동물 스테이크를 대신하기 시작했다네.

하지만 끝은 좋지 않을 터였다.

여러분이 어디서 출발하든
인구 과잉의 영향이 하나로 모이고
인플레이션의 경제가
차트에서 같은 곡선을 그린다네.

이것은 토머스 맬서스Thomas Malthus 목사가 명저 《인구론》에서 펼친 것과 같은 주장이다. 맬서스는 인구 증가는 기하급수적(이를테면 1, 2, 4, 8, 16……)인 데 반해 기술에서 기대할 수 있는 식량 공급의 증가는 산술급수적(이를테면 1, 2, 3, 4, 5……)이라고 말했다. 이 차이로 인해 인구를 먹여 살릴 식량이 부족해지고 비참한 결과가 초래될 것이었다. A. D. 호프는 이렇게 노래한다.

자연이나 법칙이나 신중함으로
자식 생산이 억제되지 않으면
어떤 풍요도 개개인에게
풍족하게 돌아가지 않을 것이며
어떤 솜씨로도 자신의 줄어가는 몫을
늘릴 새로운 수단을 영영 만들어내지는 못하리.

인구 과잉이 대중적 관심사가 된 것은 호프가 이 시를 쓴 1960년대와 70년대였다. 당시에 출간된 주요 서적으로 폴 에얼릭Paul Ehrlich의

《인구 폭탄The Population Bomb》(1968)과 로마 클럽 보고서《성장의 한계 Limits to Growth》(1972)가 있는데, 둘 다 재앙이 임박했다고 예언했다.[4] 근심의 근거는 충분히 현실적이었지만 예언은 빗나갔다. 1960년과 1980년 사이에 전 세계 인구는 30억 명에서 45억 명으로 50퍼센트 증가했으나 식량 공급도 이에 맞춰 증가했다.[5] 호프의 표현을 빌리자면 기하급수적으로 증가한 인구에 풍요가 풍족하게 돌아갔다. 예상을 깨고 이렇게 할 수 있었던 이유는 농업 분야의 녹색 혁명 덕에 밀, 벼, 옥수수 등 주요 곡물의 생산량이 50퍼센트 이상 증가했기 때문이다. 풍요의 근원은 진화 자체였으며 동식물 육종가들은 진화의 방향을 좌우했다. 현재 시급한 질문은 이것이다. 인구가 100억 명이 되어도 풍요로울 수 있을까?

녹색 혁명이 일어나기 전에는 곡식의 줄기가 길고 가늘었다. 그래서 추수하기 전에 쓰러지기 일쑤였다. 소출을 늘리려고 비료를 주면 더 웃자랐다. 곡식이 에너지를 씨앗이 아니라 잎과 줄기에 쏟아부었기에 생산량은 늘지 않았다. 길고 가는 줄기는 야생에서 비롯한 진화적 유산이었다. 자연선택은 이웃 식물의 그늘에 가리지 않도록 높이 자라는 식물을 선호하기 때문이다. 한편 농부들은 오래된 밀 품종으로 만든 기다란 지푸라기의 쓰임새를 찾았다. 1860년대부터 1920년대까지 여름철 남자들의 머리를 장식한 밀짚모자는 이 부산물로 만들었다.

밀, 벼, 옥수수 등 세 가지 주곡에서 녹색 혁명이 성공할 수 있었던 것은 줄기의 길이를 줄여 굵기를 늘림으로써 더 큰 이삭을 매달 수 있게 한 덕분이었다. 멕시코의 한 식물 육종 연구소에서 노먼 볼로그 Norman Borlaug가 전통 밀 품종을 일본의 난쟁이 품종과 교잡했는데, 이렇게 탄생한 반난쟁이 밀 품종은 튼튼하고 질병에 강하고 질소 비료가 잘 들었다. 여러 개발도상국에 이 품종이 도입되자 생산량이 극적으로 증가했다. (에얼릭의 예언에 따르면) 기근이 임박했던 인도는 밀 자급국이 되었다. 비슷한 육종 사업으로 벼와 옥수수에서도 녹색 혁명이 일어나 식량 공급이 극적으로 개선되었다. 녹색 혁명은 식량 안전을 향상시켰을 뿐 아니라 기존 경작지의 소출을 증가시킴으로써 자연 서식지 1800만~2700만 헥타르를 (농지로 전환되지 않도록) 보호했다.[6]

녹색 혁명의 아버지 볼로그는 1970년에 노벨 평화상을 받았으나, 수상 연설에서 이렇게 경고했다. "녹색 혁명은 굶주림과 궁핍에 맞선 인류의 전쟁에서 일시적 승리를 가져다주었습니다. 숨 쉴 공간이 생긴 것이죠. 녹색 혁명을 온전히 실현하면 향후 30년간 인류의 생존에 충분한 식량을 공급할 수 있습니다. 하지만 인간 재생산의 무시무시한 힘도 억누르지 않으면 안 됩니다. 그러지 못하면 녹색 혁명의 성과는 오래가지 못할 것입니다."[7]

녹색 혁명의 성과는 여러 곳에서 최대치에 이르렀으며 작물 생산량이 정체하기 시작했다. 이렇게 되면 현재 재배 중인 품종의 생산량과 21세기 중엽에 100억 인구의 수요를 충당해야 할 단위 면적당 생산량 사이에 격차가 생길 것이다. 한 추산에 따르면 현재의 생산량과 2050년 전체 인구를 먹여 살리는 데 필요한 생산량의 격차를 없애려면 수확량이 적어도 50퍼센트 더 증가해야 한다. 이것은 전 세계 평균 수확량을 오늘날 달성할 수 있는 최고 기록까지 끌어올려야 한다는 뜻이다.[8] 지금의 추세로라면 평균 수확량의 50퍼센트 증가를 달성할 수 있을지도 모르지만, 미래 식량 수요를 훨씬 높게 잡은 다른 추산에 따르면 수확량을 두 배로 끌어올려야 한다.[9] 하지만 현재 추세나 기존 농법으로는 곡물 생산량을 두 배로 늘리는 것이 불가능하다.

물론 곡물 생산량을 극적으로 늘리는 것만이 식량 공급과 식량 수요의 균형을 맞추는 방법은 아니다. 방정식의 공급 측면에만 치중하는 것은, 과학적이면서도 사회적인 문제에 대한 기술적 해결책에 불과하다. 사회적 해결책은 식량 수요의 차원에 중점을 두는데, 산아 제한을 통해 인구 증가율을 낮추고, 음식물 쓰레기를 줄이고,[10] 선진국에 육류 소비 감소를 설득해 동물 사료에 들어가는 곡물 수요를 낮추는 등의 방법이 있다.[11] 이 방법들은 그 자체로만 보면 전부 바람직하지만 여기에만 의존하는 것은 우리의 미래를 걸고 도박을 하는 셈이기에, 작물 학자들은 2차 녹색 혁명이 필요하다고 주장한다.

2차 녹색 혁명은 1차 녹색 혁명과 다른 과학적 과제를 해결해야 한다. 1차 녹색 혁명의 과제는 산업적 농업에 적응한 신품종을 육종하는 것으로 대표된다. 그 덕에 질병에 강하면서도, 비료를 주고 관개를 하면 소출이 많아지는 작물을 만들어낼 수 있었다. 이에 반해 2차 녹색 혁명을 준비하는 식물 육종가들이 소출을 늘리기 위해 넘어야 하는 장벽은 더 복잡하다. 이를테면 과거의 관행적 관개로 인해 염화된 토양에서도 자랄 수 있도록 작물의 내염성을 개선하고, 가뭄과 고온에 대한 저항성을 키우고, 끊임없이 진화하는 병충해와 맞서 싸워야 한다.

2차 녹색 혁명을 위한 과제는 1차 때보다 힘들지만, 우리가 쓸 수 있는 유전학적 수단은 볼로그와 1950년대 및 1960년대 작물 육종가들보다 부쩍 발전했다. 현재 적어도 50종의 작물에 대한 유전자 염기서열이 밝혀졌으며, 이를 통해 (이를테면) 녹색 혁명에 필수적인 난쟁이 형질을 일으키는 정확한 유전적 돌연변이를 알아낼 수 있다.[12] 밀의 조상 중에서 내염성을 향상시키는 유전자가 발견되었으며, 이 덕에 빠른 시일 안에 밀을 염성 토양에 적응시킬 전망이 밝아졌다.[13]

무엇보다 기대되는 것은 광합성(식물이 햇빛의 에너지를 이용해 CO_2를 붙잡아 포도당으로 바꾸는 과정)의 기본 메커니즘이 충분히 규명되어 유전 공학을 통해 이를 부쩍 개선할 여지가 생겼다는 것이다.[14] 그렇게 되면 비료와 물을 충분히 공급해 작물 생산량을 늘릴 수 있다. 물론 유전 공학에 반대하는 입장도 있다. 이를테면 (내가 사는) 스코틀랜드의 정부 당국은 '유전자 변형 제로GM Free' 국가로 인정받으려고 2015년에 **유전자 변형 생물**genetically modified organism(GMO)의 재배나 배양을 금지했다.

유럽연합에서는 GM 작물 재배를 엄격히 규제하고 있으며 이 책을 쓰는 지금도 거의 재배가 이뤄지지 않고 있다. 루마니아가 2007년에 유럽연합에 가입하면서 농부들이 GM 콩의 재배를 중단해야 했는데, 이 때문에 수확량이 급감해 채산성이 맞지 않게 되었다.[15] 루마니아는 콩 수출국이었으나 이제 값비싼 수입 콩에 의존해야 한다. 유럽연합 금지 조치의 예외는 GM 옥수수로, 스페인에서 널리 재배되는데 이곳 농부들은 유럽 다른 나라에서 재배하는 옥수수에 비해 살충제를 10분의 1만 사용한다.

미국에서는 GM 옥수수, 콩, 카놀라가 널리 재배되고 있지만, GMO에 대한 대중적 불신이 팽배해 2014년 조사에 따르면 성인의 57퍼센트가 GM 식품이 일반적으로 안전하지 않다고 생각한다.[16] 이 말은 대다수 소비자가 잘못된 정보를 가지고 있거나, 사람들에게 유익할 수 있고 실제로도 유익한 기술에 대해 오도된 두려움을 품게 되었음을 의미한다.[17] 20년 전에는 유전 공학이 새롭고 검증되지 않은 기술이라는 주장에 일리가 있었으나 이제는 그렇지 않다. GM 작물은 현재 수천 건의 안전성 시험을 거쳤으며, GM 기술로 개발한 작물이 재배하거나 먹기에 안전하다는 증거는 얼마든지 있다.[18] 증거가 확실하기 때문인지도 모르겠지만, 그동안 안전성을 근거로 GMO에 반대하던 그린피스도 이제는 GM 작물이 유익하지 않거나 엉뚱한 사람들에게 유익하다고 소극적으로 주장한다.[19] 하지만 GM 기술은 실제로 혜택을 가져다준다. GM 기술은 작물 생산량을 향상시키고 살충제 사용량을 감소시켰으며 심지어 질병으로 전멸할 뻔한 농작물을 구하기도 했다.[20]

파파야는 열대 전역의 가난한 생계형 농부들에게 중요한 과일이다. 그런데 파파야윤문輪紋바이러스papaya ringspot(PRSV)라는 바이러스의 공격을 받아 소출이 줄고 나무가 죽고 있다. 진딧물이 바이러스를 이 나무에서 저 나무로 옮긴다. 감염된 나무를 치료할 방법이 없기에 파파야 재배 농부들이 바이러스 구제를 위해 할 수 있는 일은 바이러스를 옮기는 진딧물을 살충제로 죽이는 것뿐이다. 하지만 이 방법은 값비싸고 환경을 오염시키며 효과도 매우 낮다. 전통적 방식으로 PRSV 저항성이 있는 품종을 육종하려는 시도는 완전히 실패했으며, 열대 전역의 파파야 재배 지역에 바이러스가 전파되면서 파파야의 미래는 암울해 보였다. 하와이의 주요 파파야 재배 지역은 한동안 PRSV의 창화를 피할 수 있었으나 1992년에 PRSV의 공격을 받았다. 다행히 GM 기술에 기반한 완전히 새로운 PRSV 구제법이 이미 시험 단계에 있었다. 이것은 바이러스의 단백질 껍질을 부호화하는 유전자 조각을 파파야 유전체에 삽입하는 방법이다. 이렇게 변형된 파파야는 바이러스 예방 접종을 받은 셈이 되어 완전한 면역 반응을 나타냈다.[21]

그런데 1990년대는 GM 기술 응용의 초창기여서 모든 기술 적용이 엄격한 규제를 받았다. 하와이의 GM 반대 운동가들이 제기한 대표적 우려는 바이러스 DNA 때문에 파파야가 알레르기 식품이 되어 먹기 위험해질 수도 있다는 것이었다. 하지만 시험을 통해 그렇지 않다는 사실이 입증되었다. 작물학자들은 PRSV에 감염된 파파야를 먹는 것 자체가 (비록 해는 없을지라도) 바이러스 DNA를 대량으로 섭취하는 셈이며 그래도 아무 해가 없다고 주장했다. PRSV의 DNA나 바이러스 단백질을 섭취하게 될까 봐 걱정된다면 바이러스가 없는 GM 파파야말로 여러분에게 제격인 과일이다. 실은 어느 쪽으로든 걱정할 필요가 없다. 바이러스는 위에서 파괴되기 때문이다.

GM 파파야의 도입을 가로막는 규제 승인 장벽을 넘기 위해 노력한 끝에 GM 파파야가 승인되어 1998년부터 하와이에서 성공적으로 재배되고 있다. 하와이에서 안전성이 입증되었고 GM 품종 덕에 하와이 파파야 농업이 기사회생했는데도 GM 반대론 때문에 GM 파파야 도입으로 큰 혜택을 볼 수 있는 개발도상국에서 GM 파파야의 도입이 무산되었다. 그린피스는 GM 기술이 효과가 없다고 주장하지만, 기술을 사용하지 못해 혜택을 못 본 것은 그린피스 탓이다. 2004년 태국에서는 그린피스 활동가들이 고글과 방독면을 쓴 채 GM 파파야 시험 농장을 파괴했다. 그들은 익은 파파야를 따서 '생물 재해Biohazard'라고 쓴 쓰레기통에 던졌다.[22]

GM 식품은 아무에게도 해를 입히지 않았지만 비합리적 반대론

이 해악을 끼친 것은 거의 분명하다. 비타민A를 함유하도록 변형된 GM 품종인 황금쌀은—비타민A 결핍은 실명과 사망을 초래할 수 있다—GM 반대 운동가들의 격렬한 반발에 직면했다.[23] 개발도상국의 가난한 농부들은 병충해에 저항력이 있는 GM 품종을 접할 기회를 차단당했다.[24] 인도에서는 *Bt* 곤충 저항성 유전자를 함유하도록 변형된 GM 가지 품종의 도입이 반대 운동가들 때문에 좌절되었다(이 유전자는 인도의 중요 채소 작물인 가지를 주요 해충으로부터 보호할 수 있었다).[25] *Bt* 유전자는 털애벌레를 감염시켜 죽이는 세균에서 추출했다. 이에 반해 *Bt* 면화는 인도에서 재배가 허용된다. *Bt* 면화가 도입된 덕에 살충제를 적게 쓰고도 소출을 늘릴 수 있어서 소농들은 환경적·경제적 이익을 얻었다. 가지를 재배하는 인도 소농들은 왜 비슷한 혜택을 누려서는 안 되는가?

유전자 변형 작물은 지속 가능한 농업에서도 쓰임새가 무궁무진하다.[26] *Bt* 가지 같은 해충 저항성 작물은 질병을 줄이고 소출을 늘리는 동시에 살충제 등의 투입을 줄인다. 물 이용의 효율이 높아지면—이것은 유전 공학 덕에 현실적 가능성으로 다가왔다—농업이 환경에 미치는 가장 큰 영향 중 하나를 줄일 수 있을 것이다. GM이 악마로 둔갑하고 소비자들이 (유익을 줄 수도 있는) 이 기술을 해로운 것으로 착각하는 것은 비극이다.

과학적 증거를 무시하는 것은 사람들의 삶과 환경에 피해를 입히는 것에 그치지 않는다. 중요한 환경적 대의를 주창하는 사람들이 잘못된 표적을 겨냥한 선의의 캠페인으로 스스로 신뢰를 깎아내리고 있다. 과학적 증거를 무시하는 사람과 조직을 어떻게 신뢰할 수 있겠는가? 저명한 환경 운동가 마크 라이너스Mark Lynas는 이를 깨닫고 GM 작물에 대한 생각을 바꿨다.[27] 그는 2015년 〈뉴욕 타임스〉에 이렇게 썼다.

나는 평생 환경 운동가로 살면서 예전에는 유전자 변형 식품에 반대했다. 15년 전에는 영국에서 벌어진 시험 농장 파괴에 참여하기도 했다. 그러다 생각이 달라졌다. 기후 변화의 과학에 대한 책 두 권을 쓴 뒤에 나는 지구 온난화에 대한 친親과학적 입장과 GMO에 대한 반反과학적 입장을 더는 고집할 수 없겠다고 판단했다. 나는 두 문제에 대해 학계가 동일한 합의 수준에 도달했음을 깨달았다. 기후 변화는 현실이며 유전자 변형 식품은 안전하다. 한 문제에 대한 전문가들의 합의를 지지하면서 다른 문제에 대해 반대할 수는 없었다.

GM 작물의 문제는 네 가지 측면에서 진화와 관계가 있다. 첫째, 현재는 반대에 직면해 있지만 유전자 변형은 작물의 미래 진화를 좌우할 것이다. 식량의 진화는 이 방식으로 이뤄질 수밖에 없다. 다른 반대론자들이 라이너스만 한 도덕적 용기를 발휘해 자신의 잘못을 공개적으로 인정할지는 두고 보아야겠지만, 우리가 수천 년 동안 길들이면서 유전적으로 변형한 동식물과 뚜렷이 구별되도록 GMO를 정의하는 것이 불가능하다는 인식이 확산되면서 반대론의 열기가 식어갈 것이다.[28] 그 이유는 GM이 진화적 문제인 두 번째 측면으로 연결된다. 자연은 그 자체로 원조 유전 공학자다.

유전체 혁명의 핵심 발견 중 하나는 유전자가 수평적 유전자 전달 (HGT, 11장)을 통해 종 장벽을 자연스럽게 넘나든다는 것이다. 바이러스와 일부 세균은 실험실에서와 자연에서 HGT의 주된 행위자다. 리조비움 라디오박터*Rhizobium radiobacter*라는 토양 세균은 다양한 넓은 잎 식물의 뿌리에 감염하는데, 감염 과정에서 자신의 DNA 일부를 식물에 전달한다.[29] 1970년대 후반에 이 현상이 발견된 뒤로 리조비움 라디오박터의 자연적 과정은 *Bt* 등의 유전자를 작물에 전달하는 메커니즘으로 널리 쓰였다.

GM이 진화적 사안인 세 번째 이유는 자연선택이 대부분의 기술을 이미 진화시키고 검증했다는 것이다. 따라서 GM 기술을 쓰는 것은 자연을 거스르는 것이 아니라 따르는 것이다. 이를테면 작물화된 고구마의 유전체에는 리조디움 라디오박터 같은 세균에서 유래한 유전자가 들어 있다.[30] 이 유전자는 작물화 과정에서 들어온 것으로 보인다. 야생종 친척 고구마에서는 문제의 DNA 염기서열이 들어 있지 않기 때문이다. 이 유전자가 고구마에서 어떤 기능(들)을 하는지는 아직 밝혀지지 않았지만, 고구마의 이용이나 보관에 유익한 형질을 전달할 가능성이 있다.

자연에서 얻은 최신 GM 기술이자 지금까지의 기술 중에서 단연 가장 혁명적인 것은 크리스퍼 캐스9 CRISPR-Cas9이라는 체제다.[31] 이것은 세균에서 발견된 유전체 편집 체제로, 세균은 이를 통해 바이러스에 대한 적응적 면역을 획득한다. 세균 세포는 크리스퍼 캐스9을 이용해 자신의 염색체에 삽입된 바이러스 DNA 염기서열을 인식하고 뽑아낸 다음 손상을 복구한다. 실험실에서는 캐스9을 이에 대응하는 RNA 주형으로 프로그래밍함으로써 짧은 DNA 염기서열을 어느 것이든 편집 대상으로 삼을 수 있다.

크리스퍼 캐스9 체제를 이용하면 사실상 워드프로세서 프로그램으로 문서를 편집할 때 복사 및 붙여넣기 기능을 이용하는 것과 같은 방식으로 DNA 염기서열을 편집할 수 있다. 크리스퍼 캐스9 체제의 구성 요소를 만드는 세균 유전자를 동식물 세포에 넣으면 이 세포의 DNA 염기서열을 편집할 수 있게 된다. 유전체 편집의 이 새로운 도구는 의료와 농업에 엄청난 영향을 미칠 것이다. 두 가지만 예로 들어보자. 의료 분야에서는 낭성섬유증cystic fibrosis 같은 유전병을 일으키는 결함 유전자를 고칠 수 있게 될 것이다. 농업 분야에서는 이미 크리스퍼 캐스9을 이용해 빵밀을 흰가루병에 취약하게 만드는 유전자를 바꿈으로써 식량 안전을 위협하는 무시무시한 질병에 대해 저항력을 가지도록 했다.[32] 빵밀은 유전체가 세 벌이어서 유전체 편집 이외의 방법으로는 흰가루병 저항력을 육종해내기가 힘들다.

GM 기술은 자연적이고 검증되었지만, 그 막강한 힘에 안주하거나 이 기술이 모든 문제를 해결해주리라 기대해서는 안 된다. 이것은 GM이 진화적 사안인 네 번째 이유로 이어진다. 해충은 자신을 구제하려고 설계된 GM 기술에 저항성을 진화시킬 수 있다. 이를테면 글리포세이트glyphosate는 여기에 내성을 가지도록 변형된 GM 작물에 쓰이는 제초제인데, 잡초들이 이에 대한 저항성을 진화시켰다. 곤충도 Bt 유전자를 가지도록 변형된 GM 작물의 Bt 독소에 저항성을 진화시켰다.

이 예는 우리가 이미 아는 사실, 진화가 영원히 현재 진행형임을 상기시킬 뿐이지 GM 반대 운동가들이 주장하듯 GM 기술이 실패했다는 뜻은 아니다. 해충의 저항성 진화는 종합적 병해충 관리integrated pest management로 억제할 수 있다. 이것은 다양한 방법을 동원해—GM은 그중 하나가 될 수 있을 뿐이다―지속 가능한 방식으로 최상의 결과를 얻는 것이다. 이를테면 GM 품종을 돌려짓기에 포함하는 방법이 있다. 돌려짓기는 여러 해에 걸쳐 작물을 번갈아 재배함으로써 토양 비옥도를 유지하고 해충 창궐을 막는 농법이다.

GM을 비롯한 모든 형태의 동식물 육종에서는 의도하지 않은 결과가 생길 수 있다. 이것은 GM이 여느 육종 기술보다 본질적으로 더 위험하기 때문이 아니라 새로운 것에는 언제나 위험이 따르기 때문이다. 하지만 새로운 것 중에서 건강과 환경에 가장 심각한 위협이 된 것은 GM 작물이나 길들여진 종이 아니라 아르헨티나개미Argentine ant, 얼룩말홍합zebra mussel, 쥐 같은 야생 외래종이다. 각각의 종은 천연 서식처에서 다른 곳으로 이동했을 때 막대한 피해를 초래했다. 우리가 무엇을 하든 또는 하지 못하든 위험을 피할 수는 없다. 그러니 모든 위험의 경중을 따져야 한다. 현재 GMO의 위험은 터무니없이 과장되어 있는데 반해 GMO를 이용한 지속 가능한 식량 생산의 가능성은 너무 과소평가되어 있다.

이것으로 다윈과의 만찬을 마치고자 한다. 이 책은 도서관에서《천치를 위한 훈제 요리 안내서》《거품 요리법》《양贏 식단》과 나란히 꽂힐 것이다(1장). 여러분이 나와 함께 모든 코스를 맛봤다면 진화와 요리가 기본적인 면에서 같다는 사실을 이해했을 것이다. 진화사에서의 혁신은 포유류나 조류의 탄생처럼 거대한 혁신조차도 기존의 특징을 조합해 이뤄진다. 젖먹이기는 포유류의 조상에게도 있었으며 알, 깃털, 비행 능력은 조류의 조상에게도 있었다. 비옥한 초승달 지대에서 곡

풀 농업이 발전하기 전에도 사람들은 2만 년 동안 야생 풀 씨앗을 채집했다. 유전학 용어로 말하자면 선택은—자연선택이든 인위적 선택이든—기존의 변이에 작용한다.

이것이 어떤 점에서 요리와 닮았을까? 첫째로, 요리도 이런 식으로 진화했다. 하지만 이것은 요리사가 일하는 방식이기도 하다. 여러분은 진화가 제공한 것과 선반이나 시장에 있는 것을 이용한다. 여기서 배울 수 있는 교훈이 있을까? 나는 그렇다고 생각한다. 진화의 본질은 재료들의 잠재력이며 그것은 좋은 요리도 마찬가지다. 하지만 진화를 내세워 구석기 시대의 식단에 대한 환상에 맞춰 식단을 제한해야 한다고 말하는 사람들은 이 사실을 외면한다. 우리의 진화사가 우리의 식단을 바꾼 것은 사실이지만, 좁히기보다는 오히려 넓혔다. 우리가 빙상과 사막의 성쇠에도 살아남아 번성하고 모든 대륙을 차지한 것은 우리가 적응적이고 지적인 잡식동물이기 때문이다. 그렇지 않았다면 대나무 순만 먹는 대왕판다나 유칼립투스만 먹는 코알라처럼 멸종 위기에 내몰렸을 것이다. 역설적이게도, 그래서 인류의 수가 억제되었다면 대왕판다와 코알라가 지금보다 덜 위협받았겠지만.

식단을 연구하면, 여러 문화의 다양한 식단을 비교해 얻을 수 있는 결론에 도달하게 된다. 그것은 건강하고 균형 잡힌 식단에 이르는 길은 여러 가지가 있으며 고기를 과식하거나 동물성 단백질을 아예 끊는 극단적 식단만이 문제라는 것이다.[33] 이 극단 사이에 있는 식단에서 건강의 최대 위협은 지나친 열량 섭취라는 현대적 현상이다.

우리가 만끽할 수 있는 음식물이 이토록 다양하다 보니, 왜 그토록 많은 저자들이 진화로부터 식단 제한이라는 결론을 이끌어내려 드는

지 의문이 들 것이다. 나는 한 저작권 대리인에게 이 책의 개요를 보냈는데, 그가 무심결에 해준 얘기가 정답인지도 모르겠다. 그는 내게 대세를 따라 인간의 식단에 대한 진화적 처방을 쓰라고 말했다. 그래야 팔린다는 것이었다. 차라리 브루클린 다리를 팔고 말지.

마지막으로, 다윈과의 진짜 만찬은 어떤 모습일지 궁금한 사람이 있을 것이다. 다윈이 이 만찬에 영감을 선사하는 것에 그치지 않고 우리와 한자리에 앉았다면 우리가 유전학에서 거둔 발전과 진화에 대해 밝혀낸 사실을 보고 깜짝 놀랐을 것이다. 하지만 애석하게도 찰스 다윈은 평생 위장 장애에 시달렸기에 만찬을 열거나 참석하는 일은 거의 없었다. 그는 자서전에서 자신과 아내 에마가 빅토리아 시대 초기 런던의 소란을 피해 켄트주 다운으로 처음 이사하고서 만찬을 몇 차례 열었다고 밝혔다. 에마는 누이에게 보낸 편지에서 1839년 4월 1일에 열린 만찬을 언급했는데, 존 스티븐스 헨슬로John Stevens Henslow와 찰스 라이엘Charles Lyell이 참석한 이 만찬을 이렇게 묘사했다. "두 명의 거물, 즉 가장 위대한 식물학자(헨슬로)와 유럽에서 가장 위대한 지질학자(라이엘)가 참석했지만 우리는 쭈뼛거리지 않고 순조롭게 만찬을 치렀어." 이것은 위인의 아내들이 훌륭한 대화로 분위기를 이끈 덕이었다.

하지만 다윈의 만찬 시절은 오래가지 않았다. 에마의 말마따나 다윈은 건강이 나빠져서 "만찬을 전부 그만둘 수밖에 없었"다. "나는 서운했어. 만찬을 할 때마다 기운이 났거든." 그나저나 에마 다윈은 요리법을 적어서 가지고 있었는데,[34] 그 덕에 우리는 그녀의 부엌에서 만들어진 몇 가지 요리에 대해 잘 알고 있다. 하지만 찰스의 부실한 위장 때문이든 빅토리아 시대 요리의 한계 때문이든 건질 만한 것은 별로 없다. 다윈의 진정한 기여는 진화의 요리법을 발견한 것이다.

감사의 글

늘 그렇지만 아내 리사 드 라 파즈에게 빚진 게 많습니다. 그녀는 원고를 깐깐하게 읽어줬으며 어떤 책이 좋은 책인지에 대해 분명한 견해를 가지고 있었습니다. 제가 화살을 날릴 때마다 그 표적에 점점 가까이 가기를 바랍니다. 오랜 동료이자 친구 캐럴라인 폰드 교수에게 감사합니다. 그녀는 생물학에 대해 누구보다 정통하며 원고를 전부 읽고 실수를 찾아줬습니다. 남은 실수는 전부 제 탓입니다. 캘리포니아대학교 데이비스 캠퍼스의 팸 로널드 교수에게 감사합니다. 그녀는 '미래의 식량' 장에 대해 의견을 제시했으며 라울 애덤책과 공저한《내일의 식탁Tomorrow's Table》개정판을 미리 읽게 해줬습니다. 샤론 스트로스 교수에게도 감사합니다. 그녀는 제가 이 책을 쓰기 시작한 곳인 캘리포니아대학교 데이비스 캠퍼스에 잠깐 머무는 동안 자신의 집에 묵게 해줬습니다. 마지막으로, 새 친구들을 알게 되어 기쁩니다. 이들은 '소설보다 낯선Stranger than Fiction'이라는 기치를 내걸고 에든버러의 워시 바

에서 한 달에 한 번씩 만나는 논픽션 작가들입니다. 그중 여남은 명이
이 책의 일부 장을 읽고 훌륭한 조언을 해줬습니다. 무척 고맙습니다.

지도 출처

지도 1. 지도에 표시된 위치는 2, 3장에 인용된 원 출처를 근거로 삼았다.

지도 2. 지도에 표시된 경로는 S. Oppenheimer, "Out-of-Africa, the Peopling of Continents and Islands: Tracing Uniparental Gene Trees across the Map," *Philosophical Transactions of the Royal Society of London B: Biological Sciences* 367, no. 1590 (2012): 770-84의 그림 1을 토대로 작성했다. 연대는 Oppenheimer와 3장에 인용된 최근 자료를 참고했다.

지도 3. D. Q. Fuller et al., "Cultivation and Domestication Had Multiple Origins: Arguments against the Core Area Hypothesis for the Origins of Agriculture in the Near East," *World Archaeology* 43, no. 4 (2011): 628-52의 그림 1을 토대로 작성. 추가 정보는 4장에 인용된 출처를 토대로 삼았다.

지도 4. N. I. Vavilov, *Five Continents by Nicolai Ivanovich Vavilov*, 러시아어 번역: Doris Love (IPGRI: VIR, 1997)에 실린 바빌로프 여행 지도를 종합했다.

지도 5. A. A. Storey et al., "Investigating the Global Dispersal of Chickens in Prehistory Using Ancient Mitochondrial DNA Signatures," *PLOS ONE* 7, no. 7 (2012); H. Xiang, et al., "Early Holocene Chicken Domestication in Northern China," *Proceedings of the National Academy of Sciences of the United States of America* 111, no. 49 (2014): 17564-69; Y. W. Miao et al., "Chicken Domestication: An Updated Perspective Based on Mitochondrial Genomes," *Heredity (Edinburgh)* 110, no. 3 (2013): 277-82, doi:10.1038/hdy.2012.83를 토대로 작성.

지도 6. M. A. Zeder, "Domestication and Early Agriculture in the Mediterranean Basin: Origins, Diffusion, and Impact," *Proceedings of the National Academy of Sciences of the United States of America* 105, no. 33 (2008): 11597-604의 그림 1을 토대로 작성.

주 석

1 만찬 초청장

1   T. Reader, *The Complete Idiot's Guide to Smoking Foods* (Alpha/Penguin Group, 2012).

2   G. M. Campbell, *Bubbles in Food* (Eagan Press, 1999); G. M. Campbell et al., *Bubbles in Food 2: Novelty, Health, and Luxury* (AACC International, 2008).

3   T. McLaughlin, *A Diet of Tripe: The Chequered History of Food Reform* (David & Charles, 1978).

4   H. F. Lyman et al., *No More Bull!: The Mad Cowboy Targets America's Worst Enemy, Our Diet* (Scribner, 2005).

5   R. Wharton and S. Billingsley, *Handheld Pies: Pint-Sized Sweets and Savories* (Chronicle Books, 2012).

6   H. Saberi, ed., *Cured, Fermented and Smoked Foods: Proceedings of the Oxford Symposium on Food and Cookery, 2010* (Prospect Books, 2011).

7   I. Hayakawa, *Food Processing by Ultra High Pressure Twin-Screw Extrusion* (Technomic Publishing, 1992).

8   D. J. Varricchio et al., "Avian Paternal Care Had Dinosaur Origin," *Science* 322, no. 5909 (2008): 1826–28, doi:10.1126/science.1163245.

9   R. Allain and X. P. Suberbiola, "Dinosaurs of France," *Comptes Rendus Palevol* 2, no. 1 (2003): 27–44, doi:10.1016/s1631-0683(03)00002-2.

10 USDA, *Milk Cows and Production Final Estimates, 2003-2007* (2009).

11 O. T. Oftedal, "The Evolution of Milk Secretion and Its Ancient Origins," *Animal* 6, no. 3 (2012): 355–68, doi:10.1017/s1751731111001935.

12 D. Brawand et al., "Loss of Egg Yolk Genes in Mammals and the Origin of Lactation and Placentation," *PLOS Biology* (2008), doi:10.1371/journal.pbio.0060063.g001.

13 J. Silvertown, *An Orchard Invisible: A Natural History of Seeds* (University of Chicago Press, 2009).

1   J. Boswell, *The Journal of a Tour to the Hebrides with Samuel Johnson, LLD* (1785), http://www.gutenberg.org/ebooks/6018 (2015년 2월 22일 확인).

2   F. Warneken and A. G. Rosati, "Cognitive Capacities for Cooking in Chimpanzees," *Proceedings of the Royal Society B: Biological Sciences* 282, no. 1809 (2015), doi:10.1098/rspb.2015.0229.

3   W. H. Kimbel and B. Villmoare, "From *Australopithecus* to *Homo*: The Transition That Wasn't," *Philosophical Transactions of the Royal Society of London, Series B: Biological Sciences* 371, no. 1698 (2016), doi:10.1098/rstb.2015.0248.

4   C. Darwin, *The Descent of Man, and Selection in Relation to Sex* (J. Murray, 1901). 한국어판은 《인간의 유래와 성선택》(지식을만드는지식, 2012).

5   Ibid., 242.

6   J. Kappelman et al., "Perimortem Fractures in Lucy Suggest Mortality from Fall Out of Tall Tree," *Nature* (2016), doi:10.1038/nature19332.

7   K. M. Stewart, "Environmental Change and Hominin Exploitation of C4-Based Resources in Wetland/Savanna Mosaics," *Journal of Human Evolution* 77 (2014): 1-16, doi:10.1016/j.jhevol.2014.10.003.

8   D. Lieberman, *The Evolution of the Human Head* (Belknap Press of Harvard University Press, 2011), 434.

9   R. Wrangham, *Catching Fire: How Cooking Made Us Human* (Profile Books, 2009), 91. 한국어판은 《요리 본능》(사이언스북스, 2011) 125쪽.

10   S. P. McPherron et al., "Evidence for Stone-Tool-Assisted Consumption of Animal Tissues Before 3.39 Million Years Ago at Dikika, Ethiopia," *Nature* 466, no. 7308 (2010): 857-60, doi:10.1038/nature09248.

11   S. Harmand et al., "3.3-Million-Year-Old Stone Tools from Lomekwi 3, West Turkana, Kenya," *Nature* 521, no. 7552 (2015): 310-15, doi:10.1038/nature14464.

12   M. Dominguez-Rodrigo et al., "Cutmarked Bones from Pliocene Archaeological Sites, at Gona, Afar, Ethiopia: Implications for the Function of the World's Oldest Stone Tools," *Journal of Human Evolution* 48, no. 2 (2005): 109-21, doi:10.1016/j.jhevol.2004.09.004.

13   F. Spoor et al., "Reconstructed *Homo habilis* Type OH 7 Suggests Deep-Rooted Species Diversity in Early Homo," *Nature* 519, no. 7541 (2015): 83-86, doi:10.1038/nature14224.

14   Lieberman, *The Evolution of the Human Head*, 503.

15   B. Villmoare et al., "Early Homo at 2.8 Ma from Ledi-Geraru, Afar, Ethiopia," *Science* (2015), doi:10.1126/science.aaa1343.

16   C. Ruff, "Variation in Human Body Size and Shape," *Annual Review of Anthropology* 31 (2002): 211–32, doi:10.1146/annurev.anthro.31.040402.085407.

17   Lieberman, *The Evolution of the Human Head*.

18   D. R. Braun et al., "Early Hominin Diet Included Diverse Terrestrial and Aquatic Animals 1.95 Ma in East Turkana, Kenya," *Proceedings of the National Academy of Sciences of the United States of America* 107, no. 22 (2010): 10002–7, doi:10.1073/pnas.1002181107.

19   S. Bilsborough and N. Mann, "A Review of Issues of Dietary Protein Intake in Humans," *International Journal of Sport Nutrition and Exercise Metabolism* 16, no. 2 (2006): 129–52.

20   A. Strohle and A. Hahn, "Diets of Modern Hunter-Gatherers Vary Substantially in Their Carbohydrate Content Depending on Ecoenvironments: Results from an Ethnographic Analysis," *Nutrition Research* 31, no. 6 (2011): 429–35, doi:10.1016/j.nutres.2011.05.003.

21   J. Lee-Thorp et al., "Isotopic Evidence for an Early Shift to C_4 Resources by Pliocene Hominins in Chad," *Proceedings of the National Academy of Sciences of the United States of America* 109, no. 50 (2012): 20369–72, doi:10.1073/pnas.1204209109.

22   D. Zohary et al., *Domestication of Plants in the Old World: The Origin and Spread of Domesticated Plants in South-West Asia, Europe, and the Mediterranean Basin* (Oxford University Press, 2012), 158.

23   M. E. Tumbleson and T. Kommedahl, "Reproductive Potential of *Cyperus esculentus* by Tubers," *Weeds* 9, no. 4 (1961): 646–53, doi:10.2307/4040817.

24   C. Lemorini et al., "Old Stones' Song: Use-Wear Experiments and Analysis of the Oldowan Quartz and Quartzite Assemblage from Kanjera South (Kenya)," *Journal of Human Evolution* 72 (2014): 10–25, doi:10.1016/j.jhevol.2014.03.002.

25   D. Lordkipanidze et al., "A Complete Skull from Dmanisi, Georgia, and the Evolutionary Biology of Early Homo," *Science* 342 (2013): 326–31.

26   The Demise of *Homo erectus* and the Emergence of a New Hominin Lineage in the Middle Pleistocene (ca. 400 kyr) Levant," *PLOS ONE* 6, no. 12 (2011), doi:10.1371/journal.pone.0028689.

27　T. Surovell et al., "Global Archaeological Evidence for Proboscidean Overkill," *Proceedings of the National Academy of Sciences of the United States of America* 102, no. 17 (2005): 6231–36, doi:10.1073/pnas.0501947102.

28　Fire-Related Features and Activities with a Focus on the African Middle Stone Age," *Journal of Archaeological Research* 22, 141–75, doi:10.1007/s10814-013-9069-x.

29　J. A. J. Gowlett and R. W. Wrangham, "Earliest Fire in Africa: Towards the Convergence of Archaeological Evidence and the Cooking Hypothesis," *Azania-Archaeological Research in Africa* 48, no. 1 (2013): 5–30, doi:10.1080/0067270x.2012.756754.

30　Wrangham, *Catching Fire*. 한국어판은 《요리 본능》(사이언스북스, 2011).

31　G. H. Perry et al., "Insights into Hominin Phenotypic and Dietary Evolution from Ancient DNA Sequence Data," *Journal of Human Evolution* 79 (2015): 55–63, doi:10.1016/j.jhevol.2014.10.018.

32　R. N. Carmody and R. W. Wrangham, "The Energetic Significance of Cooking," *Journal of Human Evolution* 57, no. 4 (2009): 379–91, doi:10.1016/j.jhevol.2009.02.011.

33　R. N. Carmody et al., "Energetic Consequences of Thermal and Nonthermal Food Processing," *Proceedings of the National Academy of Sciences of the United States of America* 108, no. 48 (2011): 19199–203, doi:10.1073/pnas.1112128108; E. E. Groopman et al., "Cooking Increases Net Energy Gain from a Lipid-Rich Food," *American Journal of Physical Anthropology* 156, no. 1 (2015): 11–18, doi:10.1002/ajpa.22622.

34　G. Roth and U. Dicke, "Evolution of the Brain and Intelligence," *Trends in Cognitive Sciences* 9, no. 5 (2005): 250–57, doi:10.1016/j.tics.2005.03.005.

35　J. J. Harris et al., "Synaptic Energy Use and Supply," *Neuron* 75, no. 5 (2012): 762–77, doi:10.1016/j.neuron.2012.08.019.

36　L. C. Aiello and P. Wheeler, "The Expensive Tissue Hypothesis: The Brain and the Digestive System in Human and Primate Evolution," *Current Anthropology* 36, no. 2 (1995): 199–221, doi:10.1086/204350; A. Navarrete et al., "Energetics and the Evolution of Human Brain Size," *Nature* 480, no. 7375 (2011): 91–93, doi:10.1038/nature10629.

37　H. Pontzer et al., "Metabolic Acceleration and the Evolution of Human Brain Size and Life History," *Nature* 533, no. 7603 (2016): 390–92, doi:10.1038/nature17654.

38 뇌가 커진 시기와 대략 맞아떨어진다: Wrangham, *Catching Fire*.

39 L. T. Buck and C. B. Stringer, "*Homo heidelbergensis*," *Current Biology* 24, no. 6 (2014): R214-15, doi:10.1016/j.cub.2013.12.048.

40 Bentsen, "Using Pyrotechnology"; N. Goren-Inbar et al., "Evidence of Hominin Control of Fire at Gesher Benot Ya'aqov, Israel," *Science* 304, no. 5671 (2004): 725-27, doi:10.1126/science.1095443.

41 H. Thieme, "Lower Palaeolithic Hunting Spears from Germany," *Nature* 385, no. 6619 (1997): 807-10, doi:10.1038/385807a0.

42 T. van Kolfschoten, "The Palaeolithic Locality Schoningen (Germany): A Review of the Mammalian Record," *Quaternary International* 326-27 (2014): 469-80, doi:10.1016/j.quaint.2013.11.006.

43 M. Balter, "The Killing Ground," *Science* 344, no. 6188 (2014): 1080-83.

44 D. Reich et al., "Genetic History of an Archaic Hominin Group from Denisova Cave in Siberia," *Nature* 468, no. 7327 (2010): 1053-60, doi:10.1038/nature09710.

45 D. Reich et al., "Denisova Admixture and the First Modern Human Dispersals into Southeast Asia and Oceania," *American Journal of Human Genetics* 89, no. 4 (2011): 516-28, doi:10.1016/j.ajhg.2011.09.005.

46 C. Lalueza-Fox et al., "A Melanocortin 1 Receptor Allele Suggests Varying Pigmentation among Neanderthals," *Science* 318, no. 5855 (2007): 1453-55, doi:10.1126/science.1147417.

47 K. Prufer et al., "The Complete Genome Sequence of a Neanderthal from the Altai Mountains," *Nature* 505, no. 7481 (2014): 43-49, doi:10.1038/nature12886.

48 T. Higham et al., "The Timing and Spatiotemporal Patterning of Neanderthal Disappearance," *Nature* 512, no. 7514 (2014): 306-9, doi:10.1038/nature13621.

49 A. W. Froehle and S. E. Churchill, "Energetic Competition between Neandertals and Anatomically Modern Humans," *PaleoAnthropology* (2009): 96-116.

50 A. Sistiaga et al., "The Neanderthal Meal: A New Perspective Using Faecal Biomarkers," *PLOS ONE* 9, no. 6 (2014), doi:10.1371/journal.pone.0101045.

51 A. G. Henry et al., "Microfossils in Calculus Demonstrate Consumption of Plants and Cooked Foods in Neanderthal Diets (Shanidar III, Iraq; Spy I and II, Belgium)," *Proceedings of the National Academy of Sciences of the United States of America* 108, no. 2 (2011): 486-91, doi:10.1073/pnas.1016868108.

52 E. Lev et al., "Mousterian Vegetal Food in Kebara Cave, Mt. Carmel," *Journal of Archaeological Science* 32, no. 3 (2005): 475-84, doi:10.1016/j.jas.2004.11.006.

53 A. G. Henry et al., "Plant Foods and the Dietary Ecology of Neanderthals and Early Modern Humans," *Journal of Human Evolution* 69 (2014): 44-54, doi:10.1016/j.jhevol.2013.12.014.

54 I. Gutierrez-Zugasti et al., "The Role of Shellfish in Hunter-Gatherer Societies during the Early Upper Palaeolithic: A View from El Cuco Rockshelter, Northern Spain," *Journal of Anthropological Archaeology* 32, no. 2 (2013): 242-56, doi:10.1016/j.jaa.2013.03.001; D. C. Salazar-Garcia et al., "Neanderthal Diets in Central and Southeastern Mediterranean Iberia," *Quaternary International* 318 (2013): 3-18, doi:10.1016/j.quaint.2013.06.007.

55 R. Blasco et al., "The Earliest Pigeon Fanciers," *Scientific Reports* 4, no. 5971 (2014), doi:10.1038/srep05971.

3 조개 — 해변의 채집

1 W. Sitwell, *A History of Food in 100 Recipes* (Little, Brown, 2013), 58에서 재인용. 한국어판은 《역사를 만든 백가지 레시피》(에쎄, 2016) 109쪽.

2 A. E. Russon et al., "Orangutan Fish Eating, Primate Aquatic Fauna Eating, and Their Implications for the Origins of Ancestral Hominin Fish Eating," *Journal of Human Evolution* 77 (2014): 50-63, doi:10.1016/j.jhevol.2014.06.007.

3 M. Alvarez et al., "Shell Middens as Archives of Past Environments, Human Dispersal and Specialized Resource Management," *Quaternary International* 239, nos. 1-2 (2011): 1-7, doi:10.1016/j.quaint.2010.10.025.

4 J. T. Brenna and S. E. Carlson, "Docosahexaenoic Acid and Human Brain Development: Evidence That a Dietary Supply Is Needed for Optimal Development," *Journal of Human Evolution* 77 (2014): 99-106, doi:10.1016/j.jhevol.2014.02.017; S. C. Cunnane and M. A. Crawford, "Energetic and Nutritional Constraints on Infant Brain Development: Implications for Brain Expansion during Human Evolution," *Journal of Human Evolution* 77 (2014): 88-98, doi:10.1016/j.jhevol.2014.05.001.

5 C. W. Marean et al., "Early Human Use of Marine Resources and Pigment in South Africa during the Middle Pleistocene," *Nature* 449, no. 7164 (2007): 905-8, doi:10.1038/nature06204.

6 C. W. Marean, "When the Sea Saved Humanity," *Scientific American* 303, no. 2 (2010): 54-61, doi:10.1038/scientificamerican0810-54; C. W. Marean, "Pinnacle

Point Cave 13B (Western Cape Province, South Africa) in Context: The Cape Floral Kingdom, Shellfish, and Modern Human Origins," *Journal of Human Evolution* 59, nos. 3–4 (2010): 425–43, doi:10.1016/j.jhevol.2010.07.011.

7   R. C. Walter et al., "Early Human Occupation of the Red Sea Coast of Eritrea during the Last Interglacial," *Nature* 405, no. 6782 (2000): 65–69, doi:10.1038/35011048.

8   W. Liu et al., "The Earliest Unequivocally Modern Humans in Southern China," *Nature* 526, no. 7575 (2015): 696–99, doi:10.1038/nature15696.

9   M. Cortes-Sanchez et al., "Earliest Known Use of Marine Resources by Neanderthals," *PLOS ONE* 6, no. 9 (2011), doi:10.1371/journal.pone.0024026.

10   E. A. A. Garcea, "Successes and Failures of Human Dispersals from North Africa," *Quaternary International* 270 (2012): 119–28, doi:10.1016/j.quaint.2011.06.034.

11   P. Mellars, "Why Did Modern Human Populations Disperse from Africa ca. 60,000 Years Ago? A New Model," *Proceedings of the National Academy of Sciences of the United States of America* 103, no. 25 (2006): 9381–86, doi:10.1073/pnas.0510792103.

12   S. Oppenheimer, "Out-of-Africa, the Peopling of Continents and Islands: Tracing Uniparental Gene Trees across the Map," *Philosophical Transactions of the Royal Society of London, Series B: Biological Sciences* 367, no. 1590 (2012): 770–84, doi:10.1098/rstb.2011.0306.

13   S. A. Tishkoff et al., "The Genetic Structure and History of Africans and African Americans," *Science* 324, no. 5930 (2009): 1035–44, doi:10.1126/science.1172257.

14   S. Ramachandran et al., "Support from the Relationship of Genetic and Geographic Distance in Human Populations for a Serial Founder Effect Originating in Africa," *Proceedings of the National Academy of Sciences of the United States of America* 102, no. 44 (2005): 15942–47, doi:10.1073/pnas.0507611102.

15   T. D. Weaver, "Tracing the Paths of Modern Humans from Africa," *Proceedings of the National Academy of Sciences of the United States of America* 111 (2014): 7170–71.

16   E. J. Dixon, "Late Pleistocene Colonization of North America from Northeast Asia: New Insights from Large-Scale Paleogeographic Reconstructions," *Quaternary International* 285 (2013): 57–67, doi:10.1016/j.quaint.2011.02.027.

17   T. Goebel et al., "The Late Pleistocene Dispersal of Modern Humans in the Americas," *Science* 319, no. 5869 (2008): 1497–502, doi:10.1126/science.1153569.

18   E. Marris, "Underwater Archaeologists Unearth Ancient Butchering Site," *Nature*

(2016-05-13), doi:10.1038/nature.2016.19913.

19 J. M. Erlandson and T. J. Braje, "From Asia to the Americas by Boat? Paleogeography, Paleoecology, and Stemmed Points of the Northwest Pacific," *Quaternary International* 239, nos. 1-2 (2011): 28-37, doi:10.1016/j.quaint.2011.02.030.

20 T. D. Dillehay, *Monte Verde, a Late Pleistocene Settlement in Chile: The Archaeological Context and Interpretation* (Smithsonian Institution Press, 1997).

21 A. Prieto et al., "The Peopling of the Fuego-Patagonian Fjords by Littoral Hunter-Gatherers after the Mid-Holocene H1 Eruption of Hudson Volcano," *Quaternary International* 317 (2013): 3-13, doi:10.1016/j.quaint.2013.06.024.

22 C. Darwin, *The Voyage of HMS Beagle* (Folio Society, 1860), chap. 10. 한국어판은 《비글호 항해기》(리젬, 2013) 361쪽.

23 L. A. Orquera et al., "Littoral Adaptation at the Southern End of South America," *Quaternary International* 239, nos. 1-2 (2011): 61-69, doi:10.1016/j.quaint.2011.02.032.

4 빵—작물화

1 D. Zohary et al., *Domestication of Plants in the Old World: The Origin and Spread of Domesticated Plants in South-West Asia, Europe, and the Mediterranean Basin* (Oxford University Press, 2012); P. J. Berkman et al., "Dispersion and Domestication Shaped the Genome of Bread Wheat," *Plant Biotechnology Journal* 11, no. 5 (2013): 564-71, doi:10.1111/pbi.12044.

2 D. Samuel, "Investigation of Ancient Egyptian Baking and Brewing Methods by Correlative Microscopy," *Science* 273, no. 5274 (1996): 488-90, doi:10.1126/science.273.5274.488; D. Samuel, "Bread Making and Social Interactions at the Amarna Workmen's Village, Egypt," *World Archaeology* 31, no. 1 (1999): 121-44.

3 http://culturalinstitute.britishmuseum.org/asset-viewer/model-from-the-tomb-of-nebhepetre-mentuhotep-ii/ygG7V06b8fjrfQ?hl=en (2016년 11월 19일 확인).

4 J. E. Harris, "Dental Care," *Oxford Encyclopedia of Ancient Egypt*, vol. 1, ed. D. B. Redford (Oxford University Press, 2001): 383-85.

5 http://www.osirisnet.net/tombes/nobles/antefoqer/e_antefoqer_02.htm (2014년 3월 12일 확인).

6 J. Bottero, *Cooking in Mesopotamia*, trans. T. L. Fagan (University of Chicago Press,

2011).

7　　A. T. Moles and M. Westoby, "Seedling Survival and Seed Size: A Synthesis of the Literature," *Journal of Ecology* 92, no. 3 (2004): 372-83.

8　　J. R. Harlan, "Wild Wheat Harvest in Turkey," *Archaeology* 20, no. 3 (1967): 197-201.

9　　J. R. Harlan and D. Zohary, "Distribution of Wild Wheats and Barley," *Science* 153, no. 3740 (1966): 1074-80, doi:10.1126/science.153.3740.1074.

10　　M. D. Purugganan and D. Q. Fuller, "Archaeological Data Reveal Slow Rates of Evolution during Plant Domestication," *Evolution* 65, no. 1 (2011): 171-83, doi:10.1111/j.1558-5646.2010.01093.x.

11　　Zohary et al., *Domestication of Plants in the Old World*.

12　　Ibid.

13　　D. Q. Fuller et al., "Moving Outside the Core Area," *Journal of Experimental Botany* 63, no. 2 (2012): 617-33, doi:10.1093/jxb/err307; P. Civan et al., "Reticulated Origin of Domesticated Emmer Wheat Supports a Dynamic Model for the Emergence of Agriculture in the Fertile Crescent," *PLOS ONE* 8, no. 11 (2013), doi:10.1371/journal.pone.0081955.

14　　C. Darwin, *The Variation of Animals and Plants under Domestication*, vol. 1 (John Murray, 1868).

15　　http://www.agcanada.com/daily/statscan-shows-shockingly-large-crops-all-around (2014년 3월 19일 확인).

16　　T. Marcussen et al., "Ancient Hybridizations among the Ancestral Genomes of Bread Wheat," *Science* 345, no. 6194 (2014), doi:10.1126/science.1250092.

17　　Zohary et al., *Domestication of Plants in the Old World*; J. Dvorak et al., "The Origin of Spelt and Free-Threshing Hexaploid Wheat," *Journal of Heredity* 103, no. 3 (2012): 426-41, doi:10.1093/jhered/esr152.

18　　Marcussen et al., "Ancient Hybridizations among the Ancestral Genomes of Bread Wheat."

19　　J. Dubcovsky and J. Dvorak, "Genome Plasticity a Key Factor in the Success of Polyploid Wheat under Domestication," *Science* 316, no. 5833 (2007): 1862-66, doi:10.1126/science.1143986.

20　　R. P. Singh et al., "The Emergence of Ug99 Races of the Stem Rust Fungus Is a Threat to World Wheat Production," *Annual Review of Phytopathology* 49, no. 1 (2011): 465-81, doi:10.1146/annurev-phyto-072910-095423.

21 I. G. Loskutov, *Vavilov and His Institute: A History of the World Collection of Plant Genetic Resources in Russia* (International Plant Genetic Resources Institute, 1999).

22 N. I. Vavilov and V. F. Dorofeev, *Origin and Geography of Cultivated Plants* (Cambridge University Press, 1992).

23 J. Dvorak et al., "NI Vavilov's Theory of Centres of Diversity in the Light of Current Understanding of Wheat Diversity, Domestication and Evolution," *Czech Journal of Genetics and Plant Breeding* 47 (2011): S20-S27.

24 S. Reznik and Y. Vavilov, "The Russian Scientist Nicolay Vavilov," in *Five Continents* by *Nicolay Ivanovich Vavilov*, trans. Doris Love (IPGRI; VIR, 1997), xvii-xxix.

25 G. P. Nabhan, *Where Our Food Comes From: Retracing Nikolay Vavilov's Quest to End Famine* (Island Press Shearwater Books, 2009)에서 재인용.

26 A. L. Ingram and J. J. Doyle, "The Origin and Evolution of *Eragrostis tef* (Poaceae) and Related Polyploids: Evidence from Nuclear Waxy and Plastid Rps16," *American Journal of Botany* 90, no. 1 (2003): 116-22.

27 Loskutov, *Vavilov and His Institute*.

28 Nabhan, *Where Our Food Comes From*.

29 Ibid., xxiii, 223.

30 J. R. Porter et al., *IPCC Fifth Report*, chapter 7: "Food Security and Food Production Systems" (final draft, 2014).

31 N. I. Vavilov, *Five Continents*.

32 J. C. Burger et al., "Rapid Phenotypic Divergence of Feral Rye from Domesticated Cereal Rye," *Weed Science* 55, no. 3 (2007): 204-11, doi:10.1614/WS-06-177.1.

33 V. G. Childe, *Man Makes Himself* (Spokesman, 1936).

34 G. H. Perry et al., "Diet and the Evolution of Human Amylase Gene Copy Number Variation," *Nature Genetics* 39, no. 10 (2007): 1256-60, doi:10.1038/ng2123.

35 A. L. Mandel and P. A. S. Breslin, "High Endogenous Salivary Amylase Activity Is Associated with Improved Glycemic Homeostasis Following Starch Ingestion in Adults," *Journal of Nutrition* 142, no. 5 (2012): 853-58, doi:10.3945/jn.111.156984.

36 E. Axelsson et al., "The Genomic Signature of Dog Domestication Reveals Adaptation to a Starch-Rich Diet," *Nature* 495, no. 7441 (2013): 360-64, doi:10.1038/nature11837.

I W. Martin et al., "Hydrothermal Vents and the Origin of Life," *Nature Reviews Microbiology* 6, no. 11 (2008): 805-14, doi:10.1038/nrmicro1991; W. F. Martin et al., "Energy at Life's Origin," *Science* 344, no. 6188 (2014): 1092-93, doi:10.1126/science.1251653.

2 C. Darwin, "Letter to J. D. Hooker 1st Feb. 1871," https://www.darwinproject.ac.uk/letter/DCP-LETT-7471.xml (2016년 11월 5일 확인).

3 J. B. S. Haldane, "The Origin of Life," *Rationalist Annual* 3 (1929): 3-10.

4 H. S. Bernhardt and W. P. Tate, "Primordial Soup or Vinaigrette: Did the RNA World Evolve at Acidic pH?," *Biology Direct* 7 (2012), doi:10.1186/1745-6150-7-4; G. von Kiedrowski, "Origins of Life-Primordial Soup or Crepes?," *Nature* 381, no. 6577 (1996): 20-21, doi:10.1038/381020a0.

5 V. Tolstoguzov, "Why Are Polysaccharides Necessary?," *Food Hydrocolloids* 18, no. 5 (2004): 873-77, doi:10.1016/j.foodhyd.2003.11.011.

6 J. A. Brillat-Savarin, *The Physiology of Taste* (Everyman, 2009), 85.

7 The Mock Turtle's song from *Alice in Wonderland*. 한국어판은 《이상한 나라의 앨리스》(열린책들, 2017) 118~119쪽.

8 H. McGee, *On Food and Cooking* (Hodder & Stoughton, 2004). 한국어판은 《음식과 요리》(이데아, 2017).

9 R. S. Keast and A. Costanzo, "Is Fat the Sixth Taste Primary? Evidence and Implications," *Flavour* 4, no. 1 (2015): 1-7, doi:10.1186/2044-7248-4-5.

10 K. Ikeda, "New Seasonings," *Chemical Senses* 27, no. 9 (2002): 847-49, doi:10.1093/chemse/27.9.847 (1909년에 발표된 일본어 원본을 번역).

11 O. G. Mouritsen, *Seaweeds: Edible, Available, and Sustainable* (University of Chicago Press, 2013).

12 O. G. Mouritsen et al., *Umami: Unlocking the Secrets of the Fifth Taste* (Columbia University Press, 2014).

13 L. Bareham, *A Celebration of Soup* (Michael Joseph, 1993).

14 K. Kurihara, "Glutamate: From Discovery as a Food Flavor to Role as a Basic Taste (Umami)," *American Journal of Clinical Nutrition* 90, no. 3 (2009): 719S-22S, doi:10.3945/ajcn.2009.27462D.

15 B. Lindemann et al., "The Discovery of Umami," *Chemical Senses* 27, no. 9 (2002): 843-44, doi:10.1093/chemse/27.9.843.

16   Ikeda, "New Seasonings."

17   N. Chaudhari et al., "A Metabotropic Glutamate Receptor Variant Functions as a Taste
        Receptor," *Nature Neuroscience* 3, no. 2 (2000): 113-19, doi:10.1038/72053.

18   P. H. Jiang et al., "Major Taste Loss in Carnivorous Mammals," *Proceedings of the
        National Academy of Sciences of the United States of America* 109, no. 13 (2012):
        4956-61, doi:10.1073/pnas.1118360109.

19   J. Chandrashekar et al., "The Cells and Peripheral Representation of Sodium Taste in
        Mice," *Nature* 464, no. 7286 (2010): 297-301, doi:10.1038/nature08783.

20   C. P. Da Costa and C. M. Jones, "Cucumber Beetle Resistance and Mite Susceptibility
        Controlled by the Bitter Gene in *Cucumis sativus* L.," *Science* 172, no. 3988 (1971):
        1145-46, doi:10.1126/science.172.3988.1145.

21   R. Man and R. Weir, *The Mustard Book* (Grub Street, 2010).

22   D. Intelmann et al., "Three TAS2R Bitter Taste Receptors Mediate the
        Psychophysical Responses to Bitter Compounds of Hops (*Humulus
        lupulus* L.) and Beer," *Chemosensory Perception* 2, no. 3 (2009): 118-32,
        doi:10.1007/s12078-009-9049-1.

23   http://www.timetree.org/index.php?taxon_a=mouse&taxon_b=human&submit=Sear
        ch (2014년 10월 28일 확인).

24   D. Y. Li and J. Z. Zhang, "Diet Shapes the Evolution of the Vertebrate Bitter Taste
        Receptor Gene Repertoire," *Molecular Biology and Evolution* 31, no. 2 (2014):
        303-9, doi:10.1093/molbev/mst219.

25   Y. Go et al., "Lineage-Specific Loss of Function of Bitter Taste Receptor Genes
        in Humans and Nonhuman Primates," *Genetics* 170, no. 1 (2005): 313-26,
        doi:10.1534/genetics.104.037523.

26   K. L. Mueller et al., "The Receptors and Coding Logic for Bitter Taste," *Nature* 434,
        no. 7030 (2005): 221-25, doi:10.1038/nature03366.

27   D. G. Liem and J. A. Mennella, "Heightened Sour Preferences during Childhood,"
        Chemical Senses 28, no. 2 (2003): 173-80.

28   D. Drayna, "Human Taste Genetics," *Annual Review of Genomics and Human
        Genetics* 6 (2005): 217-35.

29   R. A. Fisher et al., "Taste-Testing the Anthropoid Apes," *Nature* 144 (1939): 750.

30   Drayna, "Human Taste Genetics."

31   Y. Shang et al., "Biosynthesis, Regulation, and Domestication of Bitterness in
        Cucumber," *Science* 346, no. 6213 (2014): 1084-88, doi:10.1126/science.1259215.

1   O. G. Mouritsen et al., *Umami: Unlocking the Secrets of the Fifth Taste* (Columbia University Press, 2014).

2   F. Viana, "Chemosensory Properties of the Trigeminal System," *ACS Chemical Neuroscience* 2, no. 1 (2011): 38-50, doi:10.1021/cn100102c.

3   "*Chimie du gout et de l'odorat* [1st ed., 1755]," described by A. Davidson, "Tastes, Aromas, Flavours," in *Oxford Symposium on Food and Cookery, 1987: Taste*, ed. T. Jaine (Prospect Books, 1988): 9-14.

4   G. M. Shepherd, *Neurogastronomy: How the Brain Creates Flavor and Why It Matters* (Columbia University Press, 2012), 12에서 재인용.

5   Y. Niimura, "Olfactory Receptor Multigene Family in Vertebrates: From the Viewpoint of Evolutionary Genomics," *Current Genomics* 13, no. 2 (2012): 103-14.

6   Y. Niimura et al., "Extreme Expansion of the Olfactory Receptor Gene Repertoire in African Elephants and Evolutionary Dynamics of Orthologous Gene Groups in 13 Placental Mammals," *Genome Research* 24, no. 9 (2014): 1485-96, doi:10.1101/gr.169532.113.

7   Y. Niimura and M. Nei, "Extensive Gains and Losses of Olfactory Receptor Genes in Mammalian Evolution," *PLOS ONE* 2, no. 8 (2007), doi:10.1371/journal.pone.0000708.

8   C. Bushdid et al., "Humans Can Discriminate More than 1 Trillion Olfactory Stimuli," *Science* 343, no. 6177 (2014): 1370-72, doi:10.1126/science.1249168.

9   M. Auvray and C. Spence, "The Multisensory Perception of Flavor," *Consciousness and Cognition* 17, no. 3 (2008): 1016-31, doi:10.1016/j.concog.2007.06.005.

10   G. M. Shepherd, "The Human Sense of Smell: Are We Better than We Think?," *PLOS Biology* 2, no. 5 (2004): e146, doi:10.1371/journal.pbio.0020146.

11   T. Olender et al., "Personal Receptor Repertoires: Olfaction as a Model," *BMC Genomics* 13 (2012), doi:10.1186/1471-2164-13-414.

12   B. Keverne, "Monoallelic Gene Expression and Mammalian Evolution," *Bioessays* 31, no. 12 (2009): 1318-26, doi:10.1002/bies.200900074.

13   N. Eriksson et al., "A Genetic Variant Near Olfactory Receptor Genes Influences Cilantro Preference," *Flavour* 1, no. 22 (2012), doi:10.1186/2044-7248-1-22.

14   H. McGee, *McGee on Food and Cooking* (Hodder & Stoughton, 2004). 한국어판은 《음식과 요리》.

15 R. I. Curtis, "Umami and the Foods of Classical Antiquity," *American Journal of Clinical Nutrition* 90, no. 3 (2009): 712S–18S, doi:10.3945/ajcn.2009.27462C.

16 A. Dalby and S. Grainger, *The Classical Cookbook* (British Museum Press, 1996).

17 Curtis, "Umami and the Foods of Classical Antiquity."

7 고기—육식

1 N. Mann, "Dietary Lean Red Meat and Human Evolution," *European Journal of Nutrition* 39, no. 2 (2000): 71–79, doi:10.1007/s003940050005.

2 E. P. Hoberg et al., "Out of Africa: Origins of the *Taenia* Tapeworms in Humans," *Proceedings of the Royal Society of London: Series B, Biological Sciences* 268, no. 1469 (2001): 781–87.

3 D. S. Zarlenga et al., "Post-Miocene Expansion, Colonization, and Host Switching Drove Speciation among Extant Nematodes of the Archaic Genus *Trichinella*," *Proceedings of the National Academy of Sciences of the United States of America* 103, no. 19 (2006): 7354–59, doi:10.1073/pnas.0602466103.

4 G. H. Perry, "Parasites and Human Evolution," *Evolutionary Anthropology* 23, no. 6 (2014): 218–28, doi:10.1002/evan.21427.

5 M. Aubert et al., "Pleistocene Cave Art from Sulawesi, Indonesia," *Nature* 514, no. 7521 (2014): 223–27, doi:10.1038/nature13422.

6 L. Watson, *The Whole Hog: Exploring the Extraordinary Potential of Pigs* (Profile, 2004).

7 http://www.bradshawfoundation.com/chauvet/ (2015년 7월 14일 확인); J. Combier and G. Jouve, "Nouvelles recherches sur l'identite culturelle et stylistique de la grotte Chauvet et sur sa datation par la methode du 14C," *L'Anthropologie* 118, no. 2 (2014): 115–51, doi:10.1016/j.anthro.2013.12.001.

8 S. Gaudzinski-Windheuser and L. Niven, "Hominin Subsistence Patterns during the Middle and Late Paleolithic in Northwestern Europe," in *The Evolution of Hominin Diets*, Vertebrate Paleobiology and Paleoanthropology, ed. J.-J. Hublin and M. Richards (Springer Netherlands, 2009), 99–111.

9 M. Mariotti Lippi et al., "Multistep Food Plant Processing at Grotta Paglicci (Southern Italy) around 32,600 Cal B.P.," *Proceedings of the National Academy of Sciences of the United States of America* 112, no. 39 (2015): 12075–80, doi:10.1073/

pnas.1505213112.

10   M. Jones, "Moving North: Archaeobotanical Evidence for Plant Diet in Middle and Upper Paleolithic Europe," in *The Evolution of Hominin Diets*, Vertebrate Paleobiology and Paleoanthropology, ed. J.-J. Hublin and M. Richards (Springer Netherlands, 2009), 171–80.

11   E. Willerslev et al., "Fifty Thousand Years of Arctic Vegetation and Megafaunal Diet," *Nature* 506, no. 7486 (2014): 47–51, doi:10.1038/nature12921.

12   J. A. Leonard et al., "Megafaunal Extinctions and the Disappearance of a Specialized Wolf Ecomorph," *Current Biology* 17, no. 13 (2007): 1146–50, doi:10.1016/j.cub.2007.05.072.

13   M. Hofreiter and I. Barnes, "Diversity Lost: Are All Holarctic Large Mammal Species Just Relict Populations?," *BMC Biology* 8 (2010): 46, doi:10.1186/1741-7007-8-46.

14   A. J. Stuart, "Late Quaternary Megafaunal Extinctions on the Continents: A Short Review," *Geological Journal* 50, no. 3 (2015): 338–63, doi:10.1002/gj.2633.

15   H. Bocherens et al., "Reconstruction of the Gravettian Food-Web at P?edmostí I Using Multi-Isotopic Tracking (13C, 15N, 34S) of Bone Collagen," *Quaternary International* 359 (2015): 211–28, doi:10.1016/j.quaint.2014.09.044.

16   P. Shipman, "How Do You Kill 86 Mammoths? Taphonomic Investigations of Mammoth Megasites," *Quaternary International* 359-60 (2015): 38–46, doi:10.1016/j.quaint.2014.04.048.

17   A. J. Stuart et al., "Pleistocene to Holocene Extinction Dynamics in Giant Deer and Woolly Mammoth," *Nature* 431 (2004): 684–89.

18   M. C. Stiner and N. D. Munro, "Approaches to Prehistoric Diet Breadth, Demography, and Prey Ranking Systems in Time and Space," *Journal of Archaeological Method and Theory* 9, no. 2 (June 2002): 181–214.

19   L. A. Maher et al., "The Pre-Natufian Epipaleolithic: Long-Term Behavioral Trends in the Levant," *Evolutionary Anthropology* 21, no. 2 (2012): 69–81, doi:10.1002/evan.21307.

20   A. Snir et al., "The Origin of Cultivation and Proto-Weeds, Long Before Neolithic Farming," *PLOS ONE* 10, no. 7 (2015), doi:10.1371/journal.pone.0131422.

21   D. Nadel et al., "On the Shore of a Fluctuating Lake: Environmental Evidence from Ohalo II (19,500 BP)," *Israel Journal of Earth Sciences* 53, nos. 3-4, special issue (2004): 207–23, doi:10.1560/v3cu-ebr7-ukat-uca6.

22   R. Yeshurun et al., "Intensification and Sedentism in the Terminal Pleistocene Natufian

Sequence of el-Wad Terrace (Israel)," *Journal of Human Evolution* 70 (2014): 16-35, doi:10.1016/j.jhevol.2014.02.011.

23   M. C. Stiner et al., "A Forager-Herder Trade-Off, from Broad-Spectrum Hunting to Sheep Management at A?ikli Hoyuk, Turkey," *Proceedings of the National Academy of Sciences of the United States of America* 111, no. 23 (2014): 8404-9, doi:10.1073/pnas.1322723111.

24   E. Guerrero, S. Naji, and J.-P. Bocquet-Appel, "The Signal of the Neolithic Demographic Transition in the Levant," in *The Neolithic Demographic Transition and Its Consequences*, ed. J.-P. Bocquet-Appel and O. Bar-Yosef (Springer, 2008), 57-80, doi:10.1007/978-1-4020-8539-0_4.

25   P. Bellwood and M. Oxenham, "The Expansions of Farming Societies and the Role of the Neolithic Demographic Transition," in ibid., 13-34, doi:10.1007/978-1-4020-8539-0_2.

26   Dr. Seuss, *Oh, the Places You'll Go!* (Random House, 1990). 한국어판은《축하합니다! 오늘은 당신의 날》(청림출판, 1997).

27   H. Xiang et al., "Early Holocene Chicken Domestication in Northern China," *Proceedings of the National Academy of Sciences of the United States of America* 111, no. 49 (2014): 17564-69, doi:10.1073/pnas.1411882111.

28   S. Kanginakudru et al., "Genetic Evidence from Indian Red Jungle Fowl Corroborates Multiple Domestication of Modern Day Chicken," *BMC Evolutionary Biology* 8 (2008): 174, doi:10.1186/1471-2148-8-174; Y. P. Liu et al., "Multiple Maternal Origins of Chickens: Out of the Asian Jungles," *Molecular Phylogenetics and Evolution* 38, no. 1 (2006): 12-19, doi:10.1016/j.ympev.2005.09.014.

29   A. A. Storey et al., "Investigating the Global Dispersal of Chickens in Prehistory Using Ancient Mitochondrial DNA Signatures," *PLOS ONE* 7, no. 7 (2012), doi:10.1371/journal.pone.0039171.

30   J. Eriksson et al., "Identification of the Yellow Skin Gene Reveals a Hybrid Origin of the Domestic Chicken," *PLOS Genetics* 4, no. 2 (2008), doi:10.1371/journal.pgen.1000010.

31   J. M. Mwacharo et al., "The History of African Village Chickens: An Archaeological and Molecular Perspective," *African Archaeological Review* 30, no. 1 (2013): 97-114, doi:10.1007/s10437-013-9128-1; J. M. Mwacharo et al., "Reconstructing the Origin and Dispersal Patterns of Village Chickens across East Africa: Insights from Autosomal Markers," *Molecular Ecology* 22, no. 10 (2013): 2683-97, doi:10.1111/

mec.12294.

32   P. V. Kirch, "Peopling of the Pacific: A Holistic Anthropological Perspective," *Annual Review of Anthropology* 39, no. 1 (2010): 131–48, doi:10.1146/annurev.anthro. 012809.104936; J. M. Wilmshurst et al., "High-Precision Radiocarbon Dating Shows Recent and Rapid Initial Human Colonization of East Polynesia," *Proceedings of the National Academy of Sciences of the United States of America* 108, no. 5 (2011): 1815–20, doi:10.1073/pnas.1015876108.

33   J. Diamond, *Collapse: How Societies Choose to Fail or Survive* (Allen Lane, 2005). 한국어판은《문명의 붕괴》(김영사, 2005).

34   Storey et al., "Investigating the Global Dispersal of Chickens"; A. A. Storey, "Polynesian Chickens in the New World: A Detailed Application of a Commensal Approach," *Archaeology in Oceania* 48 (2013): 101–19, doi:10.1002/arco.5007.

35   S. M. Fitzpatrick and R. Callaghan, "Examining Dispersal Mechanisms for the Translocation of Chicken (*Gallus gallus*) from Polynesia to South America," *Journal of Archaeological Science* 36, no. 2 (2009): 214–23, doi:10.1016/j.jas.2008.09.002.

36   J. Flenley and P. Bahn, *The Enigmas of Easter Island* (Oxford University Press, 2002).

37   C. Roullier et al., "Historical Collections Reveal Patterns of Diffusion of Sweet Potato in Oceania Obscured by Modern Plant Movements and Recombination," *Proceedings of the National Academy of Sciences of the United States of America* 110, no. 6 (2013): 2205–10, doi:10.1073/pnas.1211049110.

38   J. V. Moreno-Mayar et al., "Genome-Wide Ancestry Patterns in Rapanui Suggest Pre-European Admixture with Native Americans," *Current Biology* 24, no. 21 (2014): 2518–25, doi:10.1016/j.cub.2014.09.057.

39   D. F. Morey, "In Search of Paleolithic Dogs: A Quest with Mixed Results," *Journal of Archaeological Science* 52 (2014): 300–307, doi:10.1016/j.jas.2014.08.015.

40   Shipman, "How Do You Kill 86 Mammoths?"

41   F. H. Lv et al., "Mitogenomic Meta-Analysis Identifies Two Phases of Migration in the History of Eastern Eurasian Sheep," *Molecular Biology and Evolution* 32, no. 10 (2015): 2515–33, doi:10.1093/molbev/msv139.

42   J. Dodson et al., "Oldest Directly Dated Remains of Sheep in China," *Scientific Reports* 4 (2014), doi:10.1038/srep07170.

43   P. Taberlet et al., "Conservation Genetics of Cattle, Sheep, and Goats," *Comptes Rendus Biologies* 334, no. 3 (2011): 247–54, doi:10.1016/j.crvi.2010.12.007.

44   M. H. Moradi et al., "Genomic Scan of Selective Sweeps in Thin and Fat Tail Sheep

Breeds for Identifying of Candidate Regions Associated with Fat Deposition," *BMC Genetics* 13 (2012): 10, doi:10.1186/1471-2156-13-10.

45   J. Tilsley-Benham, "Sheep with Two Tails: Sheep's Tail Fat as a Cooking Medium in the Middle East," *Oxford Symposium on Food & Cookery, 1986: The Cooking Medium: Proceedings*, ed. T. Jaine (Prospect Books, 1987), 46-50.

46   N. Marom and G. Bar-Oz, "The Prey Pathway: A Regional History of Cattle (*Bos taurus*) and Pig (*Sus scrofa*) Domestication in the Northern Jordan Valley, Israel," *PLOS ONE* 8, no. 2 (2013): e55958, doi:10.1371/journal.pone.0055958.

47   J. E. Decker et al., "Worldwide Patterns of Ancestry, Divergence, and Admixture in Domesticated Cattle," *PLOS Genetics* 10, no. 3 (2014), doi:10.1371/journal.pgen.1004254.

48   W. Haak et al., "Ancient DNA from European Early Neolithic Farmers Reveals Their Near Eastern Affinities," *PLOS Biology* 8, no. 11 (2010): e1000536, doi:10.1371/journal.pbio.1000536; Q. M. Fu et al., "Complete Mitochondrial Genomes Reveal Neolithic Expansion into Europe," *PLOS ONE* 7, no. 3 (2012), doi:10.1371/journal.pone.0032473.

49   R. Pinhasi et al., "Tracing the Origin and Spread of Agriculture in Europe," *PLOS Biology* 3, no. 12 (2005): e410, doi:10.1371/journal.pbio.0030410.

50   A. Gibbons, "First Farmers' Motley Roots," *Science* 353, no. 6296 (2016): 207-8.

51   O. Hanotte et al., "African Pastoralism: Genetic Imprints of Origins and Migrations," *Science* 296, no. 5566 (2002): 336-39, doi:10.1126/science.1069878.

52   L. A. F. Frantz et al., "Genome Sequencing Reveals Fine Scale Diversification and Reticulation History during Speciation in Sus," *Genome Biology* 14, no. 9 (2013), doi:10.1186/gb-2013-14-9-r107.

53   G. Larson et al., "Worldwide Phylogeography of Wild Boar Reveals Multiple Centers of Pig Domestication," *Science* 307, no. 5715 (2005): 1618-21.

54   G. S. Wu et al., "Population Phylogenomic Analysis of Mitochondrial DNA in Wild Boars and Domestic Pigs Revealed Multiple Domestication Events in East Asia," *Genome Biology* 8, no. 11 (2007), doi:10.1186/gb-2007-8-11-r245.

55   G. Larson et al., "Phylogeny and Ancient DNA of *Sus* Provides Insights into Neolithic Expansion in Island Southeast Asia and Oceania," *Proceedings of the National Academy of Sciences of the United States of America* 104, no. 12 (2007): 4834-39, doi:10.1073/pnas.0607753104.

56   Watson, *The Whole Hog.*

57   J. Clutton-Brock, *A Natural History of Domesticated Mammals* (Cambridge University Press, 1999).

58   K. H. Roed et al., "Genetic Analyses Reveal Independent Domestication Origins of Eurasian Reindeer," *Proceedings of the Royal Society B: Biological Sciences* 275, no. 1645 (2008): 1849-55, doi:10.1098/rspb.2008.0332.

59   C. Darwin, *The Variation of Animals and Plants under Domestication* (John Murray, 1868).

60   D. Adams, *The Restaurant at the End of the Universe* (Random House, 2008). 한국어판은《은하수를 여행하는 히치하이커를 위한 안내서》(책세상, 2014) 352쪽.

61   L. Trut et al., "Animal Evolution during Domestication: The Domesticated Fox as a Model," *Bioessays* 31, no. 3 (2009): 349-60, doi:10.1002/bies.200800070.

62   Ibid.

63   G. Larson and D. Q. Fuller, "The Evolution of Animal Domestication," *Annual Review of Ecology, Evolution, and Systematics* 45, no. 1 (2014): 115-36, doi:10.1146/annurev-ecolsys-110512-135813.

64   A. S. Wilkins et al., "The 'Domestication Syndrome' in Mammals: A Unified Explanation Based on Neural Crest Cell Behavior and Genetics," *Genetics* 197, no. 3 (2014): 795-808, doi:10.1534/genetics.114.165423.

65   A. Strohle and A. Hahn, "Diets of Modern Hunter-Gatherers Vary Substantially in Their Carbohydrate Content Depending on Ecoenvironments: Results from an Ethnographic Analysis," *Nutrition Research* 31, no. 6 (2011): 429-35, doi:10.1016/j.nutres.2011.05.003; C. Higham, "Hunter-Gatherers in Southeast Asia: From Prehistory to the Present," *Human Biology* 85, no. 1-3 (2013): 21-43.

8 채소—다양성

1   S. Proches et al., "Plant Diversity in the Human Diet: Weak Phylogenetic Signal Indicates Breadth," *Bioscience* 58, no. 2 (2008): 151-59, doi:10.1641/b580209.

2   G. Vandenborre et al., "Plant Lectins as Defense Proteins against Phytophagous Insects," *Phytochemistry* 72, no. 13 (2011): 1538-50, doi:10.1016/j.phytochem.2011.02.024.

3   J. C. Rodhouse et al., "Red Kidney Bean Poisoning in the UK-An Analysis of 50 Suspected Incidents between 1976 and 1989," *Epidemiology and Infection* 105, no.

3 (1990): 485–91.

4 http://jerseyeveningpost.com/island-life/history-heritage/giant-cabbage/ (2015년 4월 28일 확인).

5 L. H. Bailey, *The Survival of the Unlike: A Collection of Evolution Essays Suggested by the Study of Domestic Plants* (Macmillan, 1897).

6 Y. Bai and P. Lindhout, "Domestication and Breeding of Tomatoes: What Have We Gained and What Can We Gain in the Future?," *Annals of Botany* 100, no. 5 (2007): 1085–94, doi:10.1093/aob/mcm150.

7 E. van der Knaap et al., "What Lies beyond the Eye: The Molecular Mechanisms Regulating Tomato Fruit Weight and Shape," *Frontiers in Plant Science* 5 (2014), doi:10.3389/fpls.2014.00227.

8 Bailey, *The Survival of the Unlike*, 485.

9 J. F. Hancock, *Plant Evolution and the Origin of Crop Species* (CABI, 2012).

10 J. A. Jenkins, "The Origin of the Cultivated Tomato," *Economic Botany* 2, no. 4 (1948): 379–92, doi:10.1007/BF02859492.

11 Hancock, *Plant Evolution and the Origin of Crop Species*.

12 S. D. Coe, *America's First Cuisines* (University of Texas Press, 1994).

13 http://www.heirloomtomatoes.net/Varieties.html (2015년 4월 16일 확인).

14 Tracing the Origin of Civilization through Domesticated Plants (continued)," *Journal of Heredity* 16, no. 3 (1925): 95–110.

15 N. Misarti et al., "Early Retreat of the Alaska Peninsula Glacier Complex and the Implications for Coastal Migrations of First Americans," *Quaternary Science Reviews* 48 (2012): 1–6, doi:10.1016/j.quascirev.2012.05.014.

16 T. D. Dillehay, "Battle of Monte Verde," *The Sciences* (January/February 1997): 28–33.

17 T. D. Dillehay et al., "Monte Verde: Seaweed, Food, Medicine, and the Peopling of South America," *Science* 320, no. 5877 (2008): 784–86, doi:10.1126/science.1156533.

18 D. R. Piperno and T. D. Dillehay, "Starch Grains on Human Teeth Reveal Early Broad Crop Diet in Northern Peru," *Proceedings of the National Academy of Sciences of the United States of America* 105, no. 50 (2008): 19622–27, doi:10.1073/pnas.0808752105.

19 T. D. Dillehay et al., "Preceramic Adoption of Peanut, Squash, and Cotton in Northern Peru," *Science* 316, no. 5833 (2007): 1890–93, doi:10.1126/science.1141395.

20 D. M. Spooner et al., "Systematics, Diversity, Genetics, and Evolution of Wild and Cultivated Potatoes," *Botanical Review* 80, no. 4 (2014): 283–383, doi:10.1007/

s12229-014-9146-y.

21 Ibid.

22 National Research Council, *Lost Crops of the Incas: Little-Known Plants of the Andes with Promise for Worldwide Cultivation* (National Academy Press, 1989).

23 K. L. Flanders et al., "Insect Resistance in Potatoes—Sources, Evolutionary Relationships, Morphological and Chemical Defenses, and Ecogeographical Associations," *Euphytica* 61, no. 2 (1992): 83–111, doi:10.1007/bf00026800.

24 G. M. Rauscher et al., "Characterization and Mapping of R_{Pi-ber}, a Novel Potato Late Blight Resistance Gene from *Solanum berthaultii*," *Theoretical and Applied Genetics* 112, no. 4 (2006): 674–87, doi:10.1007/s00122-005-0171-4.

25 J. Reader, *The Untold History of the Potato* (Vintage, 2009).

26 Y. T. Hwang et al., "Evolution and Management of the Irish Potato Famine Pathogen *Phytophthora infestans* in Canada and the United States," *American Journal of Potato Research* 91, no. 6 (2014): 579–93, doi:10.1007/s12230-014-9401-0.

27 Reader, *The Untold History of the Potato*.

28 Ibid.

29 National Research Council, *Lost Crops of the Incas*.

30 Ibid.

31 Phylogeography of *Manihot esculenta*," *Proceedings of the National Academy of Sciences of the United States of America* 96, no. 10 (1999): 5586–91, doi:10.1073/pnas.96.10.5586.

32 M. Arroyo-Kalin, "The Amazonian Formative: Crop Domestication and Anthropogenic Soils," *Diversity* 2, no. 4 (2010): 473–504, doi:10.3390/d2040473.

33 D. McKey et al., "Chemical Ecology in Coupled Human and Natural Systems: People, Manioc, Multitrophic Interactions and Global Change," *Chemoecology* 20, no. 2 (2010): 109–33, doi:10.1007/s00049-010-0047-1.

34 C. C. Labandeira, "Early History of Arthropod and Vascular Plant Associations," *Annual Review of Earth and Planetary Sciences* 26 (1998): 329–77, doi:10.1146/annurev.earth.26.1.329.

35 J. E. Rodman et al., "Parallel Evolution of Glucosinolate Biosynthesis Inferred from Congruent Nuclear and Plastid Gene Phylogenies," *American Journal of Botany* 85, no. 7 (1998): 997–1006, doi:10.2307/2446366.

36 M. Traka and R. Mithen, "Glucosinolates, Isothiocyanates and Human Health," *Phytochemistry Reviews* 8, no. 1 (2009): 269–82, doi:10.1007/s11101-008-9103-7.

37 C. W. Wheat et al., "The Genetic Basis of a Plant-Insect Coevolutionary Key Innovation," *Proceedings of the National Academy of Sciences of the United States of America* 104, no. 51 (2007): 20427-31, doi:10.1073/pnas.0706229104.

38 M. F. Braby and J. W. H. Trueman, "Evolution of Larval Host Plant Associations and Adaptive Radiation in Pierid Butterflies," *Journal of Evolutionary Biology* 19, no. 5 (2006): 1677-90.

39 E. J. Stauber et al., "Turning the 'Mustard Oil Bomb' into a 'Cyanide Bomb': Aromatic Glucosinolate Metabolism in a Specialist Insect Herbivore," *PLOS ONE* 7, no. 4 (2012), doi:10.1371/journal.pone.0035545.

40 T. Zust et al., "Natural Enemies Drive Geographic Variation in Plant Defenses," *Science* 338, no. 6103 (2012): 116-19, doi:10.1126/science.1226397.

41 B. Pujol et al., "Microevolution in Agricultural Environments: How a Traditional Amerindian Farming Practice Favors Heterozygosity in Cassava (*Manihot esculenta* Crantz, Euphorbiaceae)," *Ecology Letters* 8, no. 2 (2005): 138-47, doi:10.1111/j.1461-0248.2004.00708.x.

42 I. Ahuja et al., "Defence Mechanisms of Brassicaceae: Implications for Plant-Insect Interactions and Potential for Integrated Pest Management: A Review," *Agronomy for Sustainable Development* 30, no. 2 (2010): 311-48, doi:10.1051/agro/2009025.

43 T. Arias et al., "Diversification Times among Brassica (Brassicaceae) Crops Suggest Hybrid Formation after 20 Million Years of Divergence," *American Journal of Botany* 101, no. 1 (2014): 86-91, doi:10.3732/ajb.1300312.

44 Hancock, *Plant Evolution and the Origin of Crop Species.*

9 양념—자극

1 J. Keay, *The Spice Route: A History* (John Murray, 2005). 한국어판은 헤로도토스, 《역사》(도서출판 숲, 2009) 338쪽에서 재인용.

2 J. Turner, *Spice: The History of a Temptation* (Harper Perennial, 2005), 11. 한국어판은 《스파이스》(따비, 2012) 56쪽.

3 A. Gilboa and D. Namdar, "On the Beginnings of South Asian Spice Trade with the Mediterranean Region: A Review," *Radiocarbon* 57, no. 2 (2015): 265-83, doi:10.2458/azu_rc.57.18562.

4 D. Q. Fuller et al., "Across the Indian Ocean: The Prehistoric Movement of Plants and

Animals," *Antiquity* 85, no. 328 (2011): 544–58.

5   Keay, *The Spice Route*.

6   Gilboa and Namdar, "On the Beginnings of South Asian Spice Trade."

7   P. W. Sherman and J. Billing, "Darwinian Gastronomy: Why We Use Spices," *Bioscience* 49, no. 6 (1999): 453–63, doi:10.2307/1313553.

8   Keay, *The Spice Route*.

9   E. Block, *Garlic and Other Alliums: The Lore and the Science* (Royal Society of Chemistry Publications, 2010).

10   N. Theis and M. Lerdau, "The Evolution of Function in Plant Secondary Metabolites," *International Journal of Plant Sciences* 164, no. 3 (May 2003): S93–S102.

11   R. Firn, *Nature's Chemicals: The Natural Products That Shaped Our World* (Oxford University Press, 2010).

12   S. Steiger et al., "The Origin and Dynamic Evolution of Chemical Information Transfer," *Proceedings of the Royal Society of London: Series B, Biological Sciences* 278, no. 1708 (2011): 970–79, doi:10.1098/rspb.2010.2285.

13   Firn, *Nature's Chemicals*.

14   J. D. Thompson, *Plant Evolution in the Mediterranean* (Oxford University Press, 2005).

15   J. Thompson et al., "Evolution of a Genetic Polymorphism with Climate Change in a Mediterranean Landscape," *Proceedings of the National Academy of Sciences of the United States of America* 110, no. 8 (2013): 2893–97, doi:10.1073/pnas.1215833110; J. D. Thompson et al., "Ongoing Adaptation to Mediterranean Climate Extremes in a Chemically Polymorphic Plant," *Ecological Monographs* 77, no. 3 (2007): 421–39, doi:10.1890/06-1973.1.

16   Thompson, *Plant Evolution in the Mediterranean*.

17   D. Julius, "TRP Channels and Pain," *Annual Review of Cell and Developmental Biology* 29 (2013): 355–84, doi:10.1146/annurev-cellbio-101011-155833.

18   F. Viana, "Chemosensory Properties of the Trigeminal System," *ACS Chemical Neuroscience* 2, no. 1 (2011): 38–50, doi:10.1021/cn100102c.

19   Ibid.

20   J. Siemens et al., "Spider Toxins Activate the Capsaicin Receptor to Produce Inflammatory Pain," *Nature* 444, no. 7116 (2006): 208–12, doi:10.1038/nature05285.

21   S. F. Pedersen et al., "TRP Channels: An Overview," *Cell Calcium* 38, nos. 3–4 (2005):

233-52, doi:10.1016/j.ceca.2005.06.028.

22   E. Carstens et al., "It Hurts So Good: Oral Irritation by Spices and Carbonated Drinks and the Underlying Neural Mechanisms," *Food Quality and Preference* 13, nos. 7-8 (October-December 2002): 431-43.

23   S. Saito and M. Tominaga, "Functional Diversity and Evolutionary Dynamics of ThermoTRP Channels," *Cell Calcium* 57, no. 3 (2015): 214-21, doi:10.1016/j.ceca.2014.12.001.

24   S. E. Jordt and D. Julius, "Molecular Basis for Species-Specific Sensitivity to 'Hot' Chili Peppers," *Cell* 108, no. 3 (2002): 421-30, doi:10.1016/s0092-8674(02)00637-2.

25   J. J. Tewksbury and G. P. Nabhan, "Seed Dispersal-Directed Deterrence by Capsaicin in Chillies," *Nature* 412, no. 6845 (2001): 403-4.

26   C. Stewart et al., "Genetic Control of Pungency in *C. chinense* via the *Pun1* Locus," *Journal of Experimental Botany* 58, no. 5 (2007): 979-91, doi:10.1093/jxb/erl243.

27   J. J. Tewksbury et al., "Evolutionary Ecology of Pungency in Wild Chilies," *Proceedings of the National Academy of Sciences of the United States of America* 105, no. 33 (2008): 11808-11, doi:10.1073/pnas.0802691105.

28   D. C. Haak et al., "Why Are Not All Chilies Hot? A Trade-Off Limits Pungency," *Proceedings of the Royal Society of London: Series B, Biological Sciences* 279, no. 1735 (2012): 2012-17, doi:10.1098/rspb.2011.2091.

10 후식—탐닉

1   As told to a master class on opera and food at the Royal Opera House, Covent Garden and broadcast on BBC Radio 4 Food Programme, July 13, 2014, http://www.bbc.co.uk/programmes/b0495lm1 (2014년 3월 12일 확인).

2   P. H. Moore et al., "Sugarcane: The Crop, the Plant, and Domestication," in *Sugarcane: Physiology, Biochemistry, and Functional Biology* (John Wiley & Sons, 2013), 1-17.

3   A. N. Crittenden, "The Importance of Honey Consumption in Human Evolution," *Food and Foodways* 19, no. 4 (2011): 257-73, doi:10.1080/07409710.2011.630618 .

4   F. W. Marlowe et al., "Honey, Hadza, Hunter-Gatherers, and Human Evolution," *Journal of Human Evolution* 71 (2014): 119-28, doi:10.1016/j.jhevol.2014.03.006.

5 H. A. Isack and H.-U. Reyer, "Honeyguides and Honey Gatherers: Interspecific Communication in a Symbiotic Relationship," *Science* 243, no. 4896 (1989): 1343–46, doi:10.1126/science.243.4896.1343.

6 B. M. Wood et al., "Mutualism and Manipulation in Hadza-Honeyguide Interactions," *Evolution and Human Behavior* 35, no. 6 (2014): 540–46, doi:10.1016/j.evolhumbehav.2014.07.007.

7 T. S. Kraft and V. V. Venkataraman, "Could Plant Extracts Have Enabled Hominins to Acquire Honey before the Control of Fire?," *Journal of Human Evolution* 85 (2015): 65–74, doi:10.1016/j.jhevol.2015.05.010.

8 A. Mayor, "Mad Honey!," *Archaeology* 48, no. 6 (1995): 32–40, doi:10.2307/41771162.

9 A. Demircan et al., "Mad Honey Sex: Therapeutic Misadventures from an Ancient Biological Weapon," *Annals of Emergency Medicine* 54, no. 6 (2009): 824–29, http://dx.doi.org/10.1016/j.annemergmed.2009.06.010.

10 C. L. Ogden et al., "Prevalence of Childhood and Adult Obesity in the United States (2011–2012)," *JAMA* 311, no. 8 (2014): 806–14, doi:10.1001/jama.2014.732.

11 M. Ng et al., "Global, Regional, and National Prevalence of Overweight and Obesity in Children and Adults during 1980–2013: A Systematic Analysis for the Global Burden of Disease Study 2013," *The Lancet* 384, no. 9945 (2014): 766–81, doi:10.10 16/s0140-6736(14)60460-8.

12 A. Sonntag et al. *2014 Global Hunger Index: The Challenge of Hidden Hunger* (International Food Policy Research Institute, 2014).

13 J. V. Neel, "Diabetes Mellitus-a Thrifty Genotype Rendered Detrimental by Progress," *American Journal of Human Genetics* 14, no. 4 (1962): 353–57.

14 J. C. Berbesque et al., "Hunter-Gatherers Have Less Famine than Agriculturalists," *Biology Letters* 10, no. 1 (2014), doi:10.1098/rsbl.2013.0853.

15 J. R. Speakman, "Genetics of Obesity: Five Fundamental Problems with the Famine Hypothesis," in *Adipose Tissue and Adipokines in Health and Disease*, 2nd ed., ed. G. Fantuzzi and C. Braunschweig (Springer, 2014), 169–86.

16 E. A. Brown, "Genetic Explorations of Recent Human Metabolic Adaptations: Hypotheses and Evidence," *Biological Reviews* 87, no. 4 (2012): 838–55, doi:10.1111/j.1469-185X.2012.00227.x; Q. Ayub et al., "Revisiting the Thrifty Gene Hypothesis via 65 Loci Associated with Susceptibility to Type 2 Diabetes," *American Journal of Human Genetics* 94, no. 2 (2014): 176–85, doi:10.1016/

j.ajhg.2013.12.010.

17   L. Segurel et al., "Positive Selection of Protective Variants for Type 2 Diabetes from the Neolithic Onward: A Case Study in Central Asia," *European Journal of Human Genetics* 21, no. 10 (2013): 1146-51, doi:10.1038/ejhg.2012.295.

18   R. H. Lustig, *Fat Chance: Beating the Odds against Sugar, Processed Food, Obesity, and Disease* (Penguin, 2012).

19   Ibid., 21.

20   H. Pontzer et al., "Constrained Total Energy Expenditure and Metabolic Adaptation to Physical Activity in Adult Humans," *Current Biology* 26, no. 3 (February 8, 2016): 410-17, http://dx.doi.org/10.1016/j.cub.2015.12.046.

21   C. Spence and B. Piqueras-Fiszman, *The Perfect Meal: The Multisensory Science of Food and Dining* (Wiley Blackwell, 2014).

22   R. H. Lustig et al., "Isocaloric Fructose Restriction and Metabolic Improvement in Children with Obesity and Metabolic Syndrome," *Obesity* 24, no. 2 (February 2016), doi:10.1002/oby.21371.

23   R. H. Lustig et al., "The Toxic Truth about Sugar," *Nature* 482, no. 7383 (2012): 27, doi:10.1038/482027a.

24   M. Zuk, *Paleofantasy: What Evolution Really Tells Us about Sex, Diet, and How We Live* (Norton, 2013). 한국어판은《섹스, 다이어트 그리고 아파트 원시인》(위즈덤하우스, 2017).

11 치즈—낙농

1   C. Darwin, *The Origin of Species by Means of Natural Selection* (reprint of the first edition: Penguin, 1859). 한국어판은《종의 기원》(한길사, 2014) 222쪽.

2   O. T. Oftedal, "The Mammary Gland and Its Origin during Synapsid Evolution," *Journal of Mammary Gland Biology and Neoplasia* 7, no. 3 (2002)에서 재인용.

3   C. M. Lefevre et al., "Evolution of Lactation: Ancient Origin and Extreme Adaptations of the Lactation System," *Annual Review of Genomics and Human Genetics* 11 (2010): 219-38, doi:10.1146/annurev-genom-082509-141806; O. T. Oftedal and D. Dhouailly, "Evo-Devo of the Mammary Gland," *Journal of Mammary Gland Biology and Neoplasia* 18, no. 2 (2013): 105-20, doi:10.1007/s10911-013-9290-8.

4   O. T. Oftedal, "The Evolution of Milk Secretion and Its Ancient Origins," *Animal* 6,

no. 3 (2012): 355-68, doi:10.1017/s1751731111001935.

5   C. Holt and J. A. Carver, "Darwinian Transformation of a 'Scarcely Nutritious Fluid' into Milk," *Journal of Evolutionary Biology* 25, no. 7 (2012): 1253-63, doi:10.1111/j.1420-9101.2012.02509.x.

6   R. P. Evershed et al., "Earliest Date for Milk Use in the Near East and Southeastern Europe Linked to Cattle Herding," *Nature* 455, no. 7212 (2008): 528-31, doi:10.1038/nature07180.

7   M. Salque et al., "Earliest Evidence for Cheese Making in the Sixth Millennium BC in Northern Europe," *Nature* 493, no. 7433 (2013): 522-25, doi:10.1038/nature11698.

8   J. Burger et al., "Absence of the Lactase-Persistence-Associated Allele in Early Neolithic Europeans," *Proceedings of the National Academy of Sciences of the United States of America* 104, no. 10 (2007): 3736-41, doi:10.1073/pnas.0607187104.

9   Y. Itan et al., "The Origins of Lactase Persistence in Europe," *PLOS Computational Biology* 5, no. 8 (2009), doi:10.1371/journal.pcbi.1000491.

10   A. Curry, "The Milk Revolution," *Nature* 500 (2013): 20-22.

11   O. O. Sverrisdottir et al., "Direct Estimates of Natural Selection in Iberia Indicate Calcium Absorption Was Not the Only Driver of Lactase Persistence in Europe," *Molecular Biology and Evolution* 31, no. 4 (2014): 975-83, doi:10.1093/molbev/msu049.

12   N. S. Enattah et al., "Independent Introduction of Two Lactase-Persistence Alleles into Human Populations Reflects Different History of Adaptation to Milk Culture," *American Journal of Human Genetics* 82, no. 1 (2008): 57-72, doi:10.1016/j.ajhg.2007.09.012.

13   L. Quigley, "High-Throughput Sequencing for Detection of Subpopulations of Bacteria Not Previously Associated with Artisanal Cheeses," *Applied and Environmental Microbiology* 78 (2012): 5717-23.

14   B. E. Wolfe et al., "Cheese Rind Communities Provide Tractable Systems for In Situ and In Vitro Studies of Microbial Diversity," *Cell* 158, no. 2 (2014): 422-33, doi:10.1016/j.cell.2014.05.041.

15   Y. J. Goh et al., "Specialized Adaptation of a Lactic Acid Bacterium to the Milk Environment: The Comparative Genomics of *Streptococcus thermophilus* LMD-9," *Microbial Cell Factories* 10 (2011), doi:10.1186/1475-2859-10-s1-s22.

16   J. Ropars et al., "A Taxonomic and Ecological Overview of Cheese Fungi,"

International *Journal of Food Microbiology* 155, no. 3 (2012): 199–210, doi:10.1016/j.ijfoodmicro.2012.02.005.

17 G. Gillot et al., "Insights into *Penicillium roqueforti* Morphological and Genetic Diversity," *PLOS ONE* 10, no. 6 (2015), doi:10.1371/journal.pone.0129849.

18 L. Quigley et al., "The Complex Microbiota of Raw Milk," *FEMS Microbiology Reviews* 37 (2013): 664–98, doi:10.1111/1574-6976.12030.

19 T. P. Beresford et al., "Recent Advances in Cheese Microbiology," *International Dairy Journal* 11 (2001): 259–74.

20 E. J. Smid and M. Kleerebezem, "Production of Aroma Compounds in Lactic Fermentations," *Annual Review of Food Science and Technology* 5, ed. M. P. Doyle and T. R. Klaenhammer (2014): 313–26.

21 D. Cavanagh et al., "From Field to Fermentation: The Origins of *Lactococcus lactis* and Its Domestication to the Dairy Environment," *Food Microbiology* 47 (2015): 45–61, doi:10.1016/j.fm.2014.11.001.

22 H. Bachmann et al., "Microbial Domestication Signatures of *Lactococcus lactis* Can Be Reproduced by Experimental Evolution," *Genome Research* 22, no. 1 (2012): 115–24, doi:10.1101/gr.121285.111.

23 Darwin, *The Origin of Species*, chap. 5. 한국어판은 《종의 기원》.

24 프로피온산균: E. J. Smid and C. Lacroix, "Microbe-Microbe Interactions in Mixed Culture Food Fermentations," *Current Opinion in Biotechnology* 24, no. 2 (2013): 148–54, doi:10.1016/j.copbio.2012.11.007.

25 K. Papadimitriou et al., "How Microbes Adapt to a Diversity of Food Niches," *Current Opinion in Food Science* 2 (2015): 29–35, doi:10.1016/j.cofs.2015.01.001.

26 P. D. Cotter et al., "Bacteriocins: Developing Innate Immunity for Food," *Nature Reviews Microbiology* 3, no. 10 (2005): 777–88.

27 K. Cheeseman et al., "Multiple Recent Horizontal Transfers of a Large Genomic Region in Cheese Making Fungi," *Nature Communications* 5 (2014): 2876, doi:10.1038/ncomms3876.

12 맥주와 포도주—양조

1 N. A. Bokulich et al., "Microbial Biogeography of Wine Grapes Is Conditioned by Cultivar, Vintage, and Climate," *Proceedings of the National Academy of Science*

USA (2013), doi:10.1073/pnas.1317377110.

2 I. Tattersall and R. DeSalle, *A Natural History of Wine* (Yale University Press, 2015).

3 A. Hagman et al., "Yeast 'Make-Accumulate-Consume' Life Strategy Evolved as a Multi-Step Process That Predates the Whole Genome Duplication," *PLOS ONE* 8, no. 7 (2013), doi:10.1371/journal.pone.0068734.

4 J. M. Thomson et al., "Resurrecting Ancestral Alcohol Dehydrogenases from Yeast," *Nature Genetics* 37, no. 6 (2005): 630-35.

5 M. A. Carrigan et al., "Hominids Adapted to Metabolize Ethanol Long before Human-Directed Fermentation," *Proceedings of the National Academy of Sciences of the United States of America* 112, no. 2 (2015): 458-63, doi:10.1073/pnas.1404167111.

6 There are 380 amino acids in *ADH4*. http://www.uniprot.org/uniprot/P08319#sequences (2015년 12월 27일 확인).

7 N. J. Dominy, "Ferment in the Family Tree," *Proceedings of the National Academy of Sciences of the United States of America* 112, no. 2 (2015): 308-9, doi:10.1073/pnas.1421566112.

8 R. Dudley, *The Drunken Monkey: Why We Drink and Abuse Alcohol* (University of California Press, 2014).

9 T. D. Hurley and H. J. Edenberg, "Genes Encoding Enzymes Involved in Ethanol Metabolism," *Alcohol Research: Current Reviews* 34, no. 3 (2012): 339-44.

10 D. W. Li et al., "Strong Association of the Alcohol Dehydrogenase 1B Gene (*ADH1B*) with Alcohol Dependence and Alcohol-Induced Medical Diseases," *Biological Psychiatry* 70, no. 6 (2011): 504-12, doi:10.1016/j.biopsych.2011.02.024.

11 M. V. Holmes et al., "Association between Alcohol and Cardiovascular Disease: Mendelian Randomisation Analysis Based on Individual Participant Data," *BMJ* 349 (2014), doi:10.1136/bmj.g4164.

12 Hurley and Edenberg, "Genes Encoding Enzymes Involved in Ethanol Metabolism."

13 http://en.wikipedia.org/wiki/Coprinopsis_atramentaria#Toxicity (2015년 12월 30일 확인).

14 M. Konkit et al., "Alcohol Dehydrogenase Activity in *Lactococcus chungangensis*: Application in Cream Cheese to Moderate Alcohol Uptake," *Journal of Dairy Science* 98, no. 9 (2015): 5974-82, doi:10.3168/jds.2015-9697.

15 B. Hayden et al., "What Was Brewing in the Natufian? An Archaeological Assessment of Brewing Technology in the Epipaleolithic," *Journal of Archaeological Method and Theory* 20, no. 1 (2013): 102-50, doi:10.1007/s10816-011-9127-y.

16   P. E. McGovern et al., "Fermented Beverages of Pre- and Proto-Historic China," *Proceedings of the National Academy of Sciences of the United States of America* 101, no. 51 (2004): 17593-98.

17   P. This et al., "Historical Origins and Genetic Diversity of Wine Grapes," *Trends in Genetics* 22, no. 9 (2006): 511-19, doi:10.1016/j.tig.2006.07.008.

18   P. E. McGovern et al., "Neolithic Resinated Wine," *Nature* 381, no. 6582 (1996): 480-81, doi:10.1038/381480a0.

19   H. Barnard et al., "Chemical Evidence for Wine Production around 4000 BCE in the Late Chalcolithic Near Eastern Highlands," *Journal of Archaeological Science* 38, no. 5 (2011): 977-84, doi:10.1016/j.jas.2010.11.012.

20   Tattersall and DeSalle, *A Natural History of Wine*.

21   S. Myles et al., "Genetic Structure and Domestication History of the Grape," *Proceedings of the National Academy of Sciences of the United States of America* 108, no. 9 (2011): 3530-35, doi:10.1073/pnas.1009363108.

22   R. Arroyo-Garcia et al., "Multiple Origins of Cultivated Grapevine (*Vitis vinifera* L. ssp. *sativa*) Based on Chloroplast DNA Polymorphisms," *Molecular Ecology* 15, no. 12 (2006): 3707-14, doi:10.1111/j.1365-294X.2006.03049.x.

23   S. Imazio et al., "From the Cradle of Grapevine Domestication: Molecular Overview and Description of Georgian Grapevine (*Vitis vinifera* L.) Germplasm," *Tree Genetics and Genomes* 9, no. 3 (2013): 641-58, doi:10.1007/s11295-013-0597-9.

24   J. C. Santana et al., "Genetic Structure, Origins, and Relationships of Grapevine Cultivars from the Castilian Plateau of Spain," *American Journal of Enology and Viticulture* 61, no. 2 (2010): 214-24.

25   G. Carrier et al., "Transposable Elements Are a Major Cause of Somatic Polymorphism in *Vitis vinifera L*," *PLOS ONE* 7, no. 3 (2012), doi:10.1371/journal.pone.0032973.

26   O. Jaillon et al., "The Grapevine Genome Sequence Suggests Ancestral Hexaploidization in Major Angiosperm Phyla," *Nature* 449, no. 7161 (2007): 463-67, doi:10.1038/nature06148.

27   F. Pelsy et al., "Chromosome Replacement and Deletion Lead to Clonal Polymorphism of Berry Color in Grapevine," *PLOS Genetics* 11, no. 4 (2015): e1005081, doi:10.1371/journal.pgen.1005081.

28   S. Kobayashi et al., "Retrotransposon-Induced Mutations in Grape Skin Color," *Science* 304, no. 5673 (2004): 982, doi:10.1126/science.1095011.

29   A. Fournier-Level et al., "Evolution of the *VvMybA* Gene Family, the Major

Determinant of Berry Colour in Cultivated Grapevine (*Vitis vinifera* L.)," *Heredity* 104, no. 4 (2010): 351–62, doi:10.1038/hdy.2009.148.

30 C. Campbell, *The Botanist and the Vintner* (Algonquin Books, 2004).

31 Ibid.

32 J. Granett et al., "Biology and Management of Grape Phylloxera," *Annual Review of Entomology* 46 (2001): 387–412, doi:10.1146/annurev.ento.46.1.387.

33 X. M. Zhong et al., "'Cabernet Gernischt' Is Most Likely to Be 'Carmenere,'" *Vitis* 51, no. 3 (2012).

34 J. L. Legras et al., "Bread, Beer and Wine: *Saccharomyces cerevisiae* Diversity Reflects Human History," *Molecular Ecology* 16, no. 10 (2007): 2091–102, doi:10.1111/j.1365-294X.2007.03266.x; G. Liti et al., "Population Genomics of Domestic and Wild Yeasts," *Nature* 458, no. 7236 (2009): 337–41, doi:10.1038/nature07743.

35 K. E. Hyma and J. C. Fay, "Mixing of Vineyard and Oak-Tree Ecotypes of *Saccharomyces cerevisiae* in North American Vineyards," *Molecular Ecology* 22, no. 11 (2013): 2917–30, doi:10.1111/mec.12155.

36 I. Stefanini et al., "Role of Social Wasps in *Saccharomyces cerevisiae* Ecology and Evolution," *Proceedings of the National Academy of Sciences of the United States of America* 109, no. 33 (2012): 13398, doi:10.1073/pnas.1208362109.

37 http://www.rogue.com/rogue_beer/beard-beer/ (2016년 1월 6일 확인).

38 S. Marsit and S. Dequin, "Diversity and Adaptive Evolution of Saccharomyces Wine Yeast: A Review," *FEMS Yeast Research* 15, no. 7 (2015), doi:10.1093/femsyr/fov067.

39 H. Alexandre, "Flor Yeasts of *Saccharomyces cerevisiae*-Their Ecology, Genetics and Metabolism," *International Journal of Food Microbiology* 167, no. 2 (2013): 269–75, doi:10.1016/j.ijfoodmicro.2013.08.021.

40 J. Wendland, "Lager Yeast Comes of Age," Eukaryotic Cell 13, no. 10 (2014): 1256–65, doi:10.1128/EC.00134-14.

13 잔치 — 사회

1 J. McCann, *Stirring the Pot: A History of African Cuisine* (C. Hurst, 2010).

2 http://www.wolframalpha.com/input/?i=cattle+per+capita+in+African+countries (2016년 1월 29일 확인).

3 McCann, *Stirring the Pot*, 74.

4 P. Webb and J. Von Braun, *Famine and Food Security in Ethiopia: Lessons for Africa* (John Wiley & Sons Canada, 1994).

5 S. Devereux, *Famine in the Twentieth Century* (Institute of Development Studies, 2000).

6 Webb and Von Braun, *Famine and Food Security in Ethiopia*.

7 http://news.bbc.co.uk/1/hi/world/africa/703958.stm (2016년 1월 17일 확인).

8 C. Darwin, *The Descent of Man, and Selection in Relation to Sex* (J. Murray, 1901). 한국어판은《인간의 유래와 성선택》.

9 M. Kohn, *A Reason for Everything* (Faber & Faber, 2004), 281.

10 R. Clark, *J.B.S: The Life and Work of J.B.S. Haldane* (Bloomsbury, 2011).

11 R. Kurzban et al., "The Evolution of Altruism in Humans," *Annual Review of Psychology* 66, ed. S. T. Fiske (2015): 575-99.

12 Kohn, *A Reason for Everything*, 272. 한국어판은《이기적 유전자》(을유문화사, 2014) 461쪽에서 재인용.

13 A. V. Jaeggi and C. P. Van Schaik, "The Evolution of Food Sharing in Primates," *Behavioral Ecology and Sociobiology* 65, no. 11 (2011): 2125-40, doi:10.1007/s00265-011-1221-3.

14 M. Ridley, *The Origins of Virtue* (Viking, 1996).

15 A. Dalby and S. Grainger, *The Classical Cookbook* (British Museum Press, 1996), 100.

16 M. Gurven, "To Give and to Give Not: The Behavioral Ecology of Human Food Transfers," *Behavioral and Brain Sciences* 27, no. 4 (2004): 543-83; A. V. Jaeggi and M. Gurven, "Reciprocity Explains Food Sharing in Humans and Other Primates Independent of Kin Selection and Tolerated Scrounging: A Phylogenetic Meta-Analysis," *Proceedings of the Royal Society of London: Series B, Biological Sciences* 280, no. 1768 (2013), doi:10.1098/rspb.2013.1615.

17 T. Clutton-Brock, "Cooperation between Non-Kin in Animal Societies," *Nature* 461, no. 7269 (2009): 51-57.

18 M. Tomasello et al., "Two Key Steps in the Evolution of Human Cooperation: The Interdependence Hypothesis," *Current Anthropology* 53, no. 6 (2012): 673-92, doi:10.1086/668207.

19 I. C. Gilby, "Meat Sharing among the Gombe Chimpanzees: Harassment and Reciprocal Exchange," *Animal Behaviour* 71 (2006): 953-63, doi:10.1016/j.anbehav.2005.09.009.

20   Ibid.

21   R. M. Wittig et al., "Food Sharing Is Linked to Urinary Oxytocin Levels and Bonding in Related and Unrelated Wild Chimpanzees," *Proceedings of the Royal Society of London: Series B, Biological Sciences* 281, no. 1778 (2014), doi:10.1098/rspb.2013.3096.

22   Tomasello et al., "Two Key Steps in the Evolution of Human Cooperation."

23   J. M. Engelmann et al., "The Effects of Being Watched on Resource Acquisition in Chimpanzees and Human Children," *Animal Cognition* 19, no. 1 (2016): 147–51, doi:10.1007/s10071-015-0920-y.

24   M. Bateson et al., "Cues of Being Watched Enhance Cooperation in a Real-World Setting," *Biology Letters* 2, no. 3 (2006): 412–14, doi:10.1098/rsbl.2006.0509.

25   W. Shakespeare, *Othello*, in *Complete Works of William Shakespeare RSC Edition*, ed. J. Bate and E. Rasmussen (Macmillan, 2006), 3.3. 한국어판은《셰익스피어 전집》(문학과지성사, 2016) 565쪽.

26   A. Soyer, *The Pantropheon: Or, a History of Food and Its Preparation in Ancient Times* (Paddington Press, 1977).

27   www.dailymail.co.uk/news/article-502605/It-serves-125-takes-hours-cook-stuffed-12-different-birds-really-IS-Christmas-dinner.html (2016년 2월 9일 확인).

28   Ridley, *The Origins of Virtue*.

29   B. Hayden, *The Power of Feasts* (Cambridge University Press, 2014).

14 미래의 식량

1   A. J. Challinor et al., "A Meta-Analysis of Crop Yield under Climate Change and Adaptation," *Nature Climate Change* 4, no. 4 (2014): 287–91, doi:10.1038/nclimate2153.

2   B. McKersie, "Planning for Food Security in a Changing Climate," *Journal of Experimental Botany* 66, no. 12 (2015): 3435–50, doi:10.1093/jxb/eru547.

3   A. D. Hope, "Conversations with Calliope," in *Collected Poems, 1930-1970* (Angus and Robertson, 1972), http://www.poetrylibrary.edu.au/poets/hope-a-d/conversation-with-calliope-0146087 (2016년 2월 20일 확인).

4   P. R. Ehrlich, *The Population Bomb* (Ballantine, 1968); D. H. Meadows, *The Limits to Growth: A Report for the Club of Rome's Project on the Predicament of Mankind*

(Earth Island Ltd., 1972). *The Limits to Growth* 한국어판은 《성장의 한계》(갈라파고스, 2012).

5   L. T. Evans, *Feeding the Ten Billion: Plants and Population Growth* (Cambridge University Press, 1998).

6   J. R. Stevenson et al., "Green Revolution Research Saved an Estimated 18 to 27 Million Hectares from Being Brought into Agricultural Production," *Proceedings of the National Academy of Sciences of the United States* 110, no. 21 (2013): 8363.

7   N. Borlaug, "Norman Borlaug-Nobel Lecture: The Green Revolution, Peace, and Humanity," 1970, http://www.nobelprize.org/nobel_prizes/peace/laureates/1970/borlaug-lecture.html (2016년 2월 20일 확인).

8   Evans, *Feeding the Ten Billion.*

9   D. K. Ray et al., "Yield Trends Are Insufficient to Double Global Crop Production by 2050," *PLOS ONE* 8, no. 6 (2013), doi:10.1371/journal.pone.0066428.

10   M. Kummu et al., "Lost Food, Wasted Resources: Global Food Supply Chain Losses and Their Impacts on Freshwater, Cropland, and Fertiliser Use," *Science of the Total Environment* 438 (2012): 477-89, doi:10.1016/j.scitotenv.2012.08.092.

11   V. Smil, *Should We Eat Meat? Evolution and Consequences of Modern Carnivory* (Wiley-Blackwell, 2013).

12   A. Sasaki et al., "Green Revolution: A Mutant Gibberellin-Synthesis Gene in Rice-New Insight into the Rice Variant That Helped to Avert Famine over Thirty Years Ago," *Nature* 416, no. 6882 (2002): 701-2, doi:10.1038/416701a.

13   R. Munns et al., "Wheat Grain Yield on Saline Soils Is Improved by an Ancestral Na^+ Transporter Gene," *Nature Biotechnology* 30, no. 4 (2012): 360-64, doi:10.1038/nbt.2120.

14   S. P. Long et al., "Meeting the Global Food Demand of the Future by Engineering Crop Photosynthesis and Yield Potential," *Cell* 161, no. 1 (2015): 56-66, doi:10.1016/j.cell.2015.03.019; J. Kromdijk et al., "Improving Photosynthesis and Crop Productivity by Accelerating Recovery from Photoprotection," *Science* 354, no. 6314 (2016): 857-61, doi:10.1126/science.aai8878.

15   P. Ronald and R. W. Adamchak, *Tomorrow's Table: Organic Farming, Genetics, and the Future of Food*, 2nd ed. (Oxford University Press, 2017).

16   C. Funk and L. Rainie, "Public Opinion about Food," in *Americans, Politics and Science Issues* (Pew Research Center, 2015).

17   W. Saletan, "Unhealthy Fixation," *Slate.com*, July 15, 2015, http://www.slate.com/

articles/health_and_science/science/2015/07/are_gmos_safe_yes_the_case_against_the m_is_full_of_fraud_lies_and_errors.html (2016년 8월 19일 확인).

18 A. Nicolia et al., "An Overview of the Last 10 Years of Genetically Engineered Crop Safety Research," *Critical Reviews in Biotechnology* 34, no. 1 (2014): 77–88, doi:10.3109/07388551.2013.823595.

19 H. van Bekkem and W. Pelegrina, "Food Security Can't Wait for GE's Empty Promises," June 30, 2016, http://www.greenpeace.org/international/en/news/Blogs/makingwaves/food-security-GE-empty-promises/blog/56913/ (2016년 8월 20일 확인).

20 National Academies of Sciences Engineering and Medicine, *Genetically Engineered Crops: Experiences and Prospects* (National Academies Press, 2016), doi:10.17226/23395.

21 D. Gonsalves, "Control of Papaya Ringspot Virus in Papaya: A Case Study," *Annual Review of Phytopathology* 36 (1998): 415–37, doi:10.1146/annurev.phyto.36.1.415.

22 S. N. Davidson, "Forbidden Fruit: Transgenic Papaya in Thailand," *Plant Physiology* 147, no. 2 (2008): 487–93, doi:10.1104/pp.108.116913.

23 Saletan, "Unhealthy Fixation."

24 R. L. Paarlberg, *Starved for Science: How Biotechnology Is Being Kept Out of Africa* (Harvard University Press, 2008).

25 E. Hallerman and E. Grabau, "Crop Biotechnology: A Pivotal Moment for Global Acceptance," *Food and Energy Security* 5, no. 1 (2016): 3–17, doi:10.1002/fes3.76.

26 Ronald and Adamchak, *Tomorrow's Table*.

27 M. Lynas, "How I Got Converted to GMO Food," *New York Times*, April 24, 2015.

28 N. Johnson, "It's Practically Impossible to Define 'GMOs,'" December 21, 2015, https://grist.org/food/mind-bomb-its-practically-impossible-to-define-gmos/ (2016년 3월 20일 확인).

29 M. Van Montagu, "It Is a Long Way to GM Agriculture," *Annual Review of Plant Biology* 62 (2011): 1–23, doi:10.1146/annurev-arplant-042110-103906.

30 T. Kyndt et al., "The Genome of Cultivated Sweet Potato Contains *Agrobacterium* T-DNAs with Expressed Genes: An Example of a Naturally Transgenic Food Crop," *Proceedings of the National Academy of Sciences* 112, no. 18 (2015): 5844–49, doi:10.1073/pnas.1419685112.

31 J. A. Doudna and E. Charpentier, "The New Frontier of Genome Engineering with CRISPR-Cas9," *Science* 346, no. 6213 (2014), doi:10.1126/science.1258096.

32 S. Huang et al., "A Proposed Regulatory Framework for Genome-Edited Crops," *Nature Genetics* 48, no. 2 (2016): 109-11, doi:10.1038/ng.3484, http://www.nature.com/ng/journal/v48/n2/abs/ng.3484.html#supplementary-information (2014년 3월 12일 확인).

33 C. T. McEvoy et al., "Vegetarian Diets, Low-Meat Diets and Health: A Review," *Public Health Nutrition* 15, no. 12 (2012): 2287-94, doi:10.1017/s1368980012000936.

34 D. Bateson and W. Janeway, *Mrs. Charles Darwin's Recipe Book: Revived and Illustrated* (Glitterati, 2008).

찾아보기